关键路径法在工程管理中的应用

（原著第七版）

[美] 詹姆斯·J·奥布莱恩
弗雷德里克·L·普洛特尼克　　著

王　亮　译

中国建筑工业出版社

著作权合同登记图字：01-2010-2635 号

图书在版编目(CIP)数据

关键路径法在工程管理中的应用(原著第七版)/(美)奥布莱恩，普洛特尼克著；王亮译 .—北京：中国建筑工业出版社，2016.9

ISBN 978-7-112-18821-5

Ⅰ.①关…… Ⅱ.①奥…②普…③王… Ⅲ.①建筑工程-施工管理 Ⅳ.①TU71

中国版本图书馆 CIP 数据核字(2015)第 297678 号

本书由麦格劳·希尔（亚洲）教育出版公司正式授权我社翻译、出版、发行本书中文简体字版。

责任编辑：程素荣　张伯熙
责任设计：董建平
责任校对：陈晶晶　刘梦然

关键路径法在工程管理中的应用
（原著第七版）
［美］詹姆斯·J·奥布莱恩　　弗雷德里克·L·普洛特尼克　著
王　亮　译
＊
中国建筑工业出版社出版、发行(北京海淀三里河路 9 号)
各地新华书店、建筑书店经销
北京红光制版公司制版
环球东方（北京）印务有限公司印刷
＊
开本：787×1092 毫米　1/16　印张：17½　字数：423 千字
2017 年 2 月第一版　　2017 年 2 月第一次印刷
定价：**68.00** 元
ISBN 978-7-112-18821-5
　　　(28093)
版权所有　翻印必究
如有印装质量问题,可寄本社退换
(邮政编码　100037)

目　　录

前　　言

　　这本书于 1965 年首次出版，其初衷是提出关键路径法的概念并探讨其在建筑业的应用。当时，关键路径法是一种年轻却已被证实可靠的技术，人们通常认为该方法可供选用。1971 年本书第二版出版，当时的工程界中使用网络图安排进度计划已逐步成为建筑施工合同中的常规要求。经过 25 年的应用经验积累，该书第三版出版，描述了关键路径法这些年使用过程中的精华和重大实践意义。

　　关键路径法的本质特征仍然是以网络图的形式表达进度计划的逻辑关系。正如一个学习代数的学生，尽管没有充分的数学概念却可以应用规则，所以在没有完全理解该方法的适用性时，个人应用关键路径法或与其等效的方法是可以的。

　　这本书首先介绍了关键路径法的发展及其在建筑业中的实际使用情况。该书以足够的深度为读者描述了这项基本技术，以便将它应用到实际工程之中。约翰·多伊的案例研究贯穿全书，描述了基本的关键路径法网络技术，然后说明了这些特殊功能，如：更新、成本控制、资源规划和延期评价。书中详细地描述了关键路径法指定使用的最佳方法，可直接纳入施工规范。

　　本书自第 2 版以来，在评估、谈判、辨析和施工索赔诉讼中，关键路径法已成为广泛使用的分析工具。在目前的版本中，对这方面内容进行了深入探讨，提供了在诉讼过程中使用关键路径法的法律先例。

　　网络计划技术本身是很基础的，而且合乎逻辑，但使其概念深入人心确实需要时间。此外，需要努力构建一种经验水平，从而进一步树立信心。本书旨在推动关键路径法的进一步发展，为一部分新用户积累经验，培养信心。

詹姆斯·J·奥布莱恩（注册工程师，项目管理师）

　　我是在大学期间才接触到关键路径法的基本概念，在那门为期 2 周的课程中涵盖了许多施工管理方面的知识。自此，促使我开展额外的独立研究，包括从德雷克塞尔大学计算机中心（费城，宾夕法尼亚州）获得上机时间（在大型电脑主机上），编写我的第一个关键路径法软件程序。在这个时候，我意识到关键路径法解决工期延误纠纷的潜在价值，同时也播下了我后来继续接受法律方面教育的种子。

　　在随后的几年时间里，我在若干项目咨询公司工作，其中有一段时间在涉及国际工程的大型企业担任公司律师助理。在 1983 年，我组建了工程及物业管理顾问有限公司。有趣的是，就在当年，乔尔·克普曼和迪克·法里斯创建了 Primavera 系统。我第一个努力工作的方向是重写自己原先的关键路径法软件程序，以便使其能够作为一种常规程序在

Osbourne I（一种只有 64KB 内存和 90KB 软存的初期 IBM 个人电脑）的 dBASE II 下运行（Ashton Tate 的一个数据库程序）。在那时，我从来没有想过为满足用户友好性而重写的这种程序竟可能存在相应的市场。

克普曼和法里斯先生之所以成功推出 Primavera 系统，主要是基于他们对于软件用户友好性和客户要求的关注度。与其他任何试图模拟现实的系统一样，关键路径法理论也有许多局限性。适当改变关键路径法的分析规则，在某些情况下，可以避开这些限制。在许多情况下，一些特殊功能已添加到 Primavera 系统中，在非常有限的条件下，可以合法地使用，但使用时应格外小心。Primavera 系统的众多竞争对手也增加了功能，这些功能可以扩展和修改关键路径法的基本概念，并且彼此之间有微妙的不同。作为第 5 版的合著者，我的贡献之一是阐释了这些特殊功能及其正确使用的方法。

1982 年，德雷塞尔大学邀我创建一门关键路径法课程。这是促使我成立自己的咨询公司的一个主要因素，以便更多地安排我的时间从事研究和教学。多年来，我有机会教学，也就是与我的学生探讨关键路径法，以及讲授合同、规范、工程法律和项目管理等课程。鉴于关键路径法最好的教学方式引导本书第 6 版发生了许多组织变更，在 2003 年，美国《工程新闻记录》杂志发表了詹姆斯·J·奥布莱恩和我的一篇文章，其中以关键路径法分析的合法性有关问题为特色，这也迫使我花费时间去思考并挑战极限。

其结果是创建了关系图法，该法在本书第 6 版中仅被概括为一个学术观点。令我欣慰的是这个观点一直得到好评。在我对这篇文章的笔记和评论转变成论文的形式后，德雷塞尔大学授予了我博士学位。Primavera 系统接受了这个观点，相关人员要求我从高端项目风险分析评估产品开始，协助其开发软件的关系图法功能。

反过来，我也一直乐意提供我的关键路径法成果，以验证实施项目风险分析评估的准确性。因此在本书第 7 版中增加的许多内容与此有关。

我对本书第 7 版的贡献将会是带来数学基本理论的汇集，工程应用学科的使用规则以及对立双方合作框架的融合，这些都将有助于协助相关人员做好计划和调度，这仍然是我的希望。

弗雷德里克·L·普洛特尼克（博士，律师，注册工程师）

第1部分

关键路径法进度计划引论

第1章

引　言

　　引言探讨了关键路径法之所以能够成为进度安排最佳方法的影响因素。它在介绍该方法的发展历史的同时，又表达了对其将来发展进程的思索。以方法论为基础的数学理论与强化其实用性进行的必要修正之间的相互影响成为贯穿全文的主题。希望读者从中得出的结论是计划编制者必须平衡数学和工程学这两者的关系，为关键路径法在施工管理、生产制造及软件设计等领域的使用者提供一种有用且友好的工具，使得项目必须在预算范围内按时完成。

1.1　进度安排适用于每个人

　　合理的进度安排是每人每天都必须遵守的纪律。早晨是先刮胡子还是先刷牙？如果只为一个人做计划安排，那么过程则相当简单。你可以列一份"待办事项"清单并选择项目的执行顺序。然而，首先应该开始做哪件事情则并非随意确定。这可能受物质条件限制，比如"先沐浴后穿衣"或者"先做早餐然后进餐"。可能有逻辑条件限制，比如出一趟门就把买牛奶、取回干洗的衣物以及汽车加油这三件事全部完成，而不是分三趟完成这三样待办事项。或许事情执行的顺序纯粹是个人选择的结果，正如穿鞋时先穿右脚再穿左脚。

　　即便在如此简单的层面上，也并非所有事情都是看上去那样简单。如果赶时间的话，可能会一边做早餐，一边先开始吃已经做好的那一部分。如果干洗店的开门时间仅仅是从上午 10 点至下午 6 点，并且汽车存油量极少的话，那就可能会在上班途中加油；午餐时候取回干洗的衣物，以及下班途中打牛奶。如果有一只脚或腿受伤的话，则需要先穿没受伤的那只脚的鞋。

　　倘若安排两项任务或者更多的人或机器工作的话（即便他们都是在一个人的监管之下），那么其过程则会变得复杂得多。

1.2　不教使用方法而教原理

　　倘若进度安排过程仅仅是需要死记硬背这种简单的事情，而不必思考的话，那么也许能够借助一种软件而制订良好的进度计划。通过点击屏幕预先设定的一系列计划，就可以进行安排。或许到那时，老客户要求通过一种特定的装置，从一端输入建筑图纸，而另一端输出进度计划的想法是可行的。倘若数学基础的水平足够高的话，进度安排就不会是如此复杂的过程。

进度安排将数学、物理及工程科学的特殊知识和判断力应用于创造性的工作概念或实践之中。无论正式或非正式、效果优良或欠佳，它都适用于建筑、结构、机械、设备、工艺流程、系统、加工制造、项目以及诸如机械、电气、电子、化工、水力、液压、气动、岩土等领域的各种工业产品或消费品的设计、分析与实施的全过程。上述前一句话的描述来自于定义工程的法规条文之中：进度安排是工程的一个分支。

在工程学或作为其支撑的学科和数学的教学中，需要真正理解其过程。重要的是要理解现代关键路径法软件的数学理论基础，而非仅仅是点击鼠标。即便手头有计算器或者是辅助拼写检查的计算机文字处理软件，我们仍然需要教会孩子们如何进行加减运算和字母拼写。其中一个原因在于，即使是最好的拼写检查软件，也会有漏掉的错误而无法发现。另一个原因是需要理解计算器上显示的数字是什么意思。我们中的许多人可能还会记得在新生的物理课上学到，2.5×3.01 不等于 7.525，而等于 7.5，那是因为计算结果需要保留的小数点位数精度不会超过所输入数字的最少小数点位数精度（对于那些没有学过该课程的人来讲，$2.50 \times 3.01 = 7.53$，$2.500 \times 3.010 = 7.525$）。

即使是专业术语也可能会产生误导，关键路径法在进度计划安排过程中曾经被视为一种工具。首先必须做好计划，继而使用电脑进行反复的计算，以能够理解的方式遵照给定的时间生成进度表，然后必须通过一定的假定读懂输出结果。然而现如今，我们可以购买包括使用向导的软件，以此来简化或忽略做计划的需求，在执行计算的过程中允许用户撤销操作以产生"正确的"或"理想的"结果，并以图文并茂的形式提供进度安排的结果报告。

本文的目的在于教会读者其中的原理，即如何使用关键路径分析法安排进度计划，而不仅仅是介绍其特色和裨益。这里先从回顾数学和工程学在该领域的发展说起。

1.3 进度安排系统的发展历史

关键路径法是特别为编制施工进度计划而开发的。这是偶然的选择，因为建筑业每年占据美国国内生产总值的份额超过 10%。几乎每一项活动和每一个人都在一定程度上受到新开工项目或对其需求的影响。而一旦确定需求之后，大多数项目的运行便会取得良好的开端。

建筑业领域混杂着众多规模迥异的公司，无论其规模大小，建筑企业都在某种程度上面临着类似的境遇，承受着类似的压力。诸如天气情况、人员组织、意外事故、资金需求以及工作量大小等许多因素，往往超出个人控制范围或难以控制。由于公众意识的增强，在项目立项中产生的新问题还包括污染及生态控制。关键路径法不具备这样超常的洞察力，但它却能帮助项目管理团队将所有信息整合起来。

最初，关键路径法仅仅聚焦于建筑业领域和承包商。工程项目中涉及的业主、建筑师、工程师及公共机构就像是百老汇演出中的赞助商、制片人和导演。如果没有他们，演出就无法进行，而且其团队中任何一位成员如果缺乏能力、动机或兴趣的话，势必阻碍项目的顺利开展。然而，执行或中断施工表演的一方则是承包商。

典型的承包商通常依靠直觉而非正规的方法安排进度计划。在 1957 年之前，承包商除此之外别无选择，因为当时在建的施工项目中没有全面的、规律的进度计划编制程序。

到 20 世纪 80 年代中期之前，那些希望利用较新方法而获益的承包商却不得不依赖外部顾问，而这些顾问反过来又倚仗计算机服务机构及其拥有的大型计算机解决问题。

关键路径法成功的关键之一在于制订计划前，以符合逻辑的方式利用计划编制者的知识、经验和直觉安排进度。关键路径法能够通过改进计划而节省时间，而时间在施工中意味着金钱。

埃及人和罗马人在建造领域创造了奇迹，现存的遗迹证明了他们在建筑方面取得的辉煌成就，但几乎没有人了解他们如何安排施工进度计划。其他历史性工程的建造者们包括诺亚、所罗门以及设计了通天塔的无名建筑师等。此外，历史虽然记录了大量有关工程施工的细节，但有关控制方法却少之又少。

1.4 制定"待办事项"表单

我们中许多人会把该做的事情进行列表（即"待办事项"表单）。有条理的人会按照逻辑顺序把一件件事情安排好，例如，根据商店或超市的布局来制定购物清单。而热衷于进行组织的人或许会首先把所有事项列出清单（或者举我们的例子，列出待购买的物品清单），然后依照优选的先后顺序进行排列，从而遵照执行。使用文字处理或组织软件给这种安排进度计划的老办法增添了一丝现代化的色彩。但是，引导"待办事项"表单发展的规则却尚未广泛地发布。

1.5 甘特图和条形图

在 19 世纪中期，至少有一个作者探讨了工序随时间变化的图解表示方法，这与如今使用的条形图非常类似。在 20 世纪前 10 年初期，还仍然保留着亨利·甘特和弗雷德里克·泰勒所推广的这种进度计划图示法。他们的这种甘特图奠定了现如今条形图（或横道图）的基础。

泰勒和甘特首次将各项活动进度安排进行科学的考量。虽然他们所做的工作最初只是针对生产调度，但这种方法很自然地就应用于施工过程进度计划与记录。由于容易辨识和理解，现如今横道图仍旧是各层级工程管理人员利用图形表达施工活动的极佳方式。

倘若横道图如此适合施工活动，为什么还要寻找另一种编制进度计划的手段呢？原因在于横道图本身所保有的信息是非常有限的。在编制横道图时，人们几乎必然会受到所期望的结束日期的影响，所以常常会从工作完工日期起倒排工期。这样安排的进度计划就会是一厢情愿的结果。

如果经过精心准备，人们就会遵循关键路径法的思考过程那样编制横道图。然而，横道图无法显示（或记录）控制项目进程的相互关联和依赖的特性，而且到后来，即使是原编制者往往也很难使用横道图来解释该进度计划。

图 1.5.1 展示的是一张简化的单层办公楼施工进度计划表（横道图）。假如说，当这 10 个月的进度计划已经安排妥当后，业主又提出要求，限定用 6 个月的时间完成。通过不改变每项活动持续时间，那么横道图则可变动为如图 1.5.2 所示。尽管表面上看很不错，但这张进度计划表并不符合逻辑关系，它仅仅是针对原来那张进度表稍微改变而已。

总承包商一般编制总体施工进度计划，是非常明智的做法，因为其他主要承包商所编制的进度计划表取决于总承包商的进度计划安排。请注意，在图 1.5.1 及图 1.5.2 中，总承包商的工作安排进行了相当详细的分解，显示为机械工程和电气工程的活动均为开始时间早，结束时间晚，如图中实线所示。为顺应横道图中的进度安排，总承包商经常主张分包商使用尽量多的工人且尽量早地参与项目施工，而与之相反的是，分包商则希望使用尽可能少的工人越晚投入项目越好。其结果是总承包商常常会抱怨分包商态度不积极，延误了工期；与此同时，分包商则会抱怨说，由于总承包商没有及时提供工作面，迫使他们使出浑身解数来赶进度。

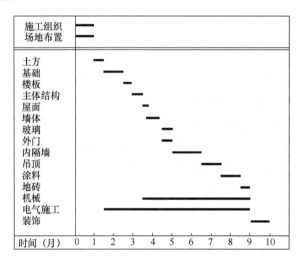

图 1.5.1　某单层建筑施工横道图

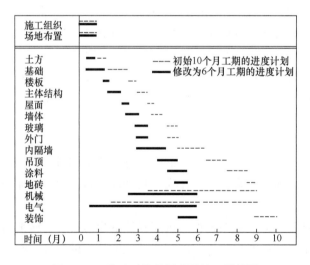

图 1.5.2　修改后的单层建筑施工横道图

对于大多数事情而言，真相往往介于两个极端之间。关键路径法借助特定而非泛泛的信息为解决上述分歧提供了手段。使用横道图经常遭遇这样的窘境，在项目实施的早期效果好得不得了，而到了项目后期则变得一无是处。可以推想造成这种反差的主要原因，即在项目开工之前，建筑师、工程师、业主或者三者一起试图对项目进度计划进行可视化设想，以敲定其竣工日期。大部分合同都会要求在承包商确定合同授予后不久立即提交以横

道图形式表达的进度计划。然而，一旦项目开始实
施，这张早期的横道图由于缺乏及时修订实际进度
而失效，这就好比去年的日历一样。

虽然施工进度可以在横道图上直接描绘显示，
但通过 S 形曲线测定进度的方法已日益普及。通常
S 形曲线由两部分组成（图 1.5.3），一种是计划成
本随时间变化曲线，另一种是实际成本随时间变化
曲线。S 形曲线可用来准备劳动力投入，采购设备
和材料等工作。虽然这样的描述可能比较有趣，但
却没有反映项目完工的真实迹象。例如，延误一项
本身费用不高的关键活动对项目完工造成的影响可
能远高于这项活动本身的价值。

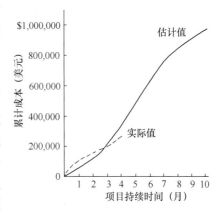

图 1.5.3　典型的 S 形曲线

对横道图的误用并不能证明横道图应该遭到遗弃，丢弃横道图的行为就好比将婴儿与
洗澡水一起倒掉一样。

1.6　关键路径法安排进度的发展历程

1956 年杜邦·德内穆尔公司在特拉华州纽华克市成立了一个研究本公司工程管理新
技术的小组，关于施工项目的进度计划安排便是其中首先研究的领域之一。该项目小组拥
有一台通用自动计算机进行运算，而且他们决定评估计算机在施工进度安排方面的潜能。
数学家们研究出一种综合处理方法，依照其理论，如果按照先后执行的顺序输入各种工序
以及相应的持续时间，计算机能够自动生成全部工序的进度计划。

1957 年年初，在约翰·莫克利博士的指导下，通用计算机应用研究中心与雷明顿·
兰德公司的詹姆斯·凯利以及杜邦公司的摩根·沃克进行联合，由特拉华州纽华克市直接
主管。

这样针对原先的概念性工作进行了修订，演变成基本的关键路径法。有趣的是，在这
些前期的工作中没有发生根本性的变化。

为应用这种新方法（当时称为凯利·沃克方法），1957 年 12 月成立了一个由 6 位工
程师组成的测试团队，该团队与另外一个常规的进度安排团队一起，负责制定一个造价为
1000 万美元的化工厂项目的施工进度计划，该项目位于肯塔基州的路易斯维尔。

为进行对照，新组建的进度安排团队（测试团队）与常规的进度安排团队分别独立工
作，这是仅有的针对关键路径法应用效果全面比对的文献记录资料。虽然团队成员并非关
键路径法领域的资深人士，但他们在开始测试前都接受了 40 小时的关键路径法课程培训。

该项目的网络图局限于只包括施工阶段内容，在完成初步设计后即开始对项目展开分
析。整个项目按主要领域的范围划分后进行分析，每个领域进一步分解为各项活动，总计
超过 800 项活动编制成一张网络图，其中包括 400 项施工活动以及 150 项设计或已交付的
材料供应工作。

关键路径法测试团队需要开发庞大的计算机程序进行辅助分析，到 1958 年 3 月，完
成了网络图进度安排的第一部分内容。当时由于部分设计变更，导致该项目进度计划中的

40％发生变化。这两个团队均授权对原进度计划进行修改和重排。1958 年 4 月进行的修订内容，只耗费了测试团队原先大约 10％的工作量，这显著优于常规团队的效率。

产生上述差距的一个重要因素在于两个团队针对关键活动的判定方法不同，常规的进度安排团队随意地指定关键活动，而关键路径法团队借助于网络图分析确定关键活动。通过分析得知，只有七项被确定为关键活动，而其中的三项没有包含在常规团队的活动清单中。

最初的进度安排测试被认为在各方面都是成功的。1958 年 7 月，造价 2000 万美元的第二个项目又被选定为测试对象，这次测试也非常成功。由于前两个项目的持续时间过长，无法完全确定该系统的正确性，因而又选取了一个持续时间较短的项目进行进度安排测试，该项目同样位于路易斯维尔市的杜邦公司。

第三个项目是关于氯丁橡胶停产与大修的工程，由于生产过程中的某种原材料会自行引爆，所以停工时期不太可能安排维修保养。虽然进行了多次特定的维修保养工作，但人们还是认为进行关键路径法测试是非常困难的。

在首次的关键路径法进度计划中，停工至恢复生产的平均时间从 125 小时缩短至 93 小时，随后继续运用关键路径法，该时间进一步缩短至 78 小时，最后所取得的效果是几乎缩短 40％的停工时间，这大大超过了预期。

1.7　绩效评审技术进度安排的发展历程

由于受到美国海军北极星计划的青睐，关键路径法得到进一步发展。北极星计划的工作人员已经开发了独有的网络系统，称之为绩效评审技术。杜邦公司所做的工作被认为是绩效评审技术发展的先驱。

北极星舰队弹道导弹系统始于 1957 年年初，为对其程序进行管理，成立了一个特别项目办公室，直接受海军上将雷伯恩的领导。人们普遍认为由该办公室发展了绩效评审技术系统。

绩效评审技术发展历程中的关键人物之一，威拉德·弗萨指出，在所有可获得的管理北极星计划的工具中都没有提供用以评估计划有效性的某些关键信息，特别是没有提供以下内容：

1. 依照满足计划目标的程度评价现有计划的有效性
2. 对计划目标所取得的进展进行评估
3. 对满足计划目标的潜力进行评估

后来针对更好的管理系统进行不断的探寻，一直持续到 1957 年秋天。当时，美国海军注意到关键路径法在杜邦公司的发展。1958 年 1 月，特别项目办公室发起了一项特别的研究，以确定在北极星计划中是否可以利用计算机编制计划并进行控制。1958 年 1 月 27 日，特别项目办公室组建了一个专门制定绩效评审技术的研究小组。

该小组的目标是确定经过完善的计划评审研发方法确定是否可以适用于北极星计划，该计划共涉及 250 个主要承包商和超过 9000 个分包商。

绩效评审技术的演变过程，包括了详细的程序和技术发展阶段，这些在正式文件中均进行过报道。正如本书第二部分所述，绩效评审技术的设计目的是提供（除之前提到的三项内容以外）：

    1. 增强计划编制和评审中的有序性和一致性

    2. 构建识别潜在故障点的自动机制

    3. 满足模拟进度安排的程序灵活运行

    4. 实现对集成数据的快速处理和分析以迅速修正

经过海军军械研究计算机编程后，绩效评审技术系统在推进装置中得以实施，随后扩展到飞行控制和弹道外壳组件，最后应用于制导组件。

绩效评审技术自开始研究大约一年后，该系统即投入使用，这是了不起的成就。

随着在北极星计划中的成功应用，绩效评审技术自动纳入 1960 年和 1961 年的航空航天计划建议书中。在一些建议书中，添加绩效评审技术主要是锦上添花，以强化建议书对政府产生的吸引力。该技术虽然是通过公关努力被一些公司认可，但由于该技术具有基本的合理性，加之参与使用者的聪明才智，绩效评审技术往往作为一种有用的编制计划的工具应用于工程管理。

1.8 关键路径法和绩效评审技术的比较

关键路径法和绩效评审技术之间存在的关键差异在于：一种是识别限定的活动且合理预估其持续时间的活动，而另一种则是识别以"某些活动形式"分离出持续时间为零的事件，在实施过程中这些活动可能的持续时间在限定范围之内。此时间范围的变化区间从最乐观估计时间（或距离下一事件开始发生的最短时间），至最可能发生估计时间，再至最悲观估计时间。这种处理方法是可以理解的，是因为一项活动的持续时间与已知的工作量大小有关，因而易于测算；而各活动之间的持续时间间隔只是含糊的理解，仅仅是粗略估算。

绩效评审技术的理论基础在于项目实施中这些估计的持续时间与统计意义上的可能性之间的相互关系，而实际持续时间将会在上述三种估计时间范围内波动变化。然而，20世纪五六十年代的早期计算机由于没有足够的运算速度或内存而无法充分运用该理论，这三种估计时间通常以下列公式合并为一项（通常由单独的手工计算完成）：

$$DUR = \frac{(O + 4M + P)}{6}$$

式中 O——乐观估计时间；

      M——最可能发生估计时间；

      P——悲观估计时间。

两种方法的重要区别在于，关键路径法考虑和测算所定义活动的性能及其持续时间，而绩效评审技术度量所定义事件的到达节点以及事件之间的时间间隔。另外还有一个重要区别，关键路径法的持续时间是针对所定义的事件，而绩效评审技术的持续时间则针对事件之间未定义的活动。

第 2 章

项目控制系统在学术界的演变

至 1960 年，约翰·莫克利已离开斯派里·兰德公司，并在华盛顿堡成立了莫克利联合公司，而詹姆斯·凯利作为主力重新加入该公司。莫克利的联合公司配有一个顾问团，该顾问团既在内部产业群（如石油化工和制药领域）讲授关键路径法的原理，又把关键路径法应用于工程项目中，特别是在建筑行业。

2.1 1960～1965 年：逻辑系统获得认可

1955～1960 年，关键路径法完成了真正意义上的概念设计和测试。在随后的 5 年中，人们投以极大的热情将关键路径法理论应用于实践之中。为此召开了多场公开的研讨会，会上披露了大型项目中工程师运用关键路径法的内容。关键路径法获得长远发展得益于三方面因素：第一，原创者杜邦集团将采用关键路径法编制计划的信息传播给其客户，将其作为整体服务政策的一部分；第二，在更深入的计算机应用领域中，雷明顿·兰德公司协助许多计算机客户解决应用关键路径法编制计划的问题；第三，其创始团队在私人业务中积极运用关键路径法，并将其概念及技巧推广至工程项目更广阔的领域。

通常建筑业（特别是石化行业）是关键路径法应用的最宏大的单一领域，这是幸运的，因为没有特定的机构或团体提供赞助，关键路径法必须借助自身的优点来发展和壮大。

1965 年的一项调查结果显示，美国国内只有 3% 的承包商积极采用关键路径法，但由于它们大多数都是大承包商，所以国内主要施工企业共有约 20% 主动使用关键路径法安排进度计划，这些用户的满意率达 90%。虽然使用关键路径法具体节省的时间和成本很难计量，但是用户们认为节约率通常超过 10%。

绩效评审技术在很大程度上要归功于凯利和沃克的前期工作。但具有讽刺意味的是，当凯利和沃克出于礼节性地回顾了早期从事的绩效评审技术方面的工作之后，二人却机敏地使用"关键路径"这一术语作为凯利—沃克方法的新标题。

2.2 1966～1970 年：关键路径法和绩效评审技术之争

网络计划技术从 20 世纪 50 年代形成概念，之后继续完善和发展，一直持续到 20 世纪 60 年代后期。尽管这种趋势当时并不明显，但由于下列因素使得人们加深了对这种技术的认可。

1. 由于程序具有庞大体量，如阿波罗计划，这就需要一个集成的项目管理体系，而美国宇航局专用的绩效评审技术（关键路径法）为该体系提供了最强有力的工具。

2. 针对单一项目管理的网络计划技术逐渐演变成为同时管控一系列集成项目的程序控制体系。

3. 尽管源于计算机的识别特征，但网络计划方法的逻辑基础由于其自身用途仍被越来越多的人接受。

4. 由于认识到网络计划技术在项目管理中的有效性，大学教师将其纳入本科课程之中，特别是土木工程课程，使得即将毕业的工程师更倾向于使用该技术。

美国海军和航空航天局等部门的工程师已经开始利用这种网络系统。还有一些机构，像美国能源控制公司、退伍军人管理局、总务管理局，也跟随着他们使用了这种网络技术。

关键路径法早期的发展包括一种由凯利和沃克提出的成本优化方法。作为关键路径法基本算法的一部分，该法涵盖了每项活动的预算成本信息，并估算完成整个项目的最佳时间。从理论的角度来看，该系统是非常有意思的，但收集维持成本和时间信息的困难已经妨碍了它的广泛使用。

为了使用关键路径法网络技术完成计划编制工作，莫克利联合公司（现如今包括凯利和沃克）另外开发了一种使用关键路径法网络图的方法来进行劳动力调度，称为资源进度计划方法。同时，展览业研究中心的电脑咨询机构与杜邦公司共同合作开发了资源分配与劳动力计划系统。虽然在使用上非常有限，但这种系统在实际应用领域进行了很好的扩展测试。

目前，随着计算机的功能不断增强，产生了一系列的算法和专有系统。虽然今天的计算机技术很大程度上提升了计算机程序系统的效率，但基本的原则并没有改变。

到 1962 年，绩效评审技术团队已经发布了绩效评审技术成本版。它将成本信息与绩效评审技术网络图结合在一起，并且在许多航空航天和国防合同中也开始要求使用。虽然是基于相当简单的假定，但该系统在技术上是正确的，该假定认为当一个项目中已经完成的各组成部分的综合成本发生扩展时，将会针对整个项目的完成日期提供一种有价值的预测。

在使用该系统的过程中遇到的困难，大多发生在收集与网络图相结合的成本中。由于内部会计制度与特定的成本版产品遇到调解困难，导致政府使用指定的成本/进度控制系统标准。

美国国际商用机器公司、航空航天局以及海军等部门开发了各自的绩效评审技术和绩效评审技术成本版。国际商用机器公司和麦道飞机公司整合力量开发了针对成本的绩效评审技术协调版，并指定了项目管理系统。虽然大量的技术已应用于针对绩效评审技术和绩效评审技术成本版的计算机系统编程和测试中，但相关的应用却趋向于简化其理论方法。

关键路径法和绩效评审技术的变化形式都是由许多组织机构研发而成的，通常是为了满足特殊的要求而开发的特殊系统。绩效评审技术的变化形式包括统计绩效评审技术、广义评审技术等，关键路径法则变换为前导网络图（前导图法），尽管该方法在本质上与关键路径法不同，但可以提供与其相同的计算结果。

2.3　前导图法

作为 20 世纪 60 年代初期采用非计算方法解决关键路径法和绩效评审技术网络图问题的专家，美国斯坦福大学的约翰·范德尔教授即为前导图法的早期支持者之一。约翰教授将其称为圆圈和箭线连接技术。

一本国际商用机器公司的手册参与到了圣安东尼奥的查切里公司采用前导图形式对关键路径法的发展过程中。在与国际商用机器公司合作中，查切里公司开发了若干计算机程序，这些程序可以在 IBM 1130 和 IBM 360 电脑上处理前导网络图计算问题。此举意义重大，因为，菲利普斯和莫代尔在 1964 年指出，哪怕仅掌握一种前导网络图计算机方法即相当于六十种关键路径法以及绩效评审技术。

为创建替代格式以编制关键路径法网络图，需要约定新的命名来区分这两种网络技术。传统的关键路径法网络图的变异形式最初被称为"箭线上的活动"，新型前导网络图的变异形式最初被称为"节点上的活动"。在"节点上的活动"变异形式中，关于活动的描述展示在方框或节点内，并通过线条将其依次连接。尽管在网络图中会造成更多模棱两可的情形，但在大多数情况下是不使用箭头的。

因为"箭线上的活动"与"节点上的活动"在称谓上是相似的，而且可能对于数学家而言，一个方框只代表一个节点，所以"箭线上的活动"作为"箭线图法"、"节点上的活动"作为"前导图法"为人们所熟悉。通常情况下，从旧的技术规范中复制新的规范时，可能会将关键路径法以箭线图法或前导图法的称谓所替代。最新版的 Primavera 软件安排进度仅支持前导图法。

许多用户更偏爱前导图法，他们声称前导图更加明晰，因而更容易看得懂。前导图法之所以简化的原因在于它不需要"多余"的限制来创造单独的活动编号，正如在关键路径法中一样。

20 世纪 70 年代，前导图法程序得到广泛的应用，并且大多数软件产品都可以在箭线图法或前导图法上执行关键路径法运算。最初的 Primavera 进度编排软件的开发是为了能够在 MS-DOS 操作系统下运行，这种软件是典型的双重选项（即箭线图法或前导图法）。然而当 Primavera 软件编写者创建了 Windows 版本时，他们选择前导图法作为旗舰程序的平台而使用，这在建筑业中产生了深远的影响，本书会对此进行阐述。

2.4　统计绩效评审技术

关键路径法和绩效评审技术都是以数学为基础的，教授们很快洞察到了由这个新的数学分支开拓出的新视野。如果对活动的持续时间仅仅是估计的话，并且受到一定程度的不确定性影响，那么倘若任意的一些活动持续时间增加或缩短，将会产生什么后果呢？如果逻辑网络图中的两条或两条以上的路径相当接近的话，这种修改可能会显著地扭转关键路径和项目的总工期。关键路径法为项目提供了一个预期的竣工日期，那么项目恰好在这个设定日期竣工，或是提前，或是延后，各自的概率是多少？如果每项活动的持续时间（针对关键路径法）或每项活动之间的间隔时间（针对绩效评审技术）在乐观估计值、最可能发生值和悲观估计值之间进行随机选择，将会得到一个最有价值的结束日期。重复此过程

100 遍或 1000 遍，即可得到在这个日期范围内完成的概率。

但是 20 世纪 50 年代的计算机还不具备足以执行分析逻辑网络图的运算能力。今天，有的程序软件（和配套硬件）可以在不到一分钟时间内为包含数千项活动的逻辑网络进行 1000 次迭代运算。因此，计划编制者不仅可以决定工程项目完成的日期，并且还可以预测出在这个日期完成的概率。

并非关键路径法或绩效评审技术背后的数学原理产生了布尔运算"或"逻辑。如果在逻辑网络中的 A 活动之后紧跟两个其他活动 B 和 C，则可以假设当 A 完成后，B 和 C 开始；当然也可以假设，B 和 C 的开始是相互独立的，它们既可以以一项先于另一项开始，也可以两项同时开始。然而在现实世界中，这并非总是正确的。有时在某一时间只能开始一项活动，那么你只能选择 B 或 C（布尔运算"或"）。有时要求两项活动必须同时做，那么你只有执行 B 和 C。有时，选择哪一项活动首先执行要受限于第四项活动 D 的状态（开始或完成）。有时，成功的选择是基于测试得到的，通过了测试就继续走下去，如果失败了，就换另一条路径。在测试失败的情况下，逻辑网络可以在采取纠正措施之后，循环一周重新进行测试。关键路径法或绩效评审技术的数学原理都不支持这些可能性。然而，大多数的可能性为 20 世纪 50 年代设想的数学模型所支持，这些数学模型反映在如今统称为广义评审技术的现代软件程序中。PERT 是绩效评审技术的英文缩写，而 GERT 则是广义评审技术的英文缩写。

2.5 关系图法

21 世纪来临之际，大多数进度安排工作开始使用前导图法取代箭线图法。然而，一大批严谨的从业者指出，在前导图法实施中存在着缺陷，而且其中许多人对于精确的箭线图法系统的缺失感到惋惜。这些问题都有一个共同点：商业软件往往侧重于一项活动的信息，相对地，忽视了每一项活动之间的制约和联系。这些活动已经有了早期的箭线图法和绩效评审技术方法论的标记。在这些问题中，最关键的是在每项活动之间缺乏一种对彼此之间约束的具体定义，而不是传统意义上的"完成 100％"后才开始下一步。包括项目管理协会、工程造价协会、美国土木工程师协会等在内的一些机构都围绕这些问题提出了若干解决方法，其中都一致建议通过设置"虚拟活动"，以更充分体现各项"实际活动"之间的逻辑关系（这是原始的箭线图法系统的标志）。

2003 年 5 月 28 日的"工程新闻记录"的头条出现了"远离关键线路"的新闻报道。在这篇文章发表之后，詹姆斯·凯利（在第一章讨论的关键路径法创始人之一）给编辑的一封信中写道："在关键路径法的早期，计算能力是十分宝贵的。计划编制人员在安排进度中不得不完全根除那些不一致的数据。在实践中，这意味着有意打破"灵活性"特点。现如今，我正在用来写信的这台计算机性能要比当初第一次运行关键路径法计算的通用自动计算机性能要好得多。因此没有任何理由解释为什么现在这台计算机不能进行编程，进而告诉我数据输入不一致的原因。"

为了应对这一挑战，本书的第 6 版假定了一种可以解决许多相关问题的新系统。由于焦点大多数集中在活动与活动之间的相互关系，因此被称为关系图法，该方法是由箭线图法、前导图法逐级演变而来的。

已经发展到支持关系图法的完全集成的新系统，可用于广泛的信息传递。系统的关键点在于恢复了识别的事件（或时间点），这些事件通常在箭线图中以节点的形式存在；此外，该方法更恰当地定义了所输入的持续时间，并具备了明确记录各项活动之间约束的能力。这是从甘特图到箭线图法，再到前导图法乃至关系图法的自然发展过程。

对于事件（时间点）的记录并不受箭线图法仅体现在活动的开始和完成处的限制，而是扩展到活动内部的事件。这些事件节点的恢复使得软件更准确地模拟横道图编制者的思维过程。在前导图法中，两个活动的重叠部分，既可通过开始—开始约束（基于一项活动的计算或报告的实际开始时间得到）获得，也可通过进程—开始约束（当一项活动的指定部分已经完成时，从事件时间点产生）获得。类似地，当一项活动的某些指定部分不能先于另一项活动完成时，其所代表的事件（时间点）可以用完成—剩余约束表示，以便和通用的完成—完成约束做比较。

应当强调的是，关系图法不仅仅是箭线图法的一种回归，或者说一种形式。尽管一项活动的范围是由一个 i 节点和一个 j 节点（其内部也可能包含有一个或多个 K 节点）界定的，但活动之间是通过唯一的约束予以连接，而且一项活动的 j 节点也不可能成为另一项活动的 i 节点。一些额外的功能包括：

通过编码及其描述识别每一种约束的原理。物理约束（比如墙体施工必须在屋面工程之前完成）是最明显的例子。其余类型的约束包括人员、设备、模板及其他各种资源，这些资源已经成为准备关键路径法的管理团队思考的一部分。

扩展针对一项活动的紧前和紧后活动的代码排序和选择能力。例如，电气分包商的工作必须紧跟在机械分包商的后面进行。

扩展每项活动之间的关系类型，解释人们实际如何计划自己的活动，而不是匹配由软件设计者设定的选项。例如，很少有人会说："鲍勃下周将开始为期 30 天的工作，玛丽将会在 15 天后紧随其开始工作，而不管鲍勃的工作进程如何。"相反，更多的人会说，"鲍勃下周开始为期 30 天的工作，且当鲍勃完成了 50％工作后，玛莉将开始她的工作。"因此，如果鲍勃的工作范围发生变化，或如果他的工作效率超过预期的话，那么对于鲍勃和玛丽开始时间的滞后会有一个自动的调整。

扩展浮动时间（时差）的类型，包括：（1）多日历时差；（2）实时总时差（类似于自由时差，但要归因于所有的紧前活动而不仅仅是最近的紧前活动）。

识别代表每个事件的时间节点。这些节点将类似于箭线图法中的 i 节点，但不是为了数据输入的目的，而是用于识别合并偏差的节点（其中一些约束或逻辑线路集合在一起）和那些代表"小里程碑"的节点。

扩展包括趋势持续时间在内的持续时间类型，趋势持续时间是基于通过近似的工作范围划分的原始持续时间和实际持续时间之间进行对比而得到。独立的统计绩效评审技术的计算方式就是基于原始持续时间和实际持续时间而运行的。

扩展广义评审技术的关系类型，包括：（1）B 或 C 在 A 之后进行，但并非二者同时发生；（2）旨在覆盖测试失败的逻辑循环，采取纠正措施后重新测试；（3）基于逻辑网络图范围内其他活动的进程或状态选择行动。

许多其他学术人士和从业人员针对关键路径法给出了类似的建议和其他扩展内容，目前多数关键路径法的变体都存在于大学里的计算机内。最终某家软件供应商会将这样的扩展应用商业化，如果他们成功了，其他所有供应商都必然会抓紧复制这种新算法。因此，正如前导图法取代箭线图法，并已成为当今建筑业使用的基本方法一样，关系图法或其他一些图表方法也将成为明天的标准。尽管如此，编制进度计划的基本规则是不变的，本书的作者们希望所有关键路径法的用户都能够理解和领会其理论基础，无论是依照惯例还是软件使用均如此。

第3章

项目控制系统在市场中的演变

在 1965～1970 年，关键路径法理论已通过学术界进行了传播，并且其价值也得到了人们的认可。这一切要归功于商业企业团体对软件程序的编写，并且由软件服务商将这种新技术带入市场中。此外，这项技术最初针对施工阶段的发展纯属偶然，因为在施工领域中有一种普遍的理解：在工程项目管理中，项目经理是不受项目限制的。关键路径法的演化是服务于项目管理者，而不是向高层管理人员报告其行为表现。

3.1 商业化初期（1965～1970）

1965～1970 年，网络图工具演变为项目控制系统，通常用于管理大型程序或多项目程序。在许多项目中都需要项目控制系统的方法，其中包括纽约世界博览会，阿波罗发射设施，以及旧金山湾区快速交通系统等，但项目包含的海量信息，无论多么重要，其可用性都产生了新的问题。在此之前，虽然决策所依据的仅仅是稀少且有限的信息，但是管理人员的思维实际上是很清晰的。现如今随着项目和资源信息的大量涌入，管理人员不得不确定哪些是重要的，哪些可以忽略不计。

3.2 商业化推进（1970～1980）

20 世纪 70 年代项目控制系统得到进一步的认可和利用。首先，工科院校在其本科课程体系中同时增加了网络计划技术和计算机应用两门课程，这就使得工科毕业生可以更自然地利用项目控制系统。其次，通过自身不断完善以及所产生的良好效果，使得施工管理成为该领域重要的必然结果。此外，在此期间由于涉及工期延误的诉讼显著增加，使得进度计划的编制与管理对于原告和被告都变得愈发重要。关键路径法进度计划的存在和合理利用在维护承包商索赔或协调项目各方关系时发挥了重要作用。最后，由于计算机兼容性不断提升，不仅使得基本的网络系统更容易获取，而且为网络系统的普及提供了经济支持，这个网络系统可以跟踪进度并且可使其与成本和资源相互对照。

3.3 早期的法律认可

对于关键路径法的有效性法院很早就予以认可。在 1972 年，法院根据一份横道图进度计划驳回了一项索赔，并且指出："这份进度计划没有采用关键路径法，因此，对于是否有任何特别的活动或一组活动在关键线路上或是对于整个项目起到关键作用无法检验"。

此外，在 1972 年，密苏里州法院声称，横道图不能有效地描述合同中所涉及的全部工作以全面协调进度计划。伊利诺伊州法庭在 1978 年指出："技术的进步和使用电脑在特定的项目中制订工作进度计划提高了法院分配损失的能力。"

3.4 个人计算机时代的来临（1980～1990）

20 世纪 80 年代人们见证了从大型计算机到以个人计算机为主的转变，这种转变使得计划编制者可以直接面对计算机屏幕。由于工科大学生开始使用个人计算机，而且进度计划软件价格变得如此低廉，因此在许多小公司内部得以应用。

1982 年应用的 40 种关键路径法或前导图法程序如表 3.4.1 所示。

1982 年应用的 40 种关键路径法或前导图法程序　　　　表 3.4.1

项　　目	程序数量	百分比
箭线图法	35	87.5%
前导图法	32	80.0%
二者都包括	26	65.0%

在上述 40 种程序中，30 种需要昂贵的计算机主机硬件。在 10 种个人计算机程序中，9 种平均售价 35500 美元，第 10 种程序价格为 110 万美元。大多数的程序可以按照每月 1200 美元至 3500 美元租用。因此，高昂的软件费用使得服务机构必须找到一种切实可行的方法去研发网络计划。上述 40 种程序中至少有 5 种是通过服务机构独家提供的。20 世纪 80 年代初，在 1982 年的一项调查中，已有 8 种程序转换成适用于个人计算机的版本。这些版本包括由项目软件开发公司的 PROJECT/2 和自动化公司的 MSCS。本书第 3 版（1984 年出版）列出了 68 种关于关键路径法及前导图法的软件。

3.5 个人计算机的成熟期（1990～2000）

到 1992 年时，1982 年市面上出现的 40 种程序中已消失了 32 种，那些服务机构几乎大部分也遭遇同样命运；1984 年列出的 68 种关于关键路径法及前导图法的软件也仅存 10 种。在 1984 年和 1992 年的软件公司名单中，Primavera 系统均赫然在列。到了 2000 年，Primavera 系统已成为建筑业的权威性软件，超过 35000 家建筑企业拥有 35 万份正版的 P3 项目进度管理软件，占据高达 95% 的市场份额。

20 世纪 90 年代个人电脑的普及转变了关键路径法的使用方式。以前每次"运行"这种软件都需要高昂的费用，而且往往每天只能使用一次（通宵运行需通过服务机构），除非用户愿意为额外的使用时间支付更高的费用。项目管理人员往往花费很多时间仔细审查输入信息，以确保运行不会被一个错误信息或失败结果所浪费。用户可以同时进行多次运行，并且用户可以运用计算机"定位"错误的输入信息。额外的运行是为了各种各样的"假设"情景，索赔分析的进一步细化允许使用 Windows 方法，这种方法首先在第 4 版中讨论过。

微软公司推出的 Windows 操作系统，与工期延误分析中较普遍使用的 Windows 方法是一致的。这种强大的操作系统使得计算机建筑设计同样变得强大起来。很多软件公司，包括提供关键路径法软件的公司都必须重新开始编写它们的软件。此外，在信息技术领域，一个新的潜在的软件客户群，其规模超过建筑业，也开始关注关键路径法。该客户群不甚注重传统关键路径法的严密细节，而更倾向于选择前导图法这种变化形式。因为前导图法在定义活动之间的关系时可以允许产生许多"模糊"。在 20 世纪 90 年代，箭线图法开始向前导图法转变，这引发了本书第 5 版中进一步的讨论。

3.6　企业系统的出现（2000～2010）

作为 Primavera 的旗舰软件，项目管理软件 P6 的使用不仅在建筑业，而且在其他行业，如信息技术、航空航天、国防、制造业、石油和天然气等领域也得到了发展。如今越来越多的非建筑业用户和他们的不同需求促进了软件的不断升级发展。

该软件的最新特征集中体现在不同详细程度（从"任务"到"活动"，再到"活动汇总"，最后到"项目"）的协作与报告，进而执行高一层级的管理上，且最好以实时性为基础。期望执行"工作"的任何人或"资源"在计算机上都这么做。通过实际记录每次锤子摆动测定生产率的方法就好比在键盘上点击一样，显而易见这与现实的施工环境不相符。然而，如果项目团队能够制定一份适当的逻辑网络图，那么该软件将继续为这份逻辑网络计划提供必要的基本计算。

不同的供应商针对软件提供的最新"改进"功能，帮助项目经理们以及协助其工作的计划编制者实现了上下级更有效的沟通，也促进了项目参建各方更通畅的相互交流。这些工具性能良好，新功能进一步提升了其价值；然而，这些新功能不仅是局限于施工领域，而且也适用于更广泛的项目管理市场中那些经验水平参差不齐的计划编制者和项目经理。

第2部分

关键路径法进度计划编制理论

第4章

你的新工具——在使用前先阅读

4.1　Primavera—得力的工具

工程项目计划管理软件（也被称为 P3）已经成为建筑业中进度计划软件的标准。在 2000 年，为满足制造业和 IT 业的使用需要，Primavera 软件系统将 P3 软件改进为 P3e；随后又相继发布了适用于建筑业的 P3e/c 软件和最新的众所周知的 P6 软件。其中的一些产品已经从以单个建筑项目为中心转移到了考量多个项目相互影响的企业管理层面，包括企业资源跟踪，成本流等要素。

区分各软件系统的主要不同之处在于输入输出的简便性、输出方式的多样性以及使用户应对某些数学运算限制的有效性，而基于数学运算的关键路径法则能够更完美地模拟现实世界。正如本书前言所提到的，在现实生活中，您可能一边享用先做好的一部分早餐，而同时继续烹饪剩下的一部分。但您会定期制定合理计划吗？即使是做早餐，您也在规划和安排着您的各种活动。您可能会一边喝咖啡，同时一边煎鸡蛋，但您会在煎鸡蛋前首先加热油锅。如果您希望早餐享用三明治，那么您应该在鸡蛋完全熟透之前就开始制作。Primavera（以及其他软件系统）容许将做早餐和吃早餐作为搭接活动而同时显示，而不需要显示搭接的细节如何以及有多少搭接时间有待完成。Primavera 提供的横道图（见图 4.1.1）可以很好地表明这两项同时开始的活动。更糟糕的是，如果您不小心，软件可能会显示在您完成烹饪之前就已经用完早餐了。再次重申，本文的目的就是教会人们安排进度计划的适当方法以及有用的快捷工具，从而使得您的进度安排不会出现错误。

图 4.1.1 原计划是先开始做早餐（历时 10 分钟），全部完成后再吃早餐。实际则是开

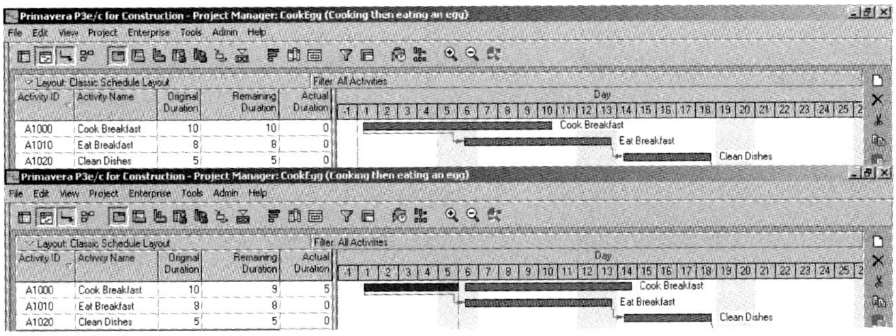

图 4.1.1　Primavera 提供的横道图

始做早餐，然后煎鸡蛋，清理干净，再继续做早餐。关键路径法在起始点安排进度计划，在第 5 分钟时点重新安排。

4.2　Primavera 软件或其他类似软件工作核心

关键路径法的核心是基于纯粹的数学方法。工程系统中对计划、时间安排表和项目控制的渴求产生了关键路径法。首先，关键路径法运用过程看起来很琐碎、奇怪或者毫无道理，但是像其他基于数学的系统一样，它本身有最基本的目标。但是现代的计算机软件允许使用者忽略这些目标，不过这样做有风险，那就是计算输出结果不够精确。

4.3　进度计划软件产品的输入

任何项目都可以被细分成一系列的活动或任务。鉴于关键路径法安排进度计划定义的精确术语，任务是工作的范围，而工作是活动的组成部分。一项活动可以由一个或多个任务组成。各项任务的展开顺序可能是不相关的，或可能太过明显以至于那些执行者得不到正式的指示。因此，当为车辆更换轮胎时，"移除螺母"的活动就由"移除第一个螺母"和"移除第二个螺母"等任务所组成，并不需要各自独立的说明；而"更换和拧紧螺帽"既可以单独的活动予以说明，也可以不必说明，这要根据承担此项工作的负责人的经验来定。

尽管许多特定活动的细节程度可能各不相同，但关键路径法安排进度计划的原理是，除了没有特定紧前工作的起始活动之外，其余每一项活动（或其指定的部分）只能在其他的某些活动（或其指定的部分）100％完成后才可以开始。在基于事件的系统中，如绩效评审技术，每个指定的事件只能在某些其他事件发生之后才可以发生，起始事件除外。该方法只支持确实存在的关系，即使这种关系是松散的定义，但不支持"模糊"的关系，也就是可能会发生什么。即使源自概率方法的统计绩效评审技术和广义评审技术也是基于确实存在的可能性估计，而不是仅仅基于随机的选择。关键路径法属于一门工程学科，而不仅仅是直觉的应用。这是其自身众多优缺点产生的基础。

在课堂上常常忘记使用有关进度计划软件，是由于认为软件仅仅是一种工具，并且只有输入数据准确才能保证和输出结果可靠。这是所谓"根不正，苗必歪"的规则。使用软件这种工具的目的就是要协助进行数学分析中所必要的一些繁杂运算，但仍然需要保证其输入数据的精度；这就好比锯木头时，虽然动力锯比人工锯更快更高效，但同样需要认真测量具体锯木的位置。

4.4　逻辑网络图的逻辑性

传统关键路径法实施的骨架是一种项目图形化的模型。该模型的基本组成部分是箭线。每条箭线代表项目中的一项活动。箭尾表示活动的起点，箭头表示活动的完成。箭线并非向量，所以它不是按比例绘制的。箭线可以根据需要绘成弯曲或弯折状，但是不能中断，因为它是一个独立的实体。

开始 ——————典型活动————→ 完成

4.5 箭线图

可以通过布置箭线来表达计划，或者逻辑顺序，而其中组成项目的各项活动都将有待完成。每条箭线用以回答下面两个问题：

1. 哪些箭线（活动）必须在此箭线（活动）之前完成？
2. 哪些箭线（活动）必须在此箭线（活动）之后开始？

由此产生的逻辑流程图即为由各条箭线组成的网状图形，通常称之为箭线图或者是网络图。例如，将您的轿车进行常规检查作为一个项目，假设您需要完成以下针对轿车的工作：

- 轮换车胎
- 润滑车辆
- 更换机油
- 上蜡抛光
- 排防冻液

关键路径法通常被称为"决策者"。当然这属于用词不当，因为关键路径法并无生命，也就无法做出决定。然而，运用关键路径法则鼓励用户决定绘制箭线图。

在这个例子中，任一箭线绘制之前首先需要做出一项决定，就是机修工必须决定是首先还是最后抬升轿车。假设机修工决定首先抬升轿车，相应地第一条箭线则是这样的：

随后将是其余各条箭线，分别代表抬升轿车之后的符合逻辑的各项活动。从列表中的工作看出，它们是更换机油，轮换车胎，加润滑剂。

当增加落放轿车这项活动时，整个工作列表并未进行充分细化以显示机修工的工作计划。在抬升工作之后添加此项活动则为：

这实际上说明了什么？它所表达的意思是，更换机油、轮换车胎和加润滑剂这些工作只有在抬升轿车完成之后并且落放轿车开始之前方可进行。然而，这其中有所缺漏。轮换车胎这项活动表明，当轿车在抬升时，机修工必须拿出备用轮胎。但这并不符合逻辑，它当然不是机修工预想的那样。此外，机修工惯常的做法是将轮胎升离地面之前首先将其螺母拧松。这样则将"轮换车胎"一项活动按如下方式修改：

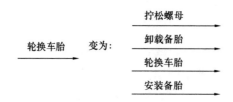

相应的这一部分网络图就变为：

对于润滑车辆这项工作而言，第一张网络图表明，加油与检查引擎罩下的各种项目（包括电池、发电机、散热器、制动液等）在轿车抬升之前是必须完成的。要做到这些，机修工可能需要额外的支撑物或一部梯子。

类似地，

这一部分网络图就变为：

将网络图的各部分整合在一起，并添加排防冻液与上蜡抛光这两项之前没有显示的活动，这样反映日常轿车保养工作的箭线图如图 4.5.1 所示。

箭线图注重于一项活动或一组相关的活动，其原因是显而易见的，因为一次只能画一条箭线。简单的道理赋予这项技术强大的力量。没有人能同时充分考虑到数千万美元项目

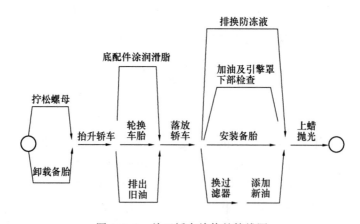

图 4.5.1　关于轿车检修的箭线图

的所有细节，但使用箭线图可以记录思想关注的焦点并针对某一区域安排计划。当某一区域完成时，想法和计划就由箭线图记录下来。

4.6 逻辑图

逻辑图是关键路径法的一项最重要特征。数学家在很长时间内都在使用逻辑图，许多人都认为数学家凯利使用逻辑图向计算机传达基本计划顺序。在 1983 年的一次会议上，凯利阐明全部的算法都是用数学方法设想的。他最初使用逻辑图去解释杜邦公司管理中的方法。引入逻辑图反映期望的计划展开顺序对计划编制的过程产生了显著影响。在编制网络图中规定的大量的抽象逻辑规则十分有用。

如果活动 A、B 和 C 依次出现，那么它们的逻辑图表示形式为：

$$\xrightarrow{\quad A \quad} \xrightarrow{\quad B \quad} \xrightarrow{\quad C \quad}$$

如果活动 B 和 C 在 A 之后进行，上图是一种解决方案，而更准确的逻辑图表示应为：

如果活动 B 和 C 在 A 之后进行，上图是一种解决方案，而更准确的逻辑图表示应为：

与前者不同的是，后者将 B 和 C 分别作为独立的活动予以展示。当绘制网络图时，徒增没有陈述的逻辑关系是不正确的。也许这是一个明显的警示，但必须持续地防范微妙且无意识的逻辑关系发生错乱。

如果活动 C 在 B 之后进行，活动 D 在 A 之后进行，那么逻辑图该如何表示？它似乎是这样的：

然而，并未表述活动 C 和 A，或者 B 和 D 之间有逻辑关系。所以，正确的关系应该是这样：

现在，如果活动 A 和 B 都先于 C 和 D 进行，则逻辑图的表达形式为：

然而，如果活动 A 和 B 均先于 C 进行，而只有活动 B 先于 D 进行，那么这种表达形式就不准确。针对下面的逻辑图：

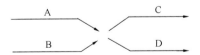

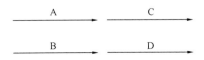

其表达的意思是，活动 B 并未先于 C 进行。

再看下面的逻辑图：

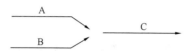

这意味着活动 B 没有在 D 之前进行。问题是箭线 B 不能被分解成两部分，箭线图不允许"口是心非"。逻辑关系的引进解决了这种困境，箭线代表的是逻辑流程而非工作。为了区别于常规的箭线，用虚箭线表示虚工作。在这个例子中，逻辑关系（或逻辑限制）为：

现在的逻辑图就表示了活动 C 在 A 和 B 之后进行，而 D 只跟在 B 之后。逻辑关系的概念是非常普遍的常识，但它在关键路径法中是不可或缺的。

现在考虑有两条平行工作链的逻辑图的例子。其中一条工作链是由 A，B 和 C 一系列活动组成，另外一条是由 X，Y 和 Z 一系列活动组成。A 和 X 是起始活动，C 和 Z 是结束活动。图示如下：

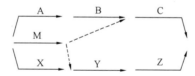

现在在项目开始的时候增加一项活动 M，如果活动 M 必须在 C 和 Y 之前进行，那么结果是：

关键是任何数量的逻辑约束都可以源自一项活动的结束，同样地，也能引出一项活动的开始。在如下逻辑图中：

如果增加一项结束活动 E，该活动在 A 之后进行但同时又独立于 C，则不能由如下逻辑图来表示：

这是典型的产生无意识逻辑关系的情况。为体现活动 E 与 C 独立，则需在活动 A 之后增加另外一种逻辑关系：

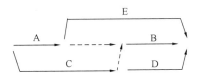

这可被称为一种"逻辑分离"或"逻辑伸展"。逻辑关系不允许活动 B 的箭头逆向倒回，这可作为检查工具判断逻辑关系是否正确。图 4.6.1 提供了更多的例子。

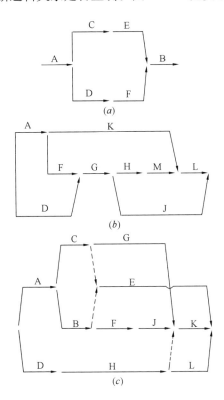

图 4.6.1　逻辑网络图示例

注：(a) 活动 C 和 D 在 A 完成后进行；E 在 C 之后进行；F 在 D 之后进行；且 E 和 F 在 B 之前进行。

(b) 活动 G 在 F 之后，但先于 H 进行；K 在 A 之后，但先于 L 进行，F 在 A 之后进行；A 和 D 同时开始；J 和 L 均完成后逻辑网络图方结束；G 在 D 之后进行；J 在 G 之后进行；H 在 G 之后，但先于 M 进行；M 在 L 之前进行。

(c) A 和 D 在同一起点开始；J 在 F 之后，但先于 K 进行；C 在 A 之后，但先于 G 进行；H 在 D 之后，但先于 L 进行；B 在 A 之后，但先于 E 和 F 进行；E 在 B 和 C 之后进行；K 在 G 和 H 之后进行；E，K 和 L 均完成后逻辑网络图方结束。

4.7　闭合回路

如果活动 A，B，C 和 D 形成序列，而 E 在 C 之后且先于 B 进行，则 B，C 和 E 构成了闭合回路。

这就相当于"先有鸡，还是先有蛋？"这样的问题。由于闭合回路是不合逻辑的，那就不应该在逻辑网络图中出现。看上去似乎不大可能会有人绘制这样的闭合回路。但是，在大型的复杂网络图中，无意中插入一个回路是很普遍的。

图 4.7.1 显示了一个医院项目的现场布置情况。现有医院处在黄金地段，拟建建筑将修建在它后面。然而新建筑动工之前，必须拆除一座既有附属建筑。由于该服务性附属建筑包括餐厨区，所以在新的厨房餐厅建好以及新建筑投入使用之前，应该在现有建筑中修建临时性餐厨用房，到时再把它腾出来。这在箭线图中很容易表示为：

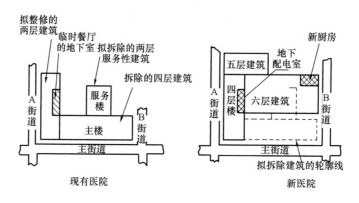

图 4.7.1　医院场地布局

同样的信息也可以用前导图来表示（在这里仅做比较）：

然而，直到绘制箭线图时才发现新建筑的地下配电室位置出现问题，因为它恰好被现有建筑中临时厨房所占据。将该信息增加到网络图中就出现了下面的回路：

项目业主和建筑师获悉了此情况。因为地下配电室直到一年后才会用到，所以对其重新进行了设计和施工。通过使用关键路径法编制计划，预见和避免了高成本的时间损失。

4.8　施工领域之外的应用实例

施工领域之外的其他项目也可以采用关键路径法编制计划，一些实际项目包括：

- 造船

- 城市规划
- 炼油厂维护
- 建筑设计
- 项目研究
- 做饭
- 百老汇演出
- 编制公司预算
- 编制城市预算

城市计划的批准

- 购买新房
- 购买汽车
- 创建家庭露营旅行活动列表

虽然目前还没有一份正确的家庭露营活动列表，该例子假定一个家庭中有父亲、母亲和两个孩子，其典型的活动列表可能由以下项目组成：

- 编制预算
- 物品装车
- 收集露营场地信息
- 选择露营场地
- 购置装备
- 编写装备清单
- 准备食品清单
- 预订露营场地
- 安排假期
- 制定着装清单

图4.8.1展示了一份能协调这些活动的计划。

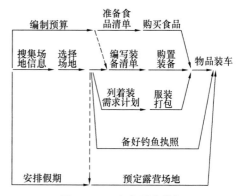

图4.8.1　家庭露营旅行

4.9　小结

本章探讨了网络图的概念，并阐明关键路径法可以促进决策制定但其本身无法做出决策这一前提。在编制箭线图和逻辑图过程中，通过清晰地定义需要完成的各项活动，有助于策划者更好的理解项目的需求。关键路径法特别适用于工程项目施工领域，但其实用性绝不仅仅局限于该领域。

第5章

施工领域的网络图

第 4 章中讨论了关键路径法网络图的概念和基本原理，本章则涵盖了网络图在施工领域的实用机理。由于关键路径法是一种具有逻辑性和组织性的计划系统，其布局形式要能够准确地反映同样的逻辑组织关系，这一点非常重要。将网络图分解为实用的多页图表，这些思想汇集起来即构成完整的项目计划。网络图常常用于向陌生人展示项目计划。如果网络图布局形式清晰、简洁、安排合理，那么给人的第一印象就会很好。不过，关键路径法也可以揭示计划欠佳的网络图。

粗略网络图(1)

图 5.0.1 中展示了两张具有相同信息的网络图。两者在逻辑上都是正确的，但那张粗略网络图只是按照所描述的问题直接绘制，并没有认真考虑其物理布局。下面重新整理的网络图针对上面那张重新进行了编排整理，它只有 12 项活动。在一个项目的网络图中，其物理布局与可能导致的混乱之间的差异有时会扩大 100 倍。

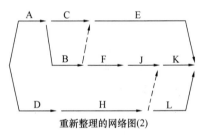

重新整理的网络图(2)

图 5.0.1　粗略和重新整理的网络图

5.1　形式和格式

传统上网络图都是绘在复写纸或胶带上，虽然现在便利的复印技术已经有效地废除了这种格式，并且很多从业者可能选择跳过这一步，但这对于永久记录纯逻辑网络图的需求而言仍然非常重要。在网络图定稿之前，经常需要首先草拟出一个初步的图面布局。草图往往画在黑板、白板、网格纸、标准的记事本纸，甚至工程图纸的背面。也许，随着个人笔记本电脑更好地实现了触屏功能，初始网络图有望绘制在这样的屏幕上。设想未来的进度计划软件可望置于一台具有触摸屏的平板电脑之中，在平板电脑上使用触笔实时绘制事件节点和工作线，进而转换成一张不错的 CAD 纯逻辑图。在传统时代，基于所搜集的信息而创造出的粗略网络图，可能会通过临界条件或活动代码重新编排。尽管目前正在从鼠标式的数据录入系统转变为触摸屏系统，但这些功能的实现可能至少需要 5 年的历程。

　　不管怎样，目前绘制纯逻辑网络图最有利的技术是使用方格纸，它可用于徒手绘制草图或最终的网络图。

　　应该将这些手绘草图保存起来。此外，还应该像对待设计师工作手册中的计算书一样给予这些草图同样认真地对待。毕竟，选择钢梁的特定尺寸不仅仅是因为它"看上去是对的"，而且还需要对其绘制无量纲的草图之后，进一步选择适当的方程和仔细的计算才行。通常，在进行计算的书页上会注明原设计者，并通过文字框标注审阅者，甚至是第二个审阅者。像审稿人签名一样的同种颜色标记应紧靠每个数字或图形元素，以证明都被检查过。该计算书继而被整理为需要存档的工作手册。

　　虽然当今的设计师竭力在数字化的世界中复制这一过程，但这种方法的某些变化形式仍然不失规范性。当遇到关于何时制定设计决策的诉讼时，那么这份工作簿将会成为审查的基础文档。同样的，如果有涉及承包商最初工作计划的诉讼的话，那么最初的关键路径法逻辑草图也将会作为基础文档予以审查。

　　由于早期的网络图规模适中，所以图纸尺寸是没有问题的。随着网络图变得越来越大，图纸的规模也随之增加。然而，一张庞大的网络图会很笨拙并且难以处理。尽管某些时候那种细长图纸非常实用，但对于大多数的工作而言，最好是将这张巨型网络图分解成若干数量的单页网络图。

　　选择单页网络图的尺寸范围十分重要。每张图的内容布置既不能过于拥挤，也要充分利用好其空间大小。将项目通过细分的若干单页网络图予以表达时，要牢记保持网络图的实用性。比如，如果建筑物的基础施工在一张图表上显示，那么现场的技术人员可以更容易地查找和使用该网络图，因为当前的现场工况可以同时在一张网络图或两张网络图中显示。

　　对于单页网络图的最佳尺寸并没有固定的要求，美国陆军工程兵团曾经命令要求其纸张大小为 34×44 英寸（约 86×112 厘米）。许多早期的网络图都是用不规则线条（图 5.1.1）或曲线（图 5.1.2）绘制的。

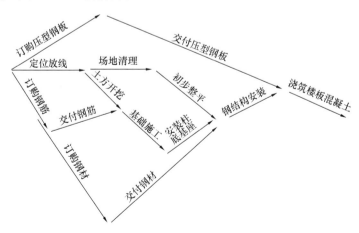

图 5.1.1　不规则线条绘图示例

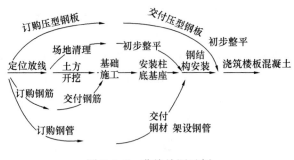

图 5.1.2　曲线绘图示例

5.2　事件

两项或多项活动的箭线交叉点定义为事件。事件没有时间维度。然而，所有指向某一事件的活动都必须在离开该事件的任何一项活动开始之前完成。这是网络图的逻辑规则。

那些关键的事件称为里程碑，代表了网络图中的重要工作目标。例如，"发布投标公告"（图 5.2.1）是一项重要事件。它本身并没有时间的维度，只代表了一个瞬时的节点。为了到达这项特殊的事件，所有与该项目设计和规定有关的活动都必须首先完成，直到该事件完成才能进一步进行合同签订。

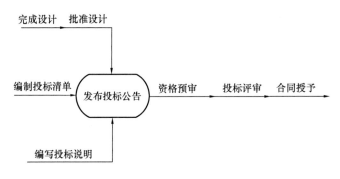

图 5.2.1　里程碑事件示例：发布投标公告

在关键路径法图表中，重要事件可通过命名予以辨识。虽然事件的标题不必强调，但每个事件都分配了相应的编号。作为关键路径法早期的形式，箭线图法针对每项活动都限定了开始事件与结束事件。由于每个事件都用编号进行标识，所以每项活动就可以采用代表该活动开始和结束位置事件的一对编号来识别。这种识别各项活动的方法简洁而高效，大大减少了需要储存的数据，从而使得关键路径法的开发人员借助早期电脑的有限存储空间和处理能力完成工作。

开始事件 —— 典型活动 → 结束事件

在箭线图法中，开始事件的编号为 i，结束事件的编号为 j。（这种命名最初由关键路径法的创建者所使用，后来大概是由于简练而成为通用方式保留下来）因此，典型的活动表示为：

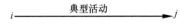

一项活动的编号 $i-j$ 可作为其名称来使用，网络图中事件的编号需要遵循若干的规则。

规则 1：每项活动必须有独一无二的 $i-j$ 编号，但是经常会有两项或更多活动具有相同的起、止事件。例如，在事件 1 和 4 之间的活动可表示为：

这些活动在表 5.2.1 中予以展示。为调整这种混乱的情况，可通过增加一种叫作虚箭线的逻辑约束来实现。之所以称之为"虚"，是因为节点之间的连接未出现新的事件；增加虚箭头就是为了引出相同编号，其更确切的表述应为"约束"。修改后的活动如表 5.2.2 中所示。

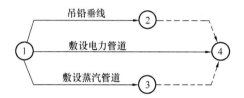

活动列表（一般活动）	表 5.2.1
$i-j$	活动描述
1 - 4	吊铅垂线
1 - 4	敷设电力管道
1 - 4	敷设蒸汽管道

活动列表（唯一编号）	表 5.2.2
$i-j$	活动描述
1 - 2	吊铅垂线
1 - 3	敷设蒸汽管道
1 - 4	敷设电力管道
2 - 4	约束
3 - 4	约束

规则 2：当分配事件编号时，箭头（或 j 端）的编号应当大于箭尾（或 i 端）的编号，即 $j>i$。早期的计算机程序中，计算机针对网络图计算的能力通常依赖于此规则以及事件的连续编号。现如今所有的程序都可以处理事件的非连续编号和随机编号。随机编号不仅方便，而且通常很有必要。例如考查如下部分网络图：

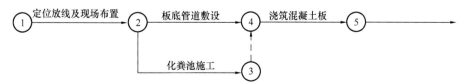

假设该网络图具有 50 个（或更多）事件编号，现在发现漏掉了活动"场地清理及初步整平"，其本应紧随活动 1-2"定位放线及现场布置"之后，且位于活动 2-3"化粪池施工"和活动 2-4"板底管道敷设"之前进行。如果没有随机编号的话，该网络图将按如下形式重新编号：

这样就会出现 51 个事件编号，其中的 50 个事件编号将发生改变（除了事件 1 之外），只增加了一个编号。采用随机编号修改后的网络图将如下：

由于如今很多网络图中的事件都超过了 1000 个，当网络图需要增加活动时，随机编号显得尤为重要。既然随机编号是可行的，为什么还要遵守传统的编号规则 2 呢？首先，以 $j>i$ 形式的编号可以使得在网络图中更加容易的查找事件位置。其次，闭合回路也更容易识别。用闭合回路和事件编号例子来说明：

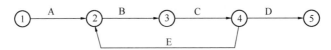

注意到 $4>2$，或 $i>j$，活动 E 代表了一个回路。交换 2 和 4 的位置变为：

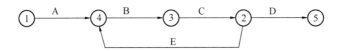

这样活动 E 就满足 $j>i$ 规则，活动 B 和 C 则不满足。

待网络图绘制完成且可以用于计算时，才应该添加事件编号，这些编号应按常规顺序进行分配。事件编号可采用水平 ［图 5.2.2 (a)］ 或是垂直排列 ［图 5.2.2 (b)］，任何一种方式都可接受。在水平排列方式中，事件编号沿着活动链进行分配，直到抵达交叉事件（多项活动的汇合点）。这样重复进行，将所有活动链的节点事件都进行编号。在垂直排列方式中，编号从上到下垂直分配，但仍然遵守着 $j>i$ 规则。

垂直编号系统使得网络图中更加容易定位某项特别活动。水平编号系统可在网络图中产生逻辑相关的活动组，却难以确定事件编号的位置。同样地，随机编号针对某项特别活动定位也很困难。

事件的编号位数受限于所用到的计算机程序。较老一些的程序通常仅限于 3 位数，由于活动与事件的平均比值大约为 1∶5，3 位数的概念则把网络图的规模限定在 1500 项活动之内。

现如今大部分的程序能达到 5 位数规模，则允许网络图包含 150000 项活动，若扩容至 10 位数甚至更多，网络图便能容纳成百万项活动。几乎所有的程序也能接受字母数字，由此网络图的最大容量将不再受限。

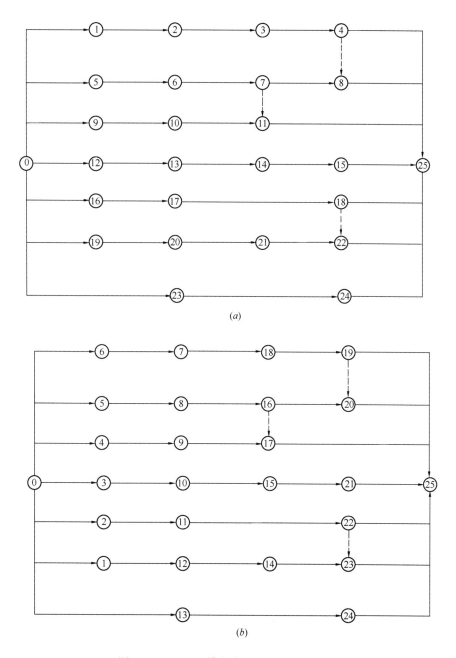

图 5.2.2　(*a*) 横向编号和 (*b*) 竖向编号

绘制网络图时，节点是否带圆圈都是可行的。

$$i \xrightarrow[\text{持续时间}]{\text{典型活动}} j \quad 或 \quad \textcircled{i} \xrightarrow[\text{持续时间}]{\text{典型活动}} \textcircled{j}$$

事件编号除了在识别活动时有价值外，在其他方面是没有意义的。一旦进行了编号，逻辑关系就明确下来了。然而，对关键路径法不熟悉的人们常试图在节点编号中探究不必要的意义。

对于活动的描述应该以水平方向书写。为此，每条箭线（除了约束端）必须水平绘制

（图 5.2.3）。将图 5.1.1、图 5.1.2 和图 5.2.3 三种情况进行比较，反映出这种排列方式的优势。

　　对绘制者而言的另一优势就是使用代码而不是全称表示一项活动。例如图 5.2.4 中的网络图即使用了代码；而图 5.2.3 则没有使用。虽然使用代码比活动全称更容易编制网络图，但几乎无法直接使用，因为即便是绘制者本人也不能辨识该网络图。

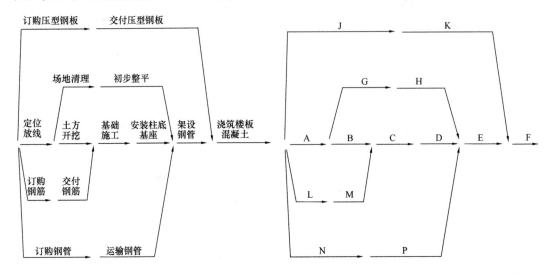

图 5.2.3　水平编号格式　　　　　　图 5.2.4　无活动名称（通过代码表示）网络图

应该如此表示：

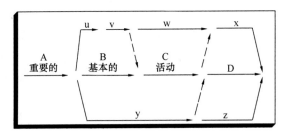

而不是这样表示：

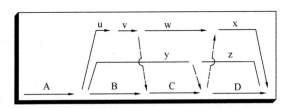

图 5.2.5　重要的基本活动

　　当编排网络图时，应将那些重要活动绘制在图面的中央位置，以便它们在网络图中起到骨架作用。过去，某些规范已经要求了关键路径应当作为网络图的骨干。然而这种要求并非有效，因为在准备绘制网络图时关键活动还没有辨识出来。不过关键活动通常可以根据经验予以识别。

箭头的大小和间距也很重要。如果箭头过长或是过宽，网络图将会变得庞大无比，使
用不方便。另外，如果箭线排列太过紧密，网络图则很难理解，而且一张拥挤的网络图也不容易修正或补充。一般箭线长度为 2 至 3 英寸，但这并非强制要求。例如活动 1-4 的箭线长度必须是 1-2，2-3 和 3-4 的箭线长度之和。箭线间最小垂直间距为 2 至 3 英寸（约 5 厘米至 7.62 厘米），可以为将来修改网络图留出空间。网络图中应该避免逆向箭头，因为这样会造成逻辑混乱并违背了网络图的时间流向，也将

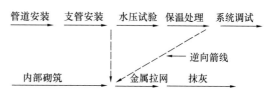

图 5.2.6　具有逆向箭线的网络图节选

增加产生闭合回路的可能性。图 5.2.6 的示例中，一开始网络图没有表示出水压试验和保温处理必须先于金属拉网开始这样的要求，因为一部分管道是以拉网和抹灰作为最后的工序。之后在图中增加的逆向箭线即表达出这种逻辑关系要求。

箭线交叉是个问题。某些逻辑关系造成不可避免的箭线交叉，但是许多交叉可以通过精心布局得以避免（见图 5.2.4）。避免箭线交叉非常重要。例如图 5.2.7 中左下角的网络图中出现了活动 12-14 和 9-16 的箭线交叉，这是不正确的，因为这意味着有一种不存在的逻辑交叉点。

针对这种问题的一种解决方法是使用管线技术（如图 5.2.7 左上角所示）。这种交叉用管道图中的跨越方式表达出来。另一种解决办法是折断箭线（如图 5.2.7 右上角所示）。可以使用任何一种有效的交叉处理技术，但是要保持始终如一，这样网络图的使用者才能

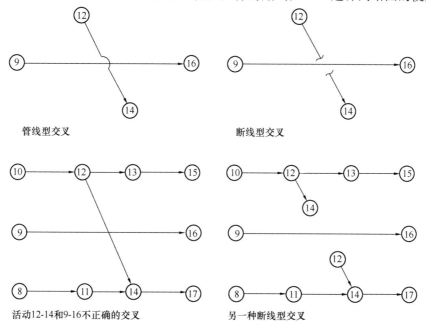

图 5.2.7　箭线交叉技术

够适应。在图 5.2.7 的右下角展示了断线型交叉的另一种形式。这种情况下折断的箭线各部分在一条直线上。在大型网络图中，保持这种直线关系可能并不实用。

　　折断后的箭线同样也能在多页网络图中连接不同图纸中的各种事件，这对绘制大型网络图很有必要。然而，与逆向箭线效果类似，折断的箭线也会导致意料之外的闭合回路。防止出现闭合回路最好的方法就是使用传统的事件编号法则，$j > i$。为保证效果，事件应该在网络图全部绘制完成后进行编号。

　　项目开始之初通常会引出大量的活动，其造成的结果看起来像交通阻塞（图 5.2.8）。母线技术可以减少网络图中这种无益的拥挤。某些纯粹主义者反对网络图中使用这项技术，因为这项技术违反了箭线交叉点不落在事件上的规则。因此，制图者在决定是否使用母线技术时遵循的准则便应当是最终的网络图是否足够清晰明了。如果这项技术本身虽能胜任，却令使用者感到困惑，这就好比是"手术很成功，但是病人死了。"

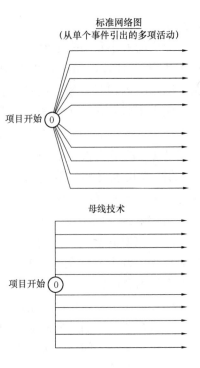

图 5.2.8　标准网络图与使用母线技术的效果对比

5.3　多页网络图的问题

　　多页网络图的难点在于确定箭线在何处进行切分，以及从哪开始绘制下一部分网络图。为了绘图方便并且更容易使用，网络图应当在箭线数目最少的节点处予以切分。假设图 5.3.1 中显示的部分网络图的内容既是一张分图内容的结束，也是另一张分图内容的开始。如果像图 5.3.2 所示那样将网络图分割开来，对于绘图者来说将更加困难。更重要的是，它没有向现场工人或其他的图纸使用者展示出清晰的网络图。在图 5.3.3 中，网络图在基础施工之后和钢结构安装之前被分割开来，在重要的事件节点位置断开网络图可同时满足绘图者和使用者的需要。

　　图 5.3.3 阐明了另外一种连接两张网络图中不同事件的实用技术，即采用六边形符号强调用以连接的事件，

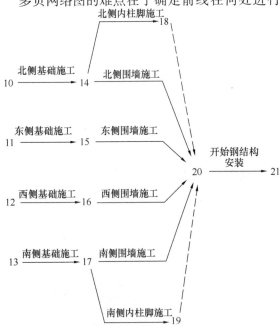

图 5.3.1　多页网络图示例：连续型网络图

并在六边形外面注明该事件所在的图纸编号。

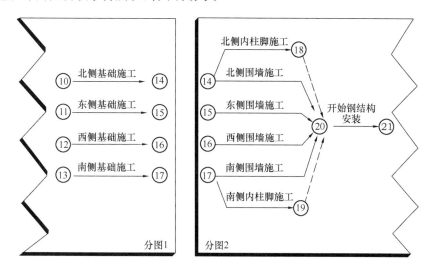

图 5.3.2 多页网络图示例：分图位置选择不佳

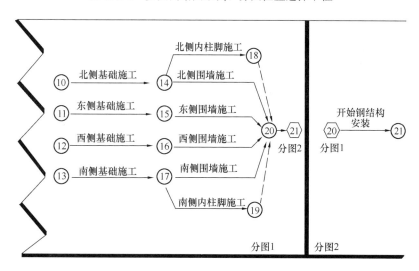

图 5.3.3 多页网络图实例：在合理位置进行分图

5.4 绩效评审技术网络图的形式与格式

本章一开始介绍了自由线条形式的网络图，之后又引入了较为正式的"箭线上的活动"（或箭线图法）这种格式。其根本之处在于，关键路径法的最初形式（以及近来的前导图法和关系图法）是以活动为中心，或是基于那些范围明确且已合理估算其持续时间的工作。正如所指出那样，绩效评审技术逻辑网络图更多的是基于常规的里程碑，对这些里程碑工作范围的理解比较模糊。尽管如此，二者关于逻辑图的准备过程则相似，如图 5.4.1所示。

事件，而并非活动成了网络图的骨干。由于关键路径法和绩效评审技术都是由数学家发展起来的，他们将线条或箭线赋予了时间流向属性，习惯上事件都是由方框或节点包围

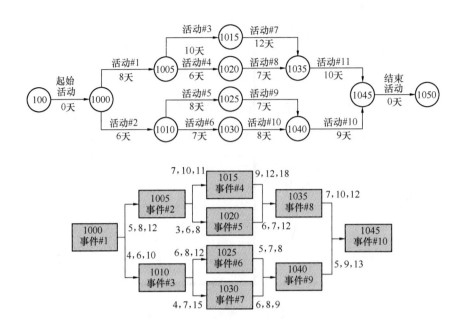

图 5.4.1 箭线图法和绩效评审技术的对比

着。或许正是使用了这些方框才使得关键路径法早期众多的从业人员能够对里程碑事件做出指示（如图 5.2.1 所示）。在任何情况下，事件被一些不明确的时段分隔开来，这些持续时间大致介乎乐观估计时间、最可能时间以及悲观估计时间之间。当然，在绩效评审技术中也可能存在对某一时间点的估计，并且如果采用该技术编制逻辑图的人员知晓两个事件之间待执行的工作的全部范围，就没有理由不把这些信息记录在传递这样逻辑关系的箭线上。从本质上看，除了使用者的关注重点不同外，关键路径法和绩效评审技术两种绘图方法是相同的。

5.5 前导图法中网络图的形式与格式

前导图法、箭线图法和绩效评审技术可以说是相同的，其中稍微现代一些的绘图方法和老旧方法在本质上是一致的。其中一处主要的差异是在活动之间没有了"事件"或"时间点"。另一处主要的不同点是增加了约束条件而不是传统的"结束至开始"的形式。或许最受欢迎的不同之处在于每项活动用独有的数字或字母代码表示，而非只有数学专业才会喜欢的 $i-j$ 指示形式。图 5.5.1 展示了非传统的"开始至开始"以及"完成至完成"的约束关系，分别用 SS 和 FF 所代表，特别是当提供了活动之间的时间间隔时，还要辅以传统的"完成至开始（FS）"约束关系表示。在一些老旧软件中，这些时间间隔被指定为 S、F 和 C。代号 C 用于混凝土"养护"时最为普遍。如图 5.5.1 所示，这两种绘图格式是在引入了前导图法之后形成的。

其中底部的图形乍一看和箭线图法很相似，两种方法不同之处在于箭线图法使用了多箭头箭线，从而具备或传达了从一项活动到另一项活动的逻辑约束关系。为满足逻辑需要产生的多箭头箭线，与图 5.1.1 和图 5.1.2 中所示原始的纯逻辑图极其相似。然而，其中顶部图形所示的方法与计算机编程顺序更接近，似乎更加流行，至少在美国更流行。

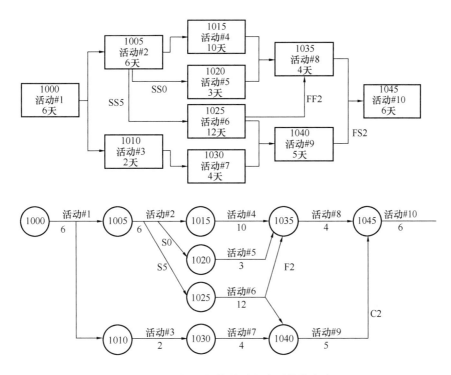

图 5.5.1 惯用的前导图法绘图替代方式

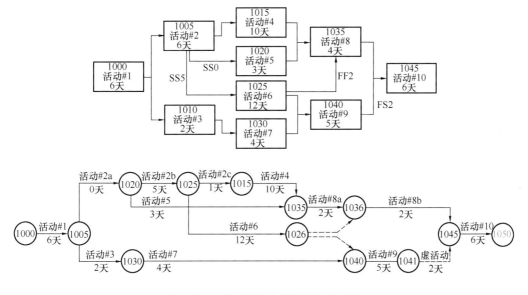

图 5.5.2 前导图法和箭线图法的对比

图 5.5.2 展示了前导图法和箭线图法的对比。前导图法更为简洁，从而使从业者从沉闷的活动分解中得到缓解。例如，活动 2 完成后紧跟其余三项活动，分别通过"完成至开始"约束关联活动 4，通过"开始至开始"约束（无间隔时间）关联活动 5，以及通过"开始至开始"约束（间隔时间 5 天）关联活动 6。而箭线图法则需要将活动 2 分解为 3 个独立的"子活动"，从而伴随增加了准备、检查和更新进度计划的工作。活动 8 也需要

41

分成两部分，其中只有后面的活动受到活动 6 的约束。同时还要注意所需的三项虚活动，其中两项将活动 6 完全合并至活动 8（b）和活动 9 中，第三项是"虚拟时间"，代表了从活动 9 至活动 10 之间的 2 天"无工作"（如混凝土养护）工期。

尽管这种向箭线图法的转变相当简单，但也容易使人误解。比如在图 5.5.2 中，假设在活动 6 开始前要求必须完成活动 2 包含的 5 天工作量。而如图 5.5.3 所示，假设活动 6 在活动 2 报道已开始 5 天后开始进行，但实质上这并没有断定活动 2 确实已完成哪怕 1 天的工作量。

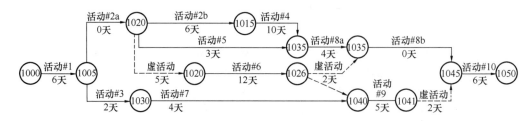

图 5.5.3　箭线图法对前导图法的解释

5.6　关系图法网络图的形式与格式

关系图法的格式最先形成于 2004 年，由于软件供应者和从业者一直在使用，所以它目前仍在发展。针对前面描述的同样网络图示例，其关系图法的格式见图 5.6.1。每项活动（方框内）的起始事件"节点"可能是空白的，或者当构成小型里程碑事件时予以标记。同样的，在每项活动的结尾（空心圆圈）或者进行中（实心圆圈），可以用旗状图形突出显示里程碑事件，或者准确阐释究竟哪些工作必须完成，以便后续工作开始进行。图中还展示了"实际无间隔时间的开始至开始约束（SS0）"和"在活动 2 已完成其 5 天工作量后开始进行活动 6（PS5）"之间的区别，也标注了"活动 8 剩余的 2 天工作必须等到活动 6 结束后方可进行（FR2）"的情况。

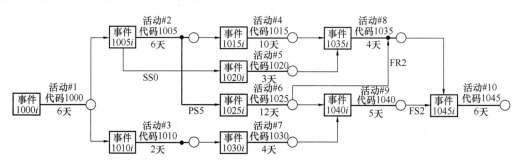

图 5.6.1　关系图法与箭线图法和前导图法示例的对比

和前导法一样，关系图法网络图中的活动也以独有的数字或字母代码予以标识。然而，事件也可以这样编码。任何活动的起始事件都标以特殊的代码"i"，而结束事件都标以"j"。这和旧的箭线图法系统中的"$i-j$"不同。一项活动的"j"事件不是其后续活动的"i"事件，而后面只能紧跟一种约束。这可以用来作为"完成至完成（FF）"逻辑关系的终点，以表示活动的"最后一小时"或是"最后一秒钟"；此外也还可以用来标记里程碑事件。从事件节点产生的约束总数记录在该事件之中，对其他节点唯一的紧前活动的约束数目也是如此。

关系图法也支持存在于活动内部的"k"事件节点，其表达形式为活动代码后跟字母"k"，以及随后接着唯一的字母数字"01"到"zz"。因此，从图 5.6.1 中看到，事件 $1005k01$（在实心圆圈中）表示为期 6 天的活动 2 已经完成了 5 天工作量，此外还选择性地记录了这项微型里程碑事件的更深入的信息。最后，关系图法也支持属于活动之外的或独立于任何活动之外的"e"事件节点。这样可以用来指定里程碑事件，或者保留下来满足概率分析和图形评审技术逻辑网络图中的特殊需要。大多数情况下，对大多数从业者来说，事件的编号和使用的特有标识符是完全看不见的。关系图法与之相关的深入讨论将在第 13 章中提及。

关系图法中的约束也有特定的标识符，这和前导图法中的紧前活动—紧后活动—逻辑关系—时间间隔这样的专用术语类似。然而，关系图法是在约束的末端引用事件的代码，而不是引用紧前或紧后活动的代码。这种命名体系无形中包含了基于这两个事件是否处于活动开始或结束，活动之内或之外这样的关系类型。因此，图 5.6.1 中，活动 1005 到活动 1015 之间的约束代码就是"$1005j$-$1015i$"，活动 1005 到 1020 之间的约束代码是"$1005i$-$1020i$"，活动 1005 到 1025 之间的约束代码是"$1005k01$-$1025i$"，活动 1025 到 1035 之间的约束代码是"$1025j$-$1035k01$"。再次说明，这样的标识符对大多数的从业者来说都是看不见的。然而，这种格式提供了一种确定约束位置的简单方法，以便为其添加标签或描述，或是其他的特殊代码。其另外一个优点就是，这种格式将多种关系类型（FS，SS，PS，FF，FR，SF）引入到约束代码之中，允许约束和时间间隔分别作为活动以及活动持续时间储存在同一文档结构中，这对软件编码和计算速度具有深远的意义。

5.7　小结

本章探讨了施工领域网络图分别以传统的箭线图法和绩效评审技术格式，以及较新的前导图法和关系图法格式的应用机理。网络图的布置必须有逻辑性和组织性。混乱的网络图表达的是混乱的计划。图纸的尺寸应当合理，如果有需要，可以使用多页网络图。活动的描述应设在水平箭线上方，应避免出现曲线或任意方向的线条。位于图纸中心的重要活动链形成了网络图的骨干。在箭线之间应留有足够空间以便用于添加可能的内容。箭线的交叉有很多种形式，但是应当坚持前后一致。

对于箭线图法网络图而言，事件的编号 i-j 是针对其相应活动的简称，而且每项活动的编号都是唯一的。相比较而言，前导图法网络图采用的是唯一的"活动编号"，取代了事件的 2 个数字编号 i-j。就关系图法网络图而言，尽管唯一的"活动编号"取代了事件的 2 个数字编号 i-j，但是事件仍然可由其特定的位于约束末端的"事件编号"而定址。

第6章

逻辑网络图的持续时间

箭线图有很多优点，包括：

- 为制订计划提供了一种有规则的方法
- 是一种考虑项目各种细节的方法
- 作为一项计划的图形记录，对于交换看法和提出建设性意见非常有用

到目前为止，箭线图所缺少的是时间的维度，可以说关键路径法描述的内容是定性而非定量的。

逻辑网络图能够确定各项活动的开展顺序，而不能明确什么时间开始。确定每项活动的最早可能开始时间以及最迟必须完成时间不仅需要有逻辑，还要有持续时间。同样地，设定一项活动持续时间的最大和最小限值，对具体活动的定义和细节水平有影响。但要牢记一点，在关键路径法分析中，纯逻辑网络图的准确性是最重要的。

因此，当审查人员看到一份持续时间限定在 20 天以内的施工组织设计说明书后，会拒绝某些活动超出这个时限的申请。但要记住每份施工组织设计都有附加条款（要么明确地写出，要么在法律中暗示），即这种限制受"工程师合理的自由裁量权"支配。期望工程师理解进行这种限制的原因，并且适当的放松限制。

6.1　活动的定义

定义活动的第一步是确定活动持续时间。在工程建设领域，一项适当的活动就是一组指令。将这些指令传达给一位称职的工长，期望他（或她）应当不需要过多的监督或与下属的互动而完成。在制造业和信息产业，一项活动则是黑盒子中的一组程序，一旦开始就不需要进一步的交互或监督。再回到建筑业来看，进一步把活动定义为在一个且唯——个负责任的个体控制之下的任务。因此，尽管方案中表明每个专业都有各自的活动，但如果电工班组在协助进行包括预埋电线管路的大体积混凝土浇筑工作，则浇筑混凝土这项活动集合了电工作业的内容，并且将电工作业列为一项独立的活动是不合适的。同样，建造加筋土挡土墙涉及回填土工作，而回填土通常由独立的分包商或工作队完成。但是回填土工作受加筋土挡土墙作业队工长的调度，因此回填土工作包括在建造加筋土挡土墙活动之内。

一项活动的定义也受其紧前活动和紧后活动的控制。即使在允许活动之间可以搭接的前导图法中，在某种程度上（即便没有说明）每项活动只能在其紧前活动 100% 完成后才

能开始,而且当这项活动结束后,其后续活动才能开始。

例如,在图 6.1.1 中包含"支墙模板/绑墙钢筋/浇筑墙混凝土"这项活动。在逻辑网络图中,其紧前活动为"支基础模板/绑基础钢筋/浇筑基础混凝土",紧后活动为"墙上放置托梁"。假设承包商想要预制一部分钢筋笼,那么这部分的活动就不包含在上述基础施工的既定工序中,因而也不应包含在墙体施工的既定工序中。预制钢筋笼的工作应该作为一项独立的活动列出来,其紧前活动则是运送钢筋至加工场地。即使运送钢筋加工这项活动是假设的并且不包括在逻辑网络图中,也不应包括在墙体施工的持续时间范围。需要注意活动的实际持续时间和投标估计的持续时间有怎样的区别。

图 6.1.1　通过紧前工作和紧后工作进一步明确活动的描述

同样,一旦托梁放置到墙上,就关键路径法分析而言墙体施工活动就结束了。出于费用方面考虑,审查人员则会希望保留一些尾款作为磨平墙面蜂窝结构活动的保证金,但是关键路径法仍应认为这项工程已经按计划全部完成了。在每次浇筑混凝土之后都增加这样一项额外的活动并包含这样的工作范围通常是不现实的,这些工作范围可能包含在整修工作清单中或者根本就不涉及。然而,活动的持续时间不应该包括这种偶然事件的时间。这也就意味着,活动的持续时间与在投标估计中为其预留的天数可能会不同。

6.2　设定最短和最长持续时间

设定最短持续时间与用到的软件系统有关。在工程建设领域,典型的最短持续时间为 1 天;在维修领域,最短持续时间通常可能短至 15 分钟;在城市规划领域,对活动的描述相当宽泛,通常使用周为单位;在制造领域,其最短持续时间可能高达一个工作轮班,也可能低至机器的转动一圈;在信息产业领域,最短持续时间可短至秒。然而,在关键路径法中通常使用完整的时间单位,如果一项活动预计持续时间为 3 天零 6 个小时,则计划编制人员将设定其为 4 天。

如果逻辑网络图中给出了 4 项均为 2 小时的活动并且分别交付给独立的分包商,要求在 1 天完成,那么情况将会怎样呢?在关键路径法分析中,纯逻辑图的准确性是最重要的,但是所用的工具可能受最小时间单位的限制,可能所有的活动都是用小时进行计量又或者都不是。需要进一步注意的是,如果 4 位独立的工长在 1 天里相互配合完成各自的工作,最好能有专人予以仔细监督。答案可能是将这 4 项活动合并成 1 项,或者在为使用者输出结果时显示这 4 项活动同步发生等错误信息。重要的是理解并传达给计划的所有使用者该逻辑网络图在此处的问题。

P3e/c 通过使用"活动步骤"为解决上述问题提供了应急措施。由此,上述 4 项活动均作为一项主活动的组成部分而分别进行列项,每项活动完成后可自动标注。然而,没有记录各步骤之间的内部逻辑性,也没有将其作为执行计算的一部分而使用。

基于人们使用进度计划表的习惯，设定活动的最长持续时间是另一个问题。其主要原因是在项目进行过程中要改进进度计划的质量以及增进计划更新的便利性。第二个原因则是协助审查人员验证活动持续时间的合理性。一位经验丰富的项目主管在估计活动最可能的持续时间方面可以说是天才。会有各种各样的因素影响活动的持续时间。对于计划编制人员来说，找出这些因素，并连同所提供的相应数据记录下来，以便项目主管随后予以核实或允许一些知识欠缺的个人理解持续时间的基础内容，显得尤为重要。

然而在实践中，数据的更新并不受项目主管所控制，而是由经验较为缺乏的个人控制。因此，选择最长的持续时间以及更新的频率，是根据在更新中能容忍的错误等级而设定的。经验丰富的项目主管会注意到两项工作的指定范围，并把其持续时间分别估计为15天和35天。过2周后，项目主管会关注工作进度，并注意到两项工作的剩余持续时间分别为7天和18天。这样的进度比这第一种预计的情况差，而比第二种预计的情况好。然而，正是最近雇佣的年轻工程师或技术管理人员最有可能被指派进行数据收集和更新工作。经过仔细检查为期15天的活动，年轻的工程师可能认为看上去"大约"完成了60%的工作，但是在查询最近的更新后他（或她）选择输入完成了67%的工作。在检查完为期35天的活动以后，这位年轻的工程师可能完全没有什么其他想法，只是简单的记录还有剩余时间为35-10=25天。

在一项工期为3年的项目进行中，每2周更新一次数据，在剩余活动的工期中产生2天的误差会有什么不同？即使是错误的，也会在下次的更新中予以纠正。而7天的误差就成问题了，这将导致后续分包商错误的计划安排。如果可能的时间误差比更新的周期更长，则项目管理团队就会遇到更大的问题。然而，承包商希望更新的频率要比施工组织设计说明书要求的更短。

再回到"工程师合理的自由裁量权"的问题上来。鉴于活动持续时间是严格基于测定的工作量，并且与费用挂钩，因此如果承包商基于平均每天2850立方码（约为2179立方米）的土方运输生产率考虑，对于运输200000立方码（约为152911立方米）的土方量，预计则需要超过70天的工期，并且工程师已经跟踪了实际运输土方的数量，这样将剩余的持续时间作为70天工期的百分比看待，而不是人为地将这项工作范围分割成"可接受"的若干项活动，这可能对于项目管理团队而言更为准确和容易。然而，工程师可能需要承包商检查预估的工期，并且希望将承包商和自己估计的剩余工期做对比。

6.3 估计时间与计划时间

一种估计活动持续时间的方法是确定其需要的劳动量，并且除以假设能用到的工作人数。然而，所需要的劳动量通常不易确定。一项活动通常包括不止一个专业类别，但也几乎不会包括所有的专业类别。

使用基本的关键路径法不可能即兴对整个项目做出准确的时间估计。然而对于经验丰富的人员而言，一旦项目恰当地分解成各项离散的活动，就很有可能准确的估计项目持续时间。

很多情况下预测需要的时间并不实际，但是人们可以对可能造成影响的时间因素做出最佳的判断。例如，在路基施工中，特殊情况或天气条件就是很重要的影响因素。在这种情况下，增加一定数量的偶然事件时间是适宜的。不确定情况越多，增加的偶然事件时间也就应该越多。把整个项目分解成定义明确的若干项活动有助于减少所需要的偶然事件时间。

当计划修建一座新型结构体系建筑时，设计师通常不情愿预估各项活动所需的时间。这种情况下，首先就是询问这项活动会花费多长时间，进而以一个较大数值持续时间，如10个月，开始进行计划安排，然后再从活动可能花费的最少时间开始安排。最后的结果几乎总会得到完成该项活动的合理时间范围，在这个范围内能够选择特定的估计时间。

就这个话题而言，确定活动所需的持续时间必须独立于承包商投标时的估计时间，这一点非常重要。投标时由于时间仓促，其估计所需的持续时间，可能会受到各种差错的影响，并且合同授予后核查预估时间的首次机会通常是准备关键路径法这一方式。此外，经验丰富的主管人员可能采用不同于贸然投标过程中的资源配置方式，其用到的人员或设备数量将会更多或更少。而且，如前所述，安排计划时考虑的一项活动范围可能与预测成本时不同。当然，这些差异会对活动开展的持续时间造成影响。

在前面的段落中提到的两个问题需要深入讨论。由主管人员或项目经理确定的持续时间是基于某些假设得到的，而且这种估计时间受一定程度的风险影响。另外，估计的持续时间将依据所分配的资源而定，同时也基于待完成的工作量多少。最后，在选择最可能的持续时间之前会有一定的时间范围来考虑。作为计划编制人员，重要的是记录所有的这些背景信息，而不是简单的记录所提供的估计持续时间。

记录的工程量允许计算生产率，生产率可以用来证实估计的持续时间。仅通过检查简单活动的生产率柱列信息，计划编制人员（和整个项目团队）便能够察觉到那些看似并不一致的持续时间，并且相应地逐一进行审查（图6.3.1）。

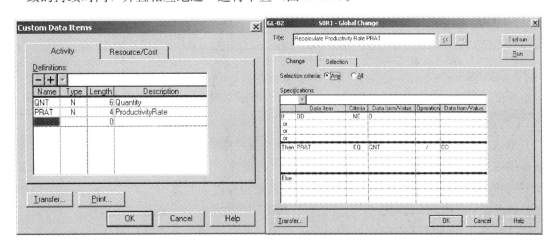

图 6.3.1 使用自定义数据项和全局变量计算生产率

在 Primavera P3 和 P6 软件中，用自定义数据代码分别表示工作量和生产率。标准活动代码也可以储存起来以表示那些记录下来的工作量单位。输入工作量（数值）并且设置全局变量，以计算所有非零持续时间活动的生产率（等于工作量除以原始持续时间）。

6.4　关键路径法与绩效评审技术中持续时间的对比

绩效评审技术需要在每个事件之间输入乐观估计、最可能以及悲观估计的持续时间。许多现代软件系统，如 Microsoft Project（图 6.4.1），都会默认持续时间可以依照输入的工作量和分配资源计算得到。统计绩效评审技术分析最初仅限于学术运用，但现在得到如 Monte Carlo 和 Pertmaster 软件的支持，并且提供对持续时间的乐观估计和悲观估计的默认值，其默认值直接由计划编制人员输入控制。

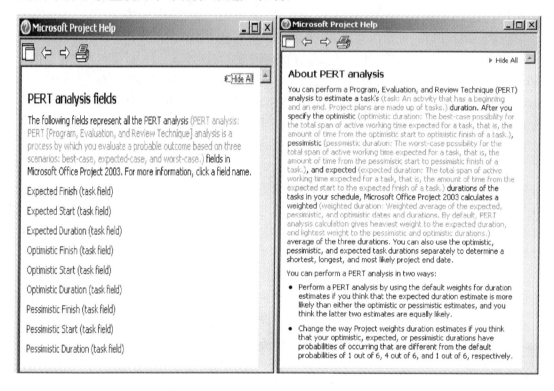

图 6.4.1　Microsoft Project 允许用户提供所希望的最早开始和最早结束的日期（或者乐观估计的持续时间），最迟开始和最迟结束的日期（或者悲观估计的持续时间）以及预期的（或最可能的）开始和结束的日期（或持续时间）

绩效评审技术寻求悲观估计、乐观估计以及最可能的持续时间，兼有心理学和数学方面的作用。项目人员首先问到"在近乎最恶劣的条件下，需要的可能最长持续时间是多少？"，"在近乎最优越的条件下，需要的可能最短持续时间是多少？"，之后问到"我们预期的最可能的持续时间是多少？"，这比更直接地问"我们应该分配给这项活动多少持续时间？"更准确。即使对前两个问题的回答未被记录并且遭到遗弃，但对第三个问题的准确答案可以证实所提的这三个问题。另外，如果给出了信息，为什么不记录它呢？甚至一些基本的关键路径法软件程序，如 Microsoft Project，也支持相应的记录，并且实际上能够全部使用上述三种数据。即使使用的软件不支持记录所有的信息，计划编制人员为了满足潜在的使用也可能仍然记录这些信息（用原始的标记或代码）。

Microsoft Project 也从最初的绩效评审技术算法提供了变化形式，允许使用者针对标准的加权公式（O＋4M＋P）/6 做出变动，并且允许分别使用乐观估计时间、最可能时间和悲观估计时间的网络图计算结果进行对比。

6.5　前导图法与关系图法中的活动间隔时间

到本章前为止，我们讨论的持续时间要么作为活动的一种属性（在关键路径法的变化形式箭线图中），要么作为事件间的时间跨度（在绩效评审技术中），主要集中在活动的持续时间本身以及如何与活动开展所需的资源和条件相互关联的假设上。然而，前导图法的引入给持续时间的概念添加了新的维度，即间隔时间。其要么针对两项活动开始的间隔时间，要么针对两项活动结束的间隔时间，或者是针对一项活动结束至下一项活动开始之间的间隔时间。

在众多关于前导图法（关键路径法的变化形式）的讨论中，间隔时间几乎总是被认为是事后的想法，或者只是作为横道图中交错安排两条线的方法。但是这种活动之间的持续时间，是逻辑网络图（关键路径法过程的骨干）的重要组成部分，与绩效评审技术中事件之间的估计时间一样重要。甚至用于传统的"完成至开始"约束以表示混凝土养护的间隔时间也包括若干项假设，每项都有计划安排和成本考虑。显然，持续时间的选择要基于额外增加的费用是否为了加速混凝土养护的时间。如果只是使用一张日程表，那么在选择报道哪种间隔时间时，必须接受某些假设和准确性部分缺失的现实，因为混凝土的养护时间在周末、工作日，甚至在圣诞节是一样的。当使用多张日程表时，时间间隔需要满足一定的关联性并强制做出相应调整，在 P3 软件中应与紧前工作的日程发生关联并调整，在 Microsoft Project 软件中应与紧后工作的日程发生关联并调整，在 P6 软件中应与系统选择发生关联并调整，或者在 Pertmaster 软件中能够单独设置。例如在间隔时间用以体现两项活动之间搭接或错开的情况下，必须做出额外的假设。活动搭接的程度可能无法调整或是灵活可变，并且还要基于成本的考虑。搭接时间可从活动的实际开始日期起进行测定，或根据本项活动原定工作时间减去剩余时间而得到。

这些内容将在有关前导图法和关系图法的章节中进行更深入的讨论。然而关键在于，必须注意到确定一项活动持续时间有关的基本概念对于确定活动之间的持续时间同样重要。

6.6　小结

活动持续时间是项目经理基于工作范围，资源分配及其他因素和假设而估计得到的，计划编制人员应该将这些信息全部记录下来。一项恰当的活动就是一组指令，将其传达给一位称职的工长，期望他（或她）应当不需要过多的监督或与下属的互动而完成。一项活动的最大工作范围及其持续时间也应基于初级作业人员的能力以评价其已部分完成的工作。

项目经理对持续时间的估计应该是全新的，且以计划分配给活动的资源为基础，而不应受到投标过程中编制部门由于粗估工程量或采用其他预测方法所造成的影响。即使没有记录额外的信息，寻求悲观估计时间、乐观估计时间以及最可能时间对于获得更准确的估计持续时间也是非常有用的。

第 7 章

计 算 的 输 出

正如前面章节所指出的那样，编制逻辑网络图以便利用软件进行处理需要付出很大的努力。在本书的第三部分将介绍获取逻辑网络图信息的额外实用性细节内容。但是，为使输出结果比横道图更有用，我们希望软件完成哪些内容？横道图反映了编制者打算或希望何时开展每一项活动。因此，在横道图的准备工作中计算了图中的各项活动的两个属性——计划开始日期和计划结束日期。

虽然这些信息是针对已编号的"待办事项"列表的进一步改进，但它仍然是比较有限的。其他或将有助于项目管理的进度信息包括如果可以利用额外的资源或生产率超过预期，这些活动是否或者其中哪些能够比计划时间开始得早一些。项目经理希望知道其中哪一项活动对于项目的完成至关重要，哪一项活动发生延误不会对项目工期造成严重影响，以及为实现项目按期完工，某项活动的最迟必须开始和完成的日期。即使项目的完工日期不是很紧张，一项活动的延误也可能对其他活动的日程安排产生一定的影响，受延误的活动可能是由同一个工长或另外一组工作人员或分包商执行的。因此，项目经理希望知道哪些活动延误时不会影响后续活动或者影响程度有多少。

如果项目经理关注的是有限的作业人员或其他资源，那么他（或她）甚至可能计划允许某些活动发生延误。有些这样的变动可能对项目的完成产生一些影响。有些变动可能只是影响另一项活动的开始。有些变动也仅仅是降低了允许本项活动之前的其他活动发生延误的能力。但是其他变动不会对后继活动或紧前活动选项的减少产生影响。由于在一开始人们就针对项目制定了进度计划，所以项目经理希望知道每一项活动的这些属性。

关键路径法体系的数学方法扩展了这种信息水平，指明了：以一个项目的合同约定日期为基准时一项活动最先什么时候可以开始和完成；如果一个项目在合同约定的日期或更早的时间完成时，一项活动什么时候必须开始和完成；一项活动可能开始和必须开始或可能完成和必须完成之间间隔的天数（或其他时间单位）以及其他与活动开展时间有关的属性。

最后的评论也很重要，原因在于最初关键路径法的发展是重点强调事件或时间点，而辅以强调事件之间的活动的数学训练。虽然这在一些前导图法教程和软件手册中未被重视，但这些系统中的数学方法仍然以这些概念为基础。

7.1 事件的属性

Primavera 系统的广告语之一是"这是一个基于活动的世界。"然而在许多应用领域中，关于一项活动的确切知识或必须要完成的内容，是相当粗略的。尤其在研究和开发项目中更是如此，例如在 1958 年北极星导弹系统促进了绩效评审技术的发展。

众所周知，各种各样的事件或里程碑标记着从项目开始到项目完成的轨迹。此外，关键路径法中需要"在下一项活动开始之前每一项活动必须 100% 完成"的数学方法最初是通过要求每项活动（箭线）兼做两个代表时间点的事件（节点）的逻辑连接而得以完成。无论是在关键路径法或是绩效评审技术中，最初的计算结果都能确定事件可能发生的最早和最晚时间，这些时间是以各项活动（关键路径法）或事件之间（绩效评审技术）的逻辑关系和持续时间为依据。这些属性分别表示为 T_E 和 T_L。T_E 和 T_L 之间的差值称为总时差，并且表示为 TF。

7.2 活动的属性

与事件不同的是，活动具有持续时间。一项活动不像一个事件，它有明确的开始时间、结束时间以及二者之间的时间历程。而一个事件只是单一的时间点，可能发生也可能没有发生。然而，具有持续时间的活动，可能还没有开始，或已经开始但尚未完成，或已经开始并结束了。因此活动比事件具有更多的属性。关键路径法中的数学方法便是将这些活动置于事件之间，用来表达事件发生顺序的逻辑关系以及这些事件之间的持续时间。

7.3 顺向前进路径—T_E，ES 和 EF

因此，每项活动都具有其可能开始的最早时间的属性，表示为 ES。最早开始时间等于活动起始端事件的 T_E，自此活动开始执行；同样，一项活动可能完成的最早时间表示为 EF。

7.4 逆向后退路径—T_L，LF 和 LS

每项活动也具有其必须完成（如果项目按期或在可能的最短时间内完成）的最迟时间的属性，表示为 LF。最迟完成时间等于活动所指向结束端的事件的 T_L。同样，一项活动必须开始的最迟时间表示为 LS。注意 EF 和 LS 这两个新的属性，它们不必等于事件属性 T_E 和 T_L 中的任何一个。

7.5 逆向后退路径—TF，FF 和 IF

对于活动而言，其可能开始的时间和必须开始的时间之间的差值称为总时差，也就是该项活动不影响项目按期完成的可以延误的时间总量，总时差表示为 TF。类似地，一项活动可能完成的时间和必须完成的时间之间的差值也是总时差，同样表示为 TF。在关键路径法最初的传统格式（如今称为箭线图法）中，计算活动属性时需要事件属性计算的中间步骤（因此保证下一项活动开始时，本项活动 100% 完成），这两个属性确实相同，原因是 $LS-ES=TF=LF-EF$。（公式的推导将在下一章展示）

一项活动在不影响其紧后活动开始的前提下可以灵活使用的时间总量称为自由时差，表示为 FF。在不减少逻辑网络图中其他活动可以发生的延误能力条件下，一项活动可以延误的时间总量称为独立时差，表示为 IF。

关键路径法优于横道图的好处之一是，它使得项目主管人员（也许他或她的下属）能够明智地选择哪些活动需要集中精力给予关注，哪些活动允许一定程度的延误而不会带来负面影响。因此，项目主管期望一项活动从最早开始时间执行（最早完成时间结束），并且必须要在最迟开始时间或之前开始执行（最迟完成时间之前结束），但我们还没有明确指定这两个极端时间的差值，这个时间段就是项目主管开展活动的时间范围。

7.6　计算事件或活动的属性

无论是程序主管人员在设定项目按期完工的一系列里程碑，还是项目经理在横道图中绘制活动的进度线条（长度等于其持续时间）过程中，为确定关键路径法中事件或活动属性，其前半部分都是靠手工执行计算的。从项目开工开始，每次都需要确定哪一项是第一个事件或活动，然后确定后续的事件或活动，这个过程一直持续到项目完工才结束。计算一个事件可能出现的最早时间或一项活动可能开始和结束的最早时间都是采用同一种方式，即从项目起点开始运行，沿着顺向路径贯穿全部事件和活动，直至项目结束。

7.7　顺向前进路径—T_E，ES 和 EF

依据定义，起始事件的最早时间 T_E 和活动的最早开始时间 ES 通常设置为 0（Primavera 软件系统将其设置为 1）。一项活动的最早完成时间 EF 等于 ES 加上本项活动的持续时间。到目前为止，这样的计算是相当简单的。然而，除了第一个事件或活动，在其他的每个事件或活动之前都有一个或多个事件或活动。所以，问题就出现了，"下一个事件或活动的 T_E 和 ES 是什么呢?"

例如，如果在一个事件之前有三个其他事件，则该事件的 T_E 直到三个事件全部完成，尤其是其中那个最迟事件的 T_E 出现后才会出现。例如，如果在一项活动之前有其他三项其他活动，因此该活动的 ES 直到前三项活动全部完成，尤其是三项紧前活动中最迟的 EF 完成后才开始（图 7.7.1）。

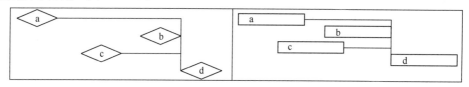

图 7.7.1　顺向前进—T_E，ES 和 EF

因此，可以用下列公式定义 T_E、ES 和 EF 的属性：

$$
\begin{array}{ll}
T_{E0} = 0 & ES_0 = 0 \\
T_E = \text{Latest}\ (T_{EPRED} + D_{PRED}) & EF = ES + D \\
 & ES = LEF_{PRED}
\end{array}
$$

7.8　逆向后退路径—T_L，LF 和 LS

与横道图相比，关键路径法中最重要的改进在于，不仅计算和报告了事件可能出现的最早时间或活动可能开始和完成的最早（或计划）日期，而且也计算和报告了最迟日期。在许多进度计划的编制问题中需要这些基本信息，如策划一场婚礼，或是一个公司或行业会议（可以更改邀请或宣传册的最后日期是哪天？）。然而，最早日期和最迟日期的组合可以为项目经理提供真正的权利。原先了解到他（或她）可能开始启动 5 项活动，但只具备开展 4 项活动的资源，如今取而代之的是了解到其中任何一项或更多活动被推迟可能对项目造成的影响。

确定每个事件或活动的最迟日期的方法是，从项目的末端逆向后退贯穿所有的事件和活动，直到项目的开始。根据定义，最后事件的最迟时间 T_L 或活动的最迟完成时间 LF 通常设为等于最后事件的最早时间 T_E 或活动的最早完成时间 EF。这是因为，在其他条件都相等的情况下，尽早合理完成整个项目是很经济的。早期关键路径法的运算法则后来得到了补充和扩展，允许使用者设置一个约定的或强制的"不迟于完成"的日期，但是在早期的系统中并没有这个选项。接下来，定义活动的最迟开始时间 LS 等于 LF 减去活动的持续时间。并且，沿逆向路径后退，途经众多紧前事件或活动，直至到达逻辑网络图的起点。所以，问题就变成了"紧前事件或活动的 T_L 或 LF 怎么确定？"

例如，如果一个事件之后紧跟有另外三个事件，那么该事件的 T_L 必须在三个紧后事件中最早的 T_L 之前出现。并且，如果一项活动之后有另外三项活动紧跟，那么该活动的 LF 必须在三项紧后活动中最早的 LS 之前出现（图 7.8.1）。

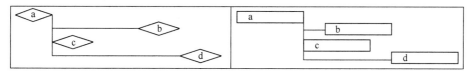

图 7.8.1 逆向后退—T_L，LF 和 LS

因此，可用下列公式定义 T_L、LS、LF 的属性：

$$T_{Lend} = 0 \qquad\qquad LF_{end} = EF_{end}$$
$$T_L = \text{Earliest}\,(T_{LSUCC} - D_{SUCC}) \qquad LS = LF - D$$
$$LF = ELS_{SUCC}$$

7.9 逆向后退路径—TF，FF 和 IF

此时此刻，通过数学计算可以确定一个事件可能开始和必须完成之间的时间差值（如果这个项目将在可能的最早时间内完成），也可以确定一项活动可能开始和必须开始以及可能完成和必须完成之间的时间差值。TF 的属性可由下列公式定义：

$$TF = T_L - T_E \qquad\qquad TF = LF - LS$$

在传统的关键路径法情形下，这三个等式均等于 TF，因此，它们彼此相等。将自由时差的属性定义为一项活动所有紧后活动的最早开始时间中的最早值与计算所得的本项活动最早完成时间之间的差值（图 7.9.1）。

自其他紧前活动

$FF=EES_{SUCC}-FF$

图 7.9.1　自由时差

将独立时差的属性定义为一项活动所有紧后活动的最早开始时间中的最早值与本项活动所有紧前活动的最早完成时间中的最晚值之间的差值（图 7.9.2）。

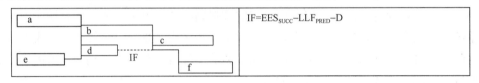

$IF=EES_{SUCC}-LLF_{PRED}-D$

图 7.9.2　独立时差

经平衡后的开始时间和结束时间（以及缓和后的开始和结束时间）不是那么容易进行计算的，且不能通过单个公式解决。这将在第 19 章进行更深入的讨论。

7.10　小结

仅仅通过记录事件之间或活动的相互关系和可能的持续时间，绩效评审技术和关键路径法便计算出若干有关事件和活动的属性，否则这些属性是难以确定的。对于事件而言，这些属性不仅包括事件预计出现的最早时间，也包括最迟时间，还包括这两个时间或日期的差值；对于活动而言，这些属性不仅包括活动预计开始和结束的最早时间，还包括为实现项目能在尽可能早的时间内完成，该项活动必须完成的最迟时间。此外，计算得到的属性还包括总时差、自由时差和独立时差，其相关概念将在第 8 章进行讨论。

第8章

启 动 运 算

通过计算机这项新的发明，关键路径法和绩效评审技术逻辑网络图提高了进度计划的计算能力。采用人工模拟计算机程序运算步骤以印证该模型的工作原理，并允许个人计算小型进度计划，涉及矩阵的使用。这是很自然的过程，因为数学家经常使用图形网格解决问题。在图 8.0.1 中，展示了约翰·多伊工程的逻辑网络图的一部分，该项目内容将在第16 章中通过指定相应的估计时间进一步完善。

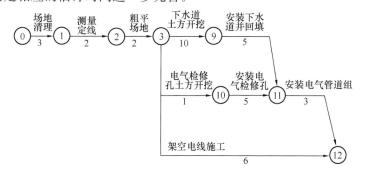

图 8.0.1　活动时间分配：施工场地准备

8.1　矩阵法求解绩效评审技术和箭线图

从图 8.1.1 中的（a）到（e）展示了这张局部网络图的矩阵（网格）的形成。i 节点沿着矩阵的 Y 轴方向自上而下列出，而 j 节点沿着矩阵的顶部排列。保留的两列内容是为了记录节点可能出现的最早时间（T_E）和其中的计算；保留的两行内容是为了记录节点必须出现的最迟时间（T_{Lj}）和其中的计算。表中所列的关键路径法的活动（$i-j$）持续时间和 ES，EF，LS，LF 和 TF 的计算属性位于右侧，该列表可能长于或短于分配至矩阵的行数。真正的关键路径法系统只会报告每个事件的 T_E 和 T_L。

之前提到，在最初的计算机程序中能够接受从小到大顺序的节点编号，如 1—2—3 或 3—5—12，但不能接受 1—3—2 或 3—12—5 这样的编号。这样可以减少解决关键路径法算法所需的计算机内存数量，同时这也成为旧规范中对编号规则限制和扩展（如跳跃编号）的基础。这种编号限制方式之所以减少内存使用的原因是，它大幅减少了矩阵中单元格的数量。因此，对于我们给出的包含 9 项活动且使用 8 个节点的网络图示例，这可能使所需单元格的数量从 56 个减少到 28 个，或是从 $n \times (n-1)$ 减少到 $n \times (n-1) /2$。（如果计算网络图中里程碑或事件的属性，如活动 3—3，将会需要额外的 n 个单元格。）见图 8.1.1 (c)。

一旦准备好了矩阵，就可以从逻辑网络图中正式启动。将活动 0—1 和其持续时间 3 复制到表格的右侧中，然后把持续时间 3 转移到矩阵 $i=0$ 和 $j=1$ 的交点上。见图 8.1.1 (d)。

对于逻辑网络图中其他活动继续重复这样的工作。类似的方法是，仅复制绩效评审技术事件节点之间的逻辑关系和持续时间至矩阵中。见图 8.1.1 (e)。

i/j	0	1	2	3	9	10	11	12	T_{Ei}	MAX	$i-j$	dur	ES	EF	LS	LF	TF
0																	
1																	
2																	
3																	
9																	
10																	
11																	
12																	
T_{Lj}																	
MIN																	

(a)

i/j	0	1	2	3	9	10	11	12	T_{Ei}	MAX	$i-j$	dur	ES	EF	LS	LF	TF
0	—																
1	—	—															
2	—	—	—														
3	—	—	—	—													
9	—	—	—	—	—												
10	—	—	—	—	—	—											
11	—	—	—	—	—	—	—										
12	—	—	—	—	—	—	—	—									
T_{Lj}																	
MIN																	

(b)

i/j	0	1	2	3	9	10	11	12	T_{Ei}	MAX	$i-j$	dur	ES	EF	LS	LF	TF
0	—	1	2	3	4	5	6	7									
1	—	—	8	9	10	11	12	13									
2	—	—	—	14	15	16	17	18									
3	—	—	—	—	19	20	21	22									
9	—	—	—	—	—	23	24	25		$28=8\times7/2=n(n-1)/2$							
10	—	—	—	—	—	—	26	27									
11	—	—	—	—	—	—	—	28									
12	—	—	—	—	—	—	—	—									
T_{Lj}																	
MIN																	

(c)

i/j	0	1	2	3	9	10	11	12	T_{Ei}	MAX	$i-j$	dur	ES	EF	LS	LF	TF
0	—	3									0—1	3					
1		—															
2	—	—	—														
3	—	—	—	—													
9	—	—	—	—	—												
10	—	—	—	—	—	—											
11	—	—	—	—	—	—	—										
12	—	—	—	—	—	—	—	—									
T_{Lj}																	
MIN																	

(d)

图 8.1.1 （一）

i/j	0	1	2	3	9	10	11	12	T_Ei	MAX	i-j	dur	ES	EF	LS	LF	TF
0	—	3									0-1	3					
1	—	—	2								1-2	2					
2	—	—	—	2							2-3	2					
3	—	—	—	—	10	1		6			3-9	10					
9	—	—	—	—			5				3-10	1					
10	—	—	—	—			5				3-12	6					
11	—	—	—	—			—	3			9-11	5					
12	—	—	—	—			—	—			10-11	5					
T_Lj											11-12	3					
MIN																	

(e)

图 8.1.1 （二）

至此就可以开始进行计算工作。根据定义，T_{E0}，第一个事件节点可能会出现的最早时间，被设定为 0。接着计算节点 1 的 T_{Ei}，找到对应的 $j=1$ 列，选择最大持续时间加上先前计算的每行的 T_{Ei}，此时每行已经输入了持续时间。对于关键路径法，将 T_{Ei} 复制到所有具有节点 i 的活动中。

重复该过程，直到顺向前进路径全部完成，如图 8.1.2（a）至图 8.1.2（h）所示。

i/j	0	1	2	3	9	10	11	12	T_Ei	MAX	i-j	dur	ES	EF	LS	LF	TF
0	—	3							0	$T_{E0}=0$	0-1	3	0				
1	—	—	2								1-2	2					
2	—	—	—	2							2-3	2					
3	—	—	—	—	10	1		6			3-9	10					
9	—	—	—	—			5				3-10	1					
10	—	—	—	—			5				3-12	6					
11	—	—	—	—			—	3			9-11	5					
12	—	—	—	—			—	—			10-11	5					
T_Lj											11-12	3					
MIN													T_{Ei}				

(a)

i/j	0	1	2	3	9	10	11	12	T_Ei	MAX	i-j	dur	ES	EF	LS	LF	TF
0	—	3						→	0	$T_{E0}=0$	0-1	3	0				
1	—	—	2						3	3+0	1-2	2	3				
2	—	—	—	2							2-3	2					
3	—	—	—	—	10	1		6			3-9	10					
9	—	—	—	—			5				3-10	1					
10	—	—	—	—			5				3-12	6					
11	—	—	—	—			—	3			9-11	5					
12	—	—	—	—			—	—			10-11	5					
T_Lj											11-12	3					
MIN													T_{Ei}				

(b)

i/j	0	1	2	3	9	10	11	12	T_Ei	MAX	i-j	dur	ES	EF	LS	LF	TF
0	—	3							0	$T_{E0}=0$	0-1	3					
1	—	—	2					→	3		1-2	2	3				
2	—	—	—	2					5	2+3	2-3	2	5				
3	—	—	—	—	10	1		6			3-9	10					
9	—	—	—	—			5				3-10	1					
10	—	—	—	—			5				3-12	6					
11	—	—	—	—			—	3			9-11	5					
12	—	—	—	—			—	—			10-11	5					
T_Lj											11-12	3					
MIN													T_{Ei}				

(c)

图 8.1.2 （一）

（a）确定 MAX（T_{Ei}＋Dij）＝MAX（节点 i 的最早时间＋节点 i 到节点 j 的持续时间）；
（b）确定 MAX（T_{Ei}＋Dij）＝MAX（节点 i 的最早时间＋节点 i 到节点 j 的持续时间）；
（c）确定 MAX（T_{Ei}＋Dij）＝节点 i 的最早时间＋节点 i 到节点 j 的持续时间

i/j	0	1	2	3	9	10	11	12	T_Ei	MAX	i-j	dur	ES	EF	LS	LF	TF
0	—	3							0	$T_{E0}=0$	0-1	3	0				
1	—	—	2						3		1-2	2	3				
2	—	—	—	2 →→→→→→→→					5		2-3	2	5				
3	—	—	—	—	10	1		6	7	2+5	3-9	10	7				
9	—	—	—	—	—		5				3-10	1	7				
10	—	—	—	—	—	—	5				3-12	6	7				
11	—	—	—	—	—	—	—	3			9-11	5					
12	—	—	—	—	—	—	—	—			10-11	5					
T_{Lj}											11-12	3					
MIN													T_{Ei}				

(d)

i/j	0	1	2	3	9	10	11	12	T_Ei	MAX	i-j	dur	ES	EF	LS	LF	TF
0	—	3							0	$T_{E0}=0$	0-1	3	0				
1	—	—	2						3		1-2	2	3				
2	—	—	—	2					5		2-3	2	5				
3	—	—	—	—	10 —— 1 →→→→→ 6 →				7		3-9	10	7				
9	—	—	—	—	—	5			17	10+7	3-10	1	7				
10	—	—	—	—	—	—	5				3-12	6	7				
11	—	—	—	—	—	—	—	3			9-11	5	17				
12	—	—	—	—	—	—	—	—			10-11	5					
T_{Lj}											11-12	3					
MIN													T_{Ei}				

(e)

i/j	0	1	2	3	9	10	11	12	T_Ei	MAX	i-j	dur	ES	EF	LS	LF	TF
0	—	3							0	$T_{E0}=0$	0-1	3	0				
1	—	—	2						3		1-2	2	3				
2	—	—	—	2					5		2-3	2	5				
3	—	—	—	—	10	1 →→→→ 6 →			7		3-9	10	7				
9	—	—	—	—	—		5		17		3-10	1	7				
10	—	—	—	—	—	—	5		8	1+7	3-12	6	7				
11	—	—	—	—	—	—	—	3			9-11	5	17				
12	—	—	—	—	—	—	—	—			10-11	5	8				
T_{Lj}											11-12	3					
MIN													T_{Ei}				

(f)

i/j	0	1	2	3	9	10	11	12	T_Ei	MAX	i-j	dur	ES	EF	LS	LF	TF
0	—	3							0	$T_{E0}=0$	0-1	3	0				
1	—	—	2						3		1-2	2	3				
2	—	—	—	2					5		2-3	2	5				
3	—	—	—	—	10	1		6	7		3-9	10	7				
9	—	—	—	—	—		5 →→→		17		3-10	1	7				
10	—	—	—	—	—	—	5 →→→		8		3-12	6	7				
11	—	—	—	—	—	—	—	3	22	5+17 / 5+8	9-11	5	17				
12	—	—	—	—	—	—	—	—			10-11	5	8				
T_{Lj}											11-12	3	22				
MIN													T_{Ei}				

(g)

图 8.1.2 （二）

(d) 确定 MAX（T_{Ei}+Dij）＝节点 i 的最早时间＋节点 i 到节点 j 的持续时间；

(e) 确定 MAX（T_{Ei}+Dij）＝节点 i 的最早时间＋节点 i 到节点 j 的持续时间；

(f) 确定 MAX（T_{Ei}+Dij）＝节点 i 的最早时间＋节点 i 到节点 j 的持续时间；

(g) 确定 MAX（T_{Ei}+Dij）＝节点 i 的最早时间＋节点 i 到节点 j 的持续时间

i/j	0	1	2	3	9	10	11	12	T_Ei	MAX	i-j	dur	ES	EF	LS	LF	TF
0	—	3							0	$T_{E0}=0$	0-1	3	0				
1	—	—	2						3		1-2	2	3				
2	—	—	—	2					5		2-3	2	5				
3	—	—	—	—	10	1		6→	7		3-9	10	7				
9	—	—	—	—	—		5		17		3-10	1	7				
10	—	—	—	—	—	—	5		8		3-12	6	7			25	
11	—	—	—	—	—	—	—	3→	22		9-11	5	17				
12	—	—	—	—	—	—	—	—	25	6+7 3+22	10-11	5	8				
T_Lj								25			11-12	3	22			25	
MIN													T_Ei			T_Lj	

(h)

图 8.1.2（三）

（h）确定 MAX（$T_{Ei}+D_{ij}$）＝节点 i 的最早时间＋节点 i 到节点 j 的持续时间

此时，将最后节点的 T_{Ei} 复制到最后节点的 T_{Lj} 上，原因在于假设此项目应该尽可能快的完工。在关键路径法表格中，将此最迟时间 T_{Lj} 复制到那些具有相同 j 节点的活动的最迟完成时间上。

现在开始沿逆向后退路径计算。如果要计算节点 11 的 T_{Lj}，首先要找到节点 11 所在的行，定位出列于该行的持续时间，然后用该列中先前计算出的 T_{Lj} 减去这些持续时间。那么，25-3＝22。重复此过程，直到后退至 $j=0$ 为止，见图 8.1.3（a）至（g）所示。

最后，如果是针对关键路径法，还需要计算 EF＝ES＋D，LS＝LF－D 和 TF＝LF－EF＝LS－ES 这些次要的属性。如果计算对象是基于事件的系统，例如绩效评审技术（图 8.1.4）。那么这个步骤就不是必需的。

i/j	0	1	2	3	9	10	11	12	T_Ei	MAX	i-j	dur	ES	EF	LS	LF	TF
0	—	3							0	$T_{E0}=0$	0-1	3	0				
1	—	—	2						3		1-2	2	3				
2	—	—	—	2					5		2-3	2	5				
3	—	—	—	—	10	1		6	7		3-9	10	7				
9	—	—	—	—	—		5		17		3-10	1	7				
10	—	—	—	—	—	—	5		8		3-12	6	7			25	
11	—	—	—	—	—	—	—	3	22		9-11	5	17			22	
12	—	—	—	—	—	—	—	—↑	25		10-11	5	8			22	
T_Lj						22	25				11-12	3	22			25	
MIN						25-3	T_Ei						T_Ei			T_Lj	

(a)

i/j	0	1	2	3	9	10	11	12	T_Ei	MAX	i-j	dur	ES	EF	LS	LF	TF
0	—	3							0	$T_{E0}=0$	0-1	3	0				
1	—	—	2						3		1-2	2	3				
2	—	—	—	2					5		2-3	2	5				
3	—	—	—	—	10	1		6	7		3-9	10	7				
9	—	—	—	—	—		5		17		3-10	1	7			17	
10	—	—	—	—	—	—	5		8		3-12	6	7			25	
11	—	—	—	—	—	—	—↑	3	22		9-11	5	17			22	
12	—	—	—	—	—	—	—	—	25		10-11	5	8			22	
T_Lj					17	22	25				11-12	3	22			25	
MIN					22-5	T_Ei							T_Ei			T_Lj	

(b)

图 8.1.3（一）

（a）确定 MIN（$T_{Lj}-D_{ij}$）＝节点 j 的最迟时间－节点 i 到节点 j 的持续时间；

（b）确定 MIN（$T_{Lj}-D_{ij}$）＝节点 j 的最迟时间－节点 i 到节点 j 的持续时间

(c)

i/j	0	1	2	3	9	10	11	12	T_Ei	MAX	i-j	dur	ES	EF	LS	LF	TF
0	—	3							0	T_E0=0	0-1	3	0				
1	—	—	2						3		1-2	2	3				
2	—	—	—	2					5		2-3	2	5				
3	—	—	—	—	10	1		6	7		3-9	10	7			17	
9	—	—	—	—	—		5		17		3-10	1	7			17	
10	—	—	—	—	—	—	5		8		3-12	6	7			25	
11	—	—	—	—	—	—	—	3	22		9-11	5	17			22	
12	—	—	—	—	—	—	—	—	25		10-11	5	8			22	
T_Lj					17	17	22	25			11-12	3	22			25	
MIN					22-5				T_Ei				T_Ei			T_Lj	

(c)

i/j	0	1	2	3	9	10	11	12	T_Ei	MAX	i-j	dur	ES	EF	LS	LF	TF
0	—	3							0	T_E0=0	0-1	3	0				
1	—	—	2						3		1-2	2	3				
2	—	—	—	2					5		2-3	2	5			7	
3	—	—	—	—	10	1		6	7		3-9	10	7			17	
9	—	—	—	—	—		5		17		3-10	1	7			17	
10	—	—	—	—	—	—	5		8		3-12	6	7			25	
11	—	—	—	—	—	—	—	3	22		9-11	5	17			22	
12	—	—	—	—	—	—	—	—	25		10-11	5	8			22	
T_Lj				7	17	17	22	25			11-12	3	22			25	
MIN				25-6 17-1 17-10					T_Ei				T_Ei			T_Lj	

(d)

i/j	0	1	2	3	9	10	11	12	T_Ei	MAX	i-j	dur	ES	EF	LS	LF	TF
0	—	3							0	T_E0=0	0-1	3	0				
1	—	—	2						3		1-2	2	3				
2	—	—	—	2					5		2-3	2	5			7	
3	—	—	—	—	10	1		6	7		3-9	10	7			17	
9	—	—	—	—	—		5		17		3-10	1	7			17	
10	—	—	—	—	—	—	5		8		3-12	6	7			25	
11	—	—	—	—	—	—	—	3	22		9-11	5	17			22	
12	—	—	—	—	—	—	—	—	25		10-11	5	8			22	
T_Lj			5	7	17	17	22	25			11-12	3	22			25	
MIN				7-2					T_Ei				T_Ei			T_Lj	

(e)

i/j	0	1	2	3	9	10	11	12	T_Ei	MAX	i-j	dur	ES	EF	LS	LF	TF
0	—	3							0	T_E0=0	0-1	3	0			3	
1	—	—	2						3		1-2	2	3			5	
2	—	—	—	2					5		2-3	2	5			7	
3	—	—	—	—	10	1		6	7		3-9	10	7			17	
9	—	—	—	—	—		5		17		3-10	1	7			17	
10	—	—	—	—	—	—	5		8		3-12	6	7			25	
11	—	—	—	—	—	—	—	3	22		9-11	5	17			22	
12	—	—	—	—	—	—	—	—	25		10-11	5	8			22	
T_Lj		3	5	7	17	17	22	25			11-12	3	22			25	
MIN		5-2							T_Ei				T_Ei			T_Lj	

(f)

图 8.1.3（二）

(c) 确定 MIN（$T_{Lj} - D_{ij}$）＝节点 j 的最迟时间－节点 i 到节点 j 的持续时间；

(d) 确定 MIN（$T_{Lj} - D_{ij}$）＝节点 j 的最迟时间－节点 i 到节点 j 的持续时间；

(e) 确定 MIN（$T_{Lj} - D_{ij}$）＝节点 j 的最迟时间－节点 i 到节点 j 的持续时间；

(f) 确定 MIN（$T_{Lj} - D_{ij}$）＝节点 j 的最迟时间－节点 i 到节点 j 的持续时间

i/j	0	1	2	3	9	10	11	12	T_{Ei}	MAX	i-j	dur	ES	EF	LS	LF	TF
0	—	3							0	$T_{E0}=0$	0-1	3	0			3	
1	—	—	2						3		1-2	2	3			5	
2	—	—	—	2					5		2-3	2	5			7	
3	—	—	—	—	10	1		6	7		3-9	10	7			17	
9	—	—	—	—	—		5		17		3-10	1	7			17	
10	—	—	—	—	—	—	5		8		3-12	6	7			25	
11	—	—	—	—	—	—	—	3	22		9-11	5	17			22	
12	—	—	—	—	—	—	—	—	25		10-11	5	8			22	
T_{Lj}	0	3	5	7	17	17	22	25			11-12	3	22			25	
MIN	3-3								T_{Ei}				T_{Ei}				

（g）

图 8.1.3（三）

（g）确定 MIN（T_{Lj}－Dij）＝节点 j 的最迟时间－节点 i 到节点 j 的持续时间

i/j	0	1	2	3	9	10	11	12	T_{Ei}	MAX	i-j	dur	ES	EF	LS	LF	TF
0	—	3							0	$T_{E0}=0$	0-1	3	0	3	0	3	0
1	—	—	2						3		1-2	2	3	5	3	5	0
2	—	—	—	2					5		2-3	2	5	7	5	7	0
3	—	—	—	—	10	1		6	7		3-9	10	7	17	7	17	0
9	—	—	—	—	—		5		17		3-10	1	7	8	16	17	1
10	—	—	—	—	—	—	5		8		3-12	6	7	13	19	25	12
11	—	—	—	—	—	—	—	3	22		9-11	5	17	22	17	22	0
12	—	—	—	—	—	—	—	—	25		10-11	5	8	13	17	22	9
T_{Lj}	0	3	5	7	17	17	22	25			11-12	3	22	25	22	25	0
MIN									T_{Ei}				T_{Ei}			T_{Li}	

图 8.1.4 确定 EF＝ES＋D，LS＝LF－D 和 TF＝LF－EF＝LS－ES

　　虽然在早期的工作中矩阵达到了其使用目的，但还有一种更容易，更直接的解法。当早期的关键路径法团队成员之一，詹姆斯·凯利被问到为什么他的研究小组没有立即发现一种简单的解法时，他是这样解释的：如果一位数学家和一位工程师都面临着如何将一锅水从厨房餐桌转移到炉子上的问题，这两个人都会直接从餐桌上将这一锅水端起放到炉子上。第二天，这位工程师发现了这一锅水放在地板上，将再次将其直接端到炉灶上。在相同的情况下，这位数学家首先会将锅从地板上端到餐桌上，然后再从桌子上移到炉子上。这是为什么呢？因为数学家已经解决了从餐桌移到炉子上的问题。

　　同样，之前使用的是矩阵法，对于关键路径法的数学家而言使用矩阵方法手工计算网络是自然而然的事情。

8.2 直觉法在绩效评审技术和箭线图法计算中的应用

直观的人工计算

　　目前关键路径法所使用的人工计算可能是由几个人共同开发的。几乎所有大学教授在指导学生求解数学问题时都会用到这样一句著名的措辞："我们可以通过直观的理解得出下一步……"所以在这种情况下，算法便基于常识并且带有明显的直觉色彩。鉴于关键路径法创始团队在 1960 年时仍在使用矩阵法，直觉法可能创始于 1961 年。因此直觉法的逻辑规律，而不是数学规律成为阻碍数学家们取得成果的最大障碍。

　　事件的最早时间 T_E：

　　注意到图 8.0.1 中的第一项活动，

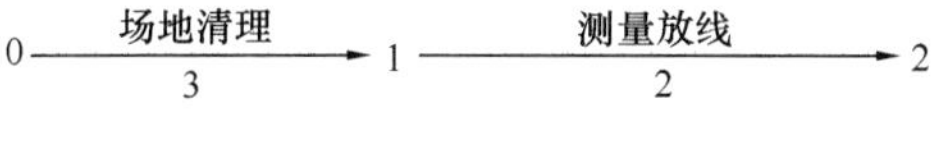

0 —— 场地清理 3 —— 1 —— 测量放线 2 —— 2

如果该项目从事件 0 处开始启动，那么到达事件 1 的最早时间是多少？据估计，3 天就可完成场地清理。那么，事件 1 的最早时间 T_E 是 3 天。那么事件 2 最早将在什么时间到达？当然，其答案是 3+2，或是在项目开始之后的第 5 日末。为了记录上述结果，将其放入事件正上方的一个方框内：

到达事件 3 的最早时间进度为完成前三项活动的时间总和，3+2+2，或 7。现在看事件 9，不要退回到刚开始的事件上以确定事件 9 的最早时间 T_E。在事件 3 的 T_E 上增加持续时间，其结果就是事件 9 的 T_E 为 17。接着再看事件 11，有两条逻辑路径到达此事件：

到达事件 11 的最早时间路径沿着 3—9—11 行进，这等于事件 9 的 T_E 再加上持续时间，或 17+5，或 22。请注意，并没有把这个数字写进方框里，然后继续研究沿着路径 3—10—11 的情形：

对于事件 10，其 T_E 是 7+1，或 8。沿着路径 3—10—11 的事件 11，其事件最早时间是 8+5，或 13。沿着路径 0—1—2—3—10—11 的活动能在 13 天内完成；而沿着路径 0—1—2—3—9—11 的活动则要花费 22 天，那么事件 11 的 T_E 是多少？到达事件 11 的最早时间是项目开始后的第 22 天末。

因此，应舍弃 13 天的解决方案，并选择较长的 22 天作为事件 11 的 T_E：

当有两个或更多的数值时，T_E 始终是其中较大值。

在这里提醒一下，除了识别作用外事件编号没有其他任何意义。不幸的是，很容易地将其意外当作持续时间予以叠加，或是使用事件的编号而不是 T_E，尤其是当事件编号为一位或两位数字时。为了避免发生错误，将事件编号用圆圈表示，使用三位数字进行事件编号，或者两者都使用。

图 8.2.1 展示的是完整的施工现场布置的网络图，其中标注有活动的持续时间以及事件的最早时间。事件 12 的 T_E 是根据沿路径 11—12（22+3＝25）和沿路径 3—12（7+6＝13）之间选择的。事件 12 的最早时间 T_E 选择的是较长的时间或 25。沿着网络图下边的路径得到事件 13 的 T_E 为 25+5＝30。

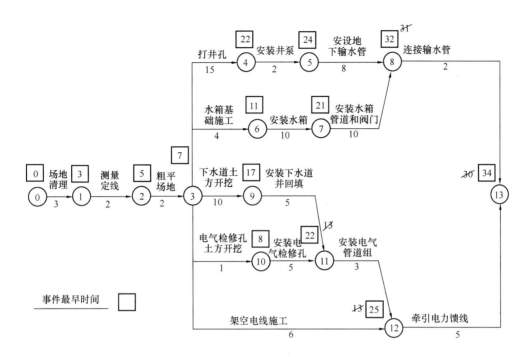

图 8.2.1　事件的最早时间：施工场地准备

现在观察上面的两条路径。通过路径 3－4－5－8 的事件总计 25 天，然后加上事件 3 的 T_E，得到了事件 8 沿此路径的最早时间 7＋25＝32 天。沿着事件 3－6－7－8 的路径，活动的天数总计 24 天，然后 24＋7 等于 31 天，小于 32 天。因此事件 8 的 T_E 是 32 天。沿着网络图上边路径的事件 13 的最早时间为 34 天。由于大于 30 天，所以此网络图的 T_E 是 34 天。

结果是 34 天，但这有什么意义呢？基于我们的逻辑顺序和时间估计，这项工作能够完成的最短时间是 34 个工作日，大约 7 周。

事件的最迟时间 T_L

事件的最迟时间 T_L 定义为在不延误项目计算工期的情况下，达到该事件时的最迟时间。请记住，这里我们讲的"最迟"是就计算的完成时间而言的，并不是希望或规定的完成时间。为了确定事件的最迟时间，应当沿网络图逆向后退计算。在图 8.2.1 中，终点事件 13 链接有两项活动（8－13 和 12－13）：

根据定义，事件 13 的最迟时间是 34 天。由于终点事件的最迟时间等于该事件的最早时间。如果在 34 天要到达事件 13，那么事件 8 的开始时间必须不迟于 34 天减去活动 8－13 的持续时间（34－2）。因此，事件 8 的最迟时间为 32 天。事件 12 的最迟时间是 34－5＝29 天。

在图表中显示事件的最迟时间 T_L 时，把它们放入圆圈中，以区别于 T_E 值。图 8.2.2 显示了这张网络图中事件的最迟时间。在确定 T_0 值时，在两个或更多条箭尾汇集处需要对不同数值做出选择。图 8.2.2 中只有在事件 3 出现了这种情形，有 5 条箭线的箭尾汇集在此处。图 8.2.3 是网络图在事件 3 处的放大图。

从表 8.2.1 中看到，从事件 4 沿着后退路径产生了事件 3"较早"的最迟时间。每当有出现两个或更多条箭尾汇集时，T_L 总是其中较早的那个数值。因此，事件 3 的 T_L 是 7 天。经检查，起始事件的最迟时间应该总是零。

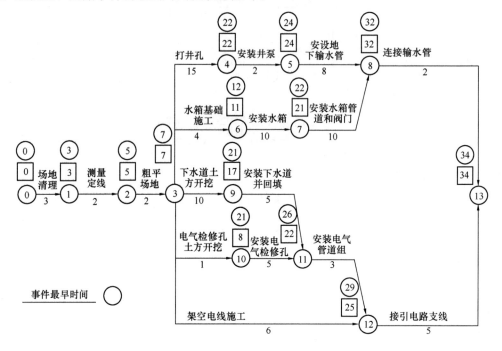

图 8.2.2　事件的最迟时间：施工场地准备

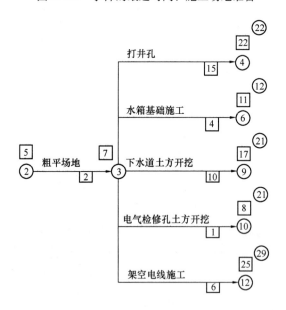

图 8.2.3　事件 3 处的放大网络图

表 8.2.1

活动	事件最迟时间	持续时间	从事件 3 沿此路径到达的事件最迟时间
3—4	22	15	7
3—6	12	4	8
3—9	21	10	11
3—10	21	1	20
3—12	29	6	23

事件的计算时间，无论是最早时间还是最迟时间，都是基本的信息。尽管如此，网络图的事件并不易于描述。例如，怎样描述图 8.2.3 中的事件 3? 你可能将其称作是"场地粗平完毕"。但是怎么表示出这个事件是其他 5 项活动的逻辑开始点? 某些关键事件或里程碑很容易识别，如"基础施工完毕"、"开始架设钢结构"、"开始安装螺栓"、"完成纸面石膏板墙体施工"和"开始管道施工"。

因为施工是以工序为导向的，因此对于活动的描述能够更好地定义关键路径法的计划。相应地，活动的时间信息是最为有用的格式。

8.3 活动的开始时间和完成时间

活动的开始和完成时间来源于事件时间的计算。

典型的活动如下：

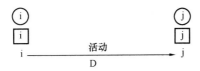

每一项活动必须以前后两个事件为界限。活动可以开始的最早时间即为已经到达了它的开始（或 i）事件的 T_E，

$$最早开始时间＝ES＝T_E（事件 i）$$

如果已知活动的最早开始时间，那么活动可能完成的最早时间即为其最早开始时间加上活动的持续时间（D）：

$$最早完成时间＝EF＝ES＋持续时间＝ES＋D$$

在确定一项活动的最早时间之后，其最迟时间即为结束事件的 T_L，那么，

$$最迟完成时间＝LF＝T_L（事件 j）$$

在确定最迟完成时间之后，那么最迟开始时间显然应为

$$最迟开始时间＝LS＝LF－D$$

在进行任何计算之前，关于活动的确定信息都可以总结出来。例如，表 8.3.1 中列出了从图 8.2.1 中给出的前九项活动的信息。在计算出事件时间之后，从图 8.2.2 中得到的额外信息即在表 8.3.2 中列出。表 8.3.3 中显示了活动持续时间分别与 ES 相加，以及 LF 分别减去活动持续时间的值。

前九项活动的信息 表 8.3.1

活动	持续时间	活动描述
0—1	3	场地清理
1—2	2	测量定线
2—3	2	粗平场地
3—4	15	打井孔
3—6	4	水箱基础施工
3—9	10	下水道土方开挖
3—10	1	电气检修孔土方开挖
3—12	6	架空电线施工
4—5	2	安装井泵

前九项活动的事件时间计算 表 8.3.2

活动	持续时间	活动描述	ES	LF
0—1	3	场地清理	0	3
1—2	2	测量定线	3	5
2—3	2	粗平场地	5	7
3—4	15	打井孔	7	22
3—6	4	水箱基础施工	7	12
3—9	10	下水道土方开挖	7	21
3—10	1	电气检修孔土方开挖	7	21
3—12	6	架空电线施工	7	29
4—5	2	安装井泵	22	24

前九项活动的工作时间计算 表 8.3.3

活动	持续时间	活动描述	ES	EF	LS	LF
0—1	3	场地清理	0	3	0	3
1—2	2	测量定线	3	5	3	5
2—3	2	粗平场地	5	7	5	7
3—4	15	打井孔	7	22	7	22
3—6	4	水箱基础施工	7	11	8	22
3—9	10	下水道土方开挖	7	17	11	21
3—10	1	电气检修孔土方开挖	7	8	20	21
3—12	6	架空电线施工	7	13	23	29
4—5	2	安装井泵	22	24	22	24

8.4 关键活动

早期的关键路径法团队将关键路径称为"主链",而早期绩效评审技术团队逐渐使用了更受欢迎的称谓—"关键路径"。关键路径决定了项目的时间长度。由于确定了最终事

件的最迟时间 T_E，因此关键路径也就成为到达最终事件的最长路径。因此，网络图中活动的最长链或路径称为关键路径。

关键路径并不总是显而易见。在图 8.0.1 所示的网络图中，你可能会凭经验猜出关键路径，但是如果没有每项活动的估计时间，你无法确定关键路径。图 8.4.1 是一张标注活动信息的时标网络图，注意到活动 0－1，1－2，2－3，3－4 和 4－5 之间是通过实线连接的，它们均处在关键事件（0－1－2－3－4－5 等）的路径上。注意活动 4－5 的持续时间，其 ES 是 22 天，LF 是 24 天，二者之间的时间跨度是 24－22＝2 天。因为计算得到的时间跨度等于活动 4－5 的持续时间，所以如果这个项目要在 24 天完成，那么活动 4－5 必须要在其 ES 处开始，在其 EF 处结束。注意到，对于这些关键活动而言，其最早开始时间等于最迟开始时间，最早完成时间等于最迟完成时间。

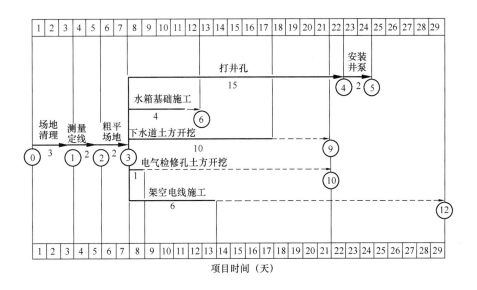

图 8.4.1　标注活动信息的时标网络图

在图 8.2.2 中，关键路径经过的事件为 0－1－2－3－4－5－8－13。每一项关键活动必须满足的三个条件是：

1. 在活动开始时，事件的最早和最迟时间必须相等：

$$\boxed{i}=①$$

2. 在活动完成时，事件的最早和最迟时间必须相等：

$$\boxed{j}=①$$

3. ES 和 LF 之间的差值必须等于活动持续时间。

当人工计算网络图的 T_E 和 T_L 时，前两个条件很容易识别。然而，人们经常忘记测试第三个条件。在网络图中增加一项称为"管道运输"的活动 3－5，这项活动在粗平场地（事件 3）后才能开始，并且需要在井泵安装（事件 5）开始之前进行。如果这项任务需要花费一周时间（持续时间为 5 天）。

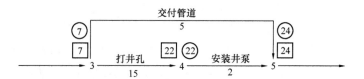

活动 3−5 满足前两个条件，但是 24−7＝17 天，大于该活动的持续时间 5 天，因此，工作 3−5 不是关键工作，即使它跨越了两个关键事件。

注意到，一张网络图中可以有任意数量的关键路径。

一条路径可以分散成多条路径，而多条关键路径也可以汇聚成一条关键路径。然而，关键路径必须是连续的活动链而不能是断断续续。同样地，必须有至少一条关键路径通过该项目的起始事件和最终事件。

8.5 总时差

在编制河道整治项目的关键路径法网络图时，编制人员确定关键路径必然会途经打桩这项活动，因为打桩在过去始终是关键活动。然而，项目管理组认为他们有自己的远见。根据以往的经验，该管理组设计了一个方案，即在可利用的有限空间内采用两套打桩设备而不是一套。这样就使得打桩活动脱离了关键路径，而该关键路径也被房地产商的土地征用事件所替代。他们估算的时间同样也是基于经验。在这种情况下，以图表作为交流媒介，可针对计划编制中出现的新要素为所有参与该项目的建设团队提出建议。如果活动3−5"交付管道"不是关键活动，那么它与关键活动有什么区别？因为这项活动具有 17 天（24−7）的可利用时间跨度，和 5 天的持续时间，因此在编制这项活动的计划时，有一个机动时间范围等于 17−5＝12 天，将其称之为特征时差：

$$时差＝F＝(LF−ES)−D$$

因为 $EF＝ES+D$

$$时差＝(LF−ES)−D＝LF−(ES+D)$$

$$＝LF−EF$$

同样，因为 $(LF＝LS+D)$ 和 $(EF＝ES+D)$

$$时差＝LF−EF＝(LS+D)−(ES+D)$$

$$＝LS−ES$$

撇开公式，对于最早开始时间和最迟开始时间的差值等于灵活机动的时间安排，或时差，这是合理的，并且时差也等于最早完成时间和最迟完成时间的差值。

表 8.5.1 展示了图 8.2.2 所示的网络图中，所有活动根据之前各公式得到的总时差。

情况 1，图 8.5.1 所示关于活动 3−9，9−11，11−12 和 12−13 的时标网络图，其每项活动的总时差均为 4 天。这就意味着每项活动都有 4 天可利用的机动时间吗？答案是非常肯定的。如果在同一条路径上的前面活动都没有使用到此机动时间，答案是肯定的（见表 8.5.2）。

时差计算 表 8.5.1

公式：F=LF−ES−D

活动	LF	−ES	−持续时间	=时差
0−1	3	0	3	0
1−2	5	3	2	0
2−3	7	5	2	0
3−4	22	7	15	0
3−6	12	7	4	1

活动	LF	−ES	−持续时间	=时差
3−9	21	7	10	4
3−10	21	7	1	13
3−12	29	7	6	16
4−5	24	22	2	0

公式：F=LF−EF

活动	LF	−EF	=时差
5−8	32	32	0
6−7	22	21	1
7−8	32	31	1
8−13	34	34	0

公式：F=LS−ES

活动	LS (LF−D)	−ES	=时差
9−11	21	17	4
10−11	21	8	13
11−12	26	22	4
12−13	29	25	4

情况 2，如图 8.5.1 所示，假定活动 3−9 使用了 4 天的总时差。也就是说，它开始的时间是 11 天，而不是其最早开始时间 7 天。这就使得活动 3−9 之后的各项活动都变成了实线连接。当总时差由一项活动或一系列活动用尽时，其随后的活动都变成了关键活动。

情况 3，图 8.5.1 显示了不同的活动使用总时差的情况。活动 3−9 在其最早开始时间之后的 2 天开始，这相当于将其总时差减少 2 天；活动 11−12 直到其最迟开始时间才开始工作，已没有可用的时差。用更宽泛的视角看待时差，事件 3 的 T_E 为 7 天，事件 13 的 T_L 为 34，差值为 27，四项活动必须要在这个时间跨度范围内完成。表 8.5.3 中显示了分别加入这四项活动的持续时间后的结果。

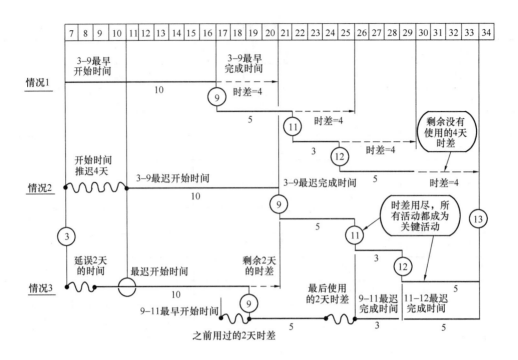

图 8.5.1 各项活动的时标网络图

总时差路径 表 8.5.2

活动	最早开始时间	最早完成时间	最迟开始时间	最迟完成时间	时差（天）
3—9	7	17	11	21	4
9—11	17	22	21	26	4
11—12	22	25	26	29	4
12—13	25	30	29	34	4

从事件 3 到事件 13 可用的时间跨度（27 天），减去这条路径中各项活动的总持续时间（23 天），等于 4 天的时差，这从另外角度解释了时差的公用属性。

总时差路径的持续时间 表 8.5.3

活动	持续时间（天）
3—9	10
9—11	5
11—12	3
12—13	5
总计	23

8.6 自由时差

关键路径法的创始人定义了一系列的时差，包括总时差、自由时差和独立时差。之前描述的时差称为总时差，这是使用最为广泛同时也是最实用的一个时差。在最初定义的这三种时差类型中，只有两个显得具有实际用途：总时差和自由时差。

将自由时差定义为，如果使用的话，不会对其紧后活动的最早开始时间产生影响。这样的定义为自由时差提供了一种有用的识别方式，与总时差的公式相比，自由时差的公式如下：

$$⊡j−⊡i−D=总时差=LT_j−ET_i−D=LF−EF=LS−ES$$

$$⊡j−⊡i−D=自由时差=ET_j−ET_i−D=EES_{(succ)}−ES−D=EES_{(succ)}−EF$$

但是回顾过去的公式，自由时差显得黯淡无光。例如，图 8.6.1 为原始约翰·多伊网络图中事件 3 与事件 13 之间的一部分。然而这些活动都有总时差，作为那些从节点事件（例如事件 3）引出来的一连串的活动，其最早开始时间都受到那些与该节点事件相连接的最长路径的控制。

在这个例子中，从事件 0 到事件 3 的关键路径决定了最早开始时间为 7 天。对于多项系列活动，如 3−9 或 3−10，其 j 事件的最早完成时间只是由来自交汇节点产生的最早开始时间的数字所决定，因此由公式计算的自由时差必然为 0。只有当一系列的活动连接到另外的交汇节点事件时，由于该处最早开始时间由到达此新的交汇点的最长路径所决定，所以自由时差公式的计算结果才是非 0 的。这是因为一条或多条路径的经过为这个关键节点确定了最早开始时间，其值大于所研究的这些活动的最早完成时间。

实际上，自由时差是平行路径上的比较时差值。在图 8.6.1 中所示的活动都有时差，并且最小的时差值为 4。因此相对时差最小的路径（3−9−11−12−13）的自由时差值为 0。然而，在路径 3−10−11 中的第一项活动 3−10 的自由时差也为 0，而第二项活动的自由时差为 9，因为这是在交汇节点之前的最后一项活动。

作为活动链中的单一活动，3−12 的自由时差取决于事件 12 的最早开始时间，由于该事件的时间是由较长路径 3−9−11−12 所确定的，所以 3−12 的自由时差值不为 0。因此自由时差具有欺骗性，原因在于对于具有最小总时差的平行路径自由时差表现为 0，而对于那些不依赖其余路径且具有最早完成时间的一系列初始活动也表现为 0。在某些情况下，在那些非关键活动的路径重新进入关键路径的位置处，自由时差与总时差相等。自由时差也可能小于总时差，但绝不会大于总时差。即使自由时差实际上并未使用，但许多程序仍然进行输出；其余时候程序可能还将持续产生自由时差，但会按要求予以掩盖。

当报告上列出的自由时差时，对于运输装配式材料而言，通常是要注明允许延误的天数，以确保不会耽误后续安装工作的最早开始时间。但如前所述，当项目人员想了解关于运输之前诸如建议，批准和预制活动的类似信息时，计算属性将会产生误导作用。相反地，这些前面的活动每项自由时差计算值均为 0，因为它们的后续活动每项都只有一项紧前活动。非零的自由时差只存在于那些具有不止一项紧前活动的活动处，这是多条逻辑路径汇合的结果。

对这个问题的两种解决方法在理论上都是可能的。每一种方法都涉及分配一种新的"路径自由时差"属性以进行计算和记录，并且还要报告在不影响紧后活动最早开始时间的前提下，一项活动必须开始或完成的最迟日期。第一种方法是为指定的活动名称保留代码，该活动作为路径中的最后一项，或者是成为引导到达"不造成延误"活动的分路径。第二种方法需要对约束进行编码（例如在关系图法系统中），在计算路径自由时差的情况

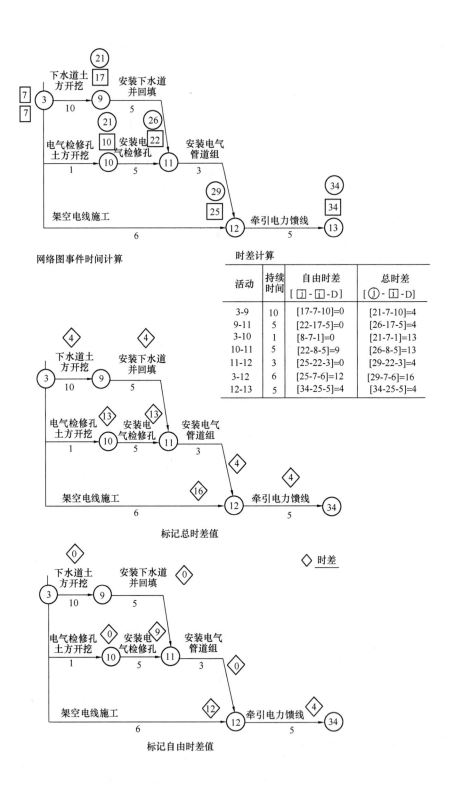

网络图事件时间计算

活动	持续时间	自由时差 [⊡ - ⊡ -D]	总时差 [⟂ - ⊡ -D]
3-9	10	[17-7-10]=0	[21-7-10]=4
9-11	5	[22-17-5]=0	[26-17-5]=4
3-10	1	[8-7-1]=0	[21-7-1]=13
10-11	5	[22-8-5]=9	[26-8-5]=13
11-12	3	[25-22-3]=0	[29-22-3]=4
3-12	6	[25-7-6]=12	[29-7-6]=16
12-13	5	[34-25-5]=4	[34-25-5]=4

时差计算

标记总时差值

◇ 时差

标记自由时差值

图 8.6.1　总时差和自由时差的对比：约翰·多伊工程

下，使得路径合并在一起。每种方法都有其优点和不足，但是一旦在市场上有充足的需求，对每种方法进行编程都相对简单。

8.7 独立时差

独立时差的意义是，在不减少其他活动推迟开始或完成的能力或时差条件下，一项活动开始或完成能够推迟的时间属性。在某种程度上讲，当一项活动确实"需要"时，这比自由时差更可靠。然而，正如前面提到的，起初定义独立时差时，对于独立时差的计算并未显示出其实用性。因此，在早期计算机有限的运算能力条件下，大多数情况都不计算独立时差，独立时差从而被严重忽略了。

随着计算机性能日益强大，对所用资源的平衡（保持在设定的水平之下）和缓和（实现增减循环周期的最小化）能力成为商用软件的一部分。在决定哪项活动可以延误时，已经计算得到的自由时差非常有用，这已经变得十分明显。然而，似乎因为独立时差没有计算出来，程序员将平衡和缓和模块添加至关键路径法软件中，并没有看到修改基本计算模块以提供独立时差这个属性的好处。

独立时差的计算公式也更加复杂，这可能阻碍了编程团队的工作进程。

独立时差的公式表示为：

$$IF=独立时差=EES_{(succ)}-LLF_{(pred)}-Dur$$

或者一项活动所有紧后活动的最早开始时间中的最早值，减去这项活动所有紧前活动的最迟完成时间的最晚值，再减去该活动的持续时间。

在图 8.7.1 中，唯一具有独立时差的活动为 H。I 的最早开始时间为 40，A 的最迟完成时间为 10，H 的持续时间为 10。所以 H 的独立时差$=IF=40-10-10=20$。将其与活动 G 相比较，$ES_{(I)}-LF_{(F)}-DUR_{(G)}=40-30-10=0$。

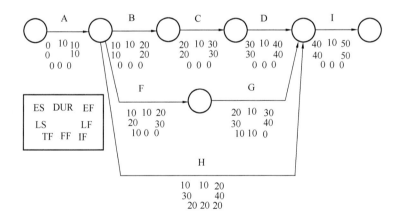

图 8.7.1 总时差、自由时差和独立时差的对比

8.8 时标网络图

图 8.4.1 显示的是一张关于施工场地布置活动的时标网络图。如果所有活动都是依据时间刻度绘制，那么结果就成了针对网络图的图形化计算（如图 8.8.1 所示约翰·多伊工

程的时标网络图）。其中各项活动用实线按比例绘制，点画线连接事件节点。在活动的路径上，其点画线部分等于时差。

　　在没有计算机计算或手工计算条件下绘制网络图时，所有活动都是根据最早开始时间绘制的。时差紧随系列计算活动中的最后一项之后出现，用点画线表示。如果网络图计算完毕，无论是计算机计算还是手工计算，应优先采用最迟开始时间绘图。根据最早开始时间绘制的网络图展示了关键路径法的计算结果，但是经验证实，活动不会在最早时间节点开始。因此，在每次更新中，依照最早开始时间绘图都会显示出错误。并且为准确更新网络图，每一次检查都需要花费大量时间改写。如果网络图是根据最迟开始时间绘制的，那么就不需要重新改写，除非在方法上有重要的变化。事实上，如果活动的顺序和持续时间保持不变，网络图（依据最迟开始时间）可以通过简单移动水平方向的时间刻度而始终保持正确。

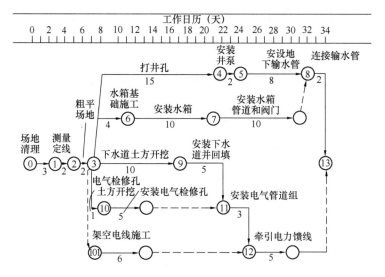

图 8.8.1　时标网络图：约翰·多伊工程（根据最早时间绘制）

8.9　计算工期

　　手工计算网络图需要多久？手工可以计算多大规模的网络图？这些都是不能明确回答的问题，因为网络图的特点各不相同。为什么会有人愿意用手工计算而不使用计算机计算？在施工现场经常会发生各种情况，由于无暇返回办公室以及满足即时使用的需要，小型网络图从而得以发展。这样就提供了全局的时间范围，并经常可以发现明显的错误。

　　约翰·多伊网络图中包含大约 130 项活动。（经验法则：在一个网络图中，活动的数量大约是事件数量的 1.6 倍。）采用手工计算约翰·多伊网络图的速度比输入计算机数据完成一次运算更快。然而，如果你期望进行多次运算，计算机要快得多。如果期望可以重新运算，在具备计算机的条件下，针对包含 100－200 项活动网络图应该使用计算机计算。如果网络图中关系复杂且活动紧密联系，那么对于 100－200 项活动的计算来说是非常烦琐的。因此手工计算没有特定的限制，可以根据实际条件与个人经验，自己设定限制的规模。

8.10 编写自己的关键路径法软件

计算活动时间的基本规则相对简单，甚至直观上是非常明显的。重申相关计算规则：

1. 第一项活动的最早开始时间（ES）定义为 0。

2. 任何活动的最早完成时间（EF）等于 ES＋持续时间（D）。

3. 任何其他活动的 ES 等于该活动所有紧前活动中 EF 的最迟值。

4. 定义最后一项活动的最迟完成时间 LF 与 EF 相等。

5. 任何一项活动的最迟开始时间 LS 等于 LF－D。

6. 任何其他活动的 LF 为该活动的所有紧后活动中 LS 的最早值。

7. 任何活动的总时差等于 LS－ES，也等于 LF－EF。

作为帮助，请参考以下简单的关键路径法活动标注图示：

使用上述这些计算公式和一些基本常识，个人就可以用擅长的任何语言编写一个相当复杂的软件程序来解决活动时间的计算问题。

首先，确定网络图中的第一项活动。直观地讲，这可以通过观察纯逻辑图的左侧内容确定。然而，如果我们的图是初稿，它可能看起来更像图 5.1.1 或图 5.1.2，或者是更为粗略的草图，那样的话，左侧的初始活动就不是很清晰。（注意：像图 5.0.1，图 5.1.1 和图 5.1.2 均不能采用本章讨论的矩阵法解决，也不能由早期要求起始活动唯一的计算机系统解决）那么，在网络图中，我们怎样才能找到哪一个才是第一项活动呢？

请注意上图中，每项活动的 j 节点将成为下一项活动的 i 节点。同样，每项活动的 i 节点也是另一项活动的 j 节点，而那些没有紧前活动的活动也就是初始活动除外。因此，对于个人所编制的程序的第一个模块，可以将逻辑网络图中所有初始活动的 ES 设为 0。当设定 ES 为 0 之后，接下来按照 ES＋持续时间（D）计算 EF，然后就可以计算其他活动的 ES。

查看活动列表中的下一项活动（或数据库中的下一条记录），不必考虑所列活动的顺序。注意 i 节点并寻找在 j 列有相同节点编号的活动（见图 8.10.1）。然后注意 EF，如果在之前已经计算过了，则将此数值存储起来再寻找其他目标。这样就可以将最迟的 EF 设为目标活动的 ES，再用该活动的 ES 加上其持续时间就计算得到这项活动的 EF。

如果 EF 尚未定义，那么就会问道："已经知道的和未定义的 EF 值，哪一个较大？"。答案始终是"未定义的 EF 值较大"，它已经进入所分配的目标活动的 ES 中了。将列表中的每一项活动都完成，直到最后一项活动为止；然后重新回到列表的最顶端，接着用"未定义的"ES 针对所有活动重复此过程。最后，就确定了列表中所有活动的 ES，并且计算得到各项活动的 EF。这包括了所编制的直观的程序顺向前进的计算过程。

逆向后退计算过程的第一步是确定最后一项活动（或多项最后活动，将在后面的章节

前节点	后节点	活动描述	持续时间	ES	EF	LS	LF	TF
1	2	测量定线	2	0	2			
2	3	粗平场地	2	2	4			
3	4	打井孔	15	4				
3	6	水箱基础施工	4	4				
3	9	下水道土方开挖	10	4				
3	10	电气检修孔土方开挖	1	4				
3	12	架空电线施工	6	4				
4	5	安设井泵	2					
5	8	安设地下输水管	8					
6	7	安装水箱	10					
7	8	安装水箱管道和阀门	10					
8	13	连接输水管	2					
9	11	安装下水道并回填	5					
10	11	安装电气检修孔	5					
11	12	安装电气管道组	3					
12	13	接引电路支线	5					
13	14	布设拟建建筑	1					
14	15	灌注桩施工	10					
14	23	办公楼土方开挖	3					
15	16	厂房仓库土方开挖	5					
16	17	浇筑厂房仓库桩承台混凝土	5					
17	18	厂房仓库基础梁支模及浇筑混凝土	10					
18	19	厂房仓库土方回填与压实	3					
18	21	厂房仓库铁路码头支模及浇筑混凝土	5					
18	22	厂房仓库卡车装运码头支模及浇筑混凝土	5					
18	20	安设厂房仓库板下水管	5					
20	22	安设厂房仓库板下导管	5					
21	22		0					
22	29	厂房仓库混凝土板支模及浇筑	10					
23	24	办公楼扩底基础施工	4					
24	25	办公楼基础梁支模及浇筑混凝土	6					
25	26	办公楼土方回填与压实	1					
26	27	安设办公楼板下水管	3					
27	28	安设办公楼板下导管	3					
28	29	办公楼混凝土板支模及浇筑	3					
29	30	安装厂房仓库钢结构	10					
30	31	厂房仓库钢结构校正及螺栓连接	5					
31	32	安装厂房仓库吊车	5					
31	33	安装厂房仓库单轨轨道	3					
32	33		0					
33	34	安装厂房仓库轻钢搁架	3					
34	35	安装厂房仓库屋面板	3					
35	36	安装厂房仓库壁板	10					
35	37	组拼厂房仓库屋面结构	5					
36	37		0					
37	80	周边围栏施工	10					
37	90	铺设停车场道路	5					
37	91	铁路侧线道砟施工	5					
37	92	通道施工	10					
37	93	场地照明系统施工	20					
38	43	安装厂房仓库电路系统	20					
39	42	厂房仓库吊顶施工	5					
40	47	测试厂房仓库管道系统	10					
41	47	试运行检查	5					
42	44	厂房仓库纸面石膏板隔墙施工	10					
43	49	安装厂房仓库支管	15					
44	45		0					
44	46		0					
44	48	镶贴瓷砖	10					
44	58	厂房仓库房门施工	10					
45	51	厂房仓库房间插座施工	5					

图 8.10.1　手工模拟计算机方法计算 ES、EF、LS、LF 和 TF

讨论）。很简单，这项最后活动的 j 节点不会像那些所列活动的 i 节点那样出现。程序的其余部分留给学生作为练习。

可以将个人的程序进行扩展，使之具有现代专业软件的特点。例如，基于每个独特的 i—j 名称，可以为每项活动设置一个标题或者文字描述。类似的，还可以为每个特定的时间设定日期，甚至通过在转换列表中跳过的方式，对某些日期冠以周末和假期的标识。

基本系统的确非常简单，并且可以很容易进行改进。可以提供其易用性，包括增加额外特性，或者为更多包含丰富信息的报告和图表增强活动选择和分类的能力。

8.11 前导图法（包含活动间隔时间）中的计算

额外增加的非传统约束类型以及活动间隔时间使得计算变得更为烦琐，但仍然是可以理解的。图 8.11.1 表明如何通过额外输入来计算顺向前进路径中的最早完成时间以及逆向后退路径中的最迟开始时间。注意到，因为不再保证 EF＝ES＋D，也不保证 LS＝LF－D，总时差的计算由此发生了变化，可能 LS－ES＝TF$_{(Start)}$ 不等同于 LF－EF＝TF$_{(Finish)}$。

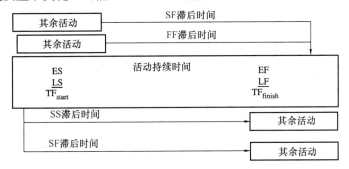

图 8.11.1 在前导图法计算中最早开始时间的额外输入

图 8.11.2 表明这种新的计算需要确定顺向前进路径中的最早开始时间 ES 和最早完成时间 EF 的属性。最开始的 ES 仍然定义为 0（或在更新过程中的数据日期），但现在

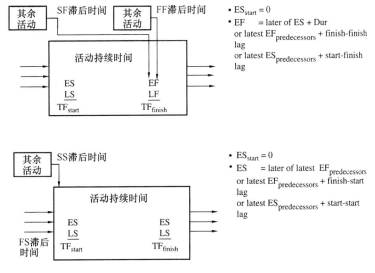

图 8.11.2 前进路径

EF 则是 ES+D 与 EF$_{(pred)}$＋lag 或 ES$_{(pred)}$＋lag 之中的最大值，而后续活动的 ES 则为所有紧前活动的最早完成时间的最迟值加上间隔时间，或之前活动的最早开始时间加上间隔时间，二者之中取最大值。

图 8.11.3 表明这种新的计算需要确定逆向后退路径中的最迟完成时间 LF 和最迟开始时间 LS 的属性。最终的 LF 仍然定义为等于 EF，但是此时 LS 等于 LF－D 或 LS$_{(succ)}$－lag 或 LF$_{(succ)}$－lag 之中的最小值。现在紧前活动的 LF 等于所有紧前活动最迟开始时间的最早值减去间隔时间，或之后活动的最迟完成时间减去间隔时间，二者之中取最小值。

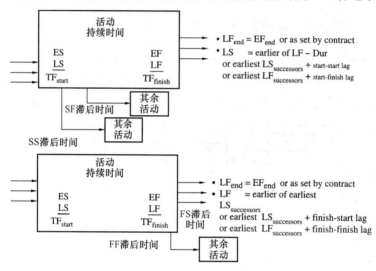

图 8.11.3 后退路径

当我们添加额外必要的计算以合并可能推翻关键路径法网络图逻辑关系的那些限制时，问题将变得更为复杂，如图 8.11.4 所示。

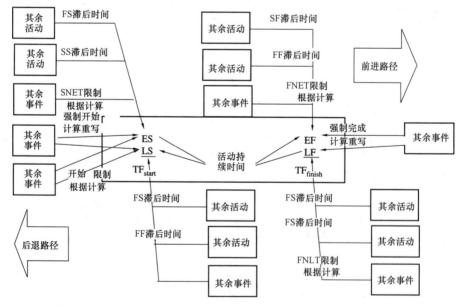

图 8.11.4 解释非传统约束和限制的额外计算量

将图 8.11.5 的求解留下作为学生们的练习。

在关系图法中手工和计算机求解的相关问题或许在一定程度上较为容易，因为在"约束"上计算和报告 ES、EF、LS、LF 和时差这些属性在本质上和在活动上计算是一样的。在某种程度上，需要额外计算即时日期、时差和其他对于传统关键路径法的扩展数据。这些内容将在第 13 章讨论。

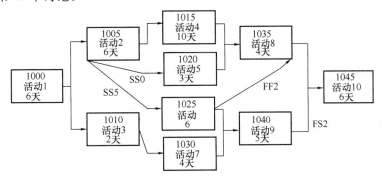

图 8.11.5　网络图练习题

8.12　小结

本章讨论了如何使用事件时间来计算活动时间，特别是最早开始时间，最早完成时间，最迟开始时间，最迟完成时间，并且启动了识别关键活动的三条规则以及定义了时差。

第9章

增 添 复 杂 性

基本的箭线图法模型只需要三种数据领域：i 节点、j 节点和持续时间。正如在前面章节中看到的那样，针对这样简单的模型编制计算机程序计算活动属性是非常容易的。为了鉴别众多可能产生的误解，下面对基本模型强化的一些内容进行审查。

9.1　基本系统的强化

针对关键路径法的基本概念添加了许多特征，其中一些强化的内容包括：

- 单独追踪原始持续时间与剩余持续时间
- 输入或计算完成的百分比
- 定义子任务与检查更新
- 以日历日期报告最早开始（或最早完成）时间与最迟开始（或最迟完成）时间
- 使用多重日历
- 多项起始活动和结束活动
- 对纯粹逻辑网络图无关活动的制约
- 负时差和修改关键性的定义
- 连续性和中断性
- 给活动分配实际的开始日期和完成日期
- 针对逻辑保留与进程重置的无序工作选择算法
- 事件和里程碑
- 集合活动与汇总网络图的逻辑性
- 联合用户定义的活动代码域
- 联合活动资源
- 联合活动成本
- 动力来源
- 对多个项目安排进度
- 层级编码结构
- 使用前导图法
- 资源均衡
- 绩效评审技术，统计绩效评审技术和广义评审技术

9.2　原始持续时间与剩余持续时间

针对原始工期与剩余工期创建单独的数据领域似乎显得微不足道。但是在更新网络计划时，重要的是应该只更新那些实际已经开始的活动的剩余工期。

如果有新的信息导致你渴望改变一项尚未开始的活动的持续时间，这样的改变对于网络图而言是一种修订，而不是更新现有的进度计划。因此，由于还没有一项工作开始进行，被改变的持续时间将是初始的持续时间。正如我们所讨论过的一样，基于观察（更新）与期望（修订）的混合信息能够作为一种项目分析工具冲淡计算结果的价值。当改变一项尚未开始活动的剩余持续时间时会遇到另一个问题，即出现一个错误的进度报告。

但如果一项活动已经开始且将要暂停一段时间时，应该如何利用其剩余的持续时间？一种学派的观点是增加剩余持续时间，使其既包括预期的闲置时间，又包括该工作实际的剩余时间。注意现在对剩余持续时间的定义是剩下的时间加其他东西，这在语言上属于一种欠佳的定义。处理这样的情况还有一种更好的方法是报告预期的工作日的剩余时间，对其剩余部分加以约束。该方法承认关于剩余工作将被推迟到将来某个日期的声明，是针对逻辑关系的一种修正。

9.3　完成百分比

谈到完成百分比的概念，首先应当明确它针对的对象是什么。对于同一项活动，不同的人员所报告的百分比内容有所不同。项目的会计人员可能会对活动预算支出或挣值的百分比感兴趣。再比如一项水泵安装任务可能需要 5 天，第一天完成粗装后就花费 90% 的成本。而最终的定位连接可能会需要再花费另外的 4 天时间以及 90% 的劳动力，因此，从工长的角度看只完成了任务的 10%。但从计划编制者的角度看，既然 5 天的工期还剩 4 天，那么已经完成了 20% 的任务量。

从业主的角度来看，水泵安装工作只有当调试成功时才算 100% 完成。这样从计划编制者的角度看，只有当后续工作能够开始进行时，这项工作才算 100% 完成。

如果水泵粗装完毕后遇到问题，报告的剩余工期为 7 天，那么我们是否需要报告负的完成百分比，已完成 20% 或是 90%？这种情况下大多数软件程序将报告完成百分比为 0。

如果某项活动实际开始日期已被添加，并且已经报道这项活动实际开始进行（在本章的后面会看到更多关于实际值的问题）及其原始持续时间为 10 天，当经过 10 天以后该活动完成了 50%，那么是应该按照原始持续时间剩余的 50% 计算剩余的持续时间（即剩余 5 天）还是根据迄今为止的执行情况来计算（即还剩下 10 天)？

9.4　定义子任务与检查更新

定义一项活动的部分内容是为一个实体给出一组指令，使得该实体能够在不受进一步干预的情况下得以执行。然而，一项活动的性能可能会包含若干离散的任务，这些任务可能会按照某些规定的顺序进行。例如，更换汽车轮胎时，将每个轮子在固定位置上拆除螺母可以按任何顺序进行，但更换螺母必须按照特定的顺序完成。熟练的技工几乎不需要给助手指定明确的顺序。航班起飞前的预检清单是另一个例子。然而，虽然针对这些任务规定的顺序可能并未提出要求，但是仍然期望采用一些方法对每个步骤进行核对和记录。

实现这样的附加功能有若干种方法。对于活动的描述可以参考关键路径法用户打印的单独的核对清单，或在打印时可通过日记或笔记对活动描述加以注释，见图 9.4.1，图 9.4.2和图 9.4.3。

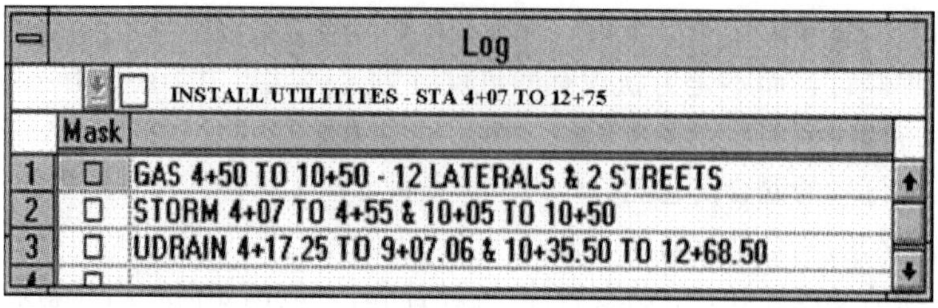

图 9.4.1　Primavera P3 的日志注明了在工长指导下有关公用设施安装活动的细节

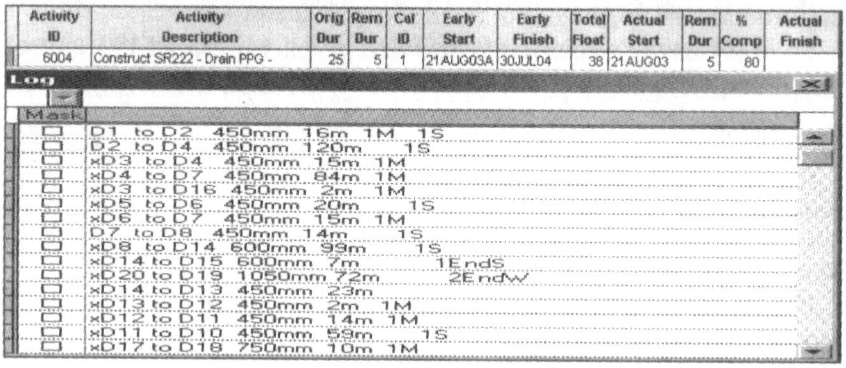

图 9.4.2　Primavera P3 的日志注明了排水管道的弯头情况，每条管线都进行核对

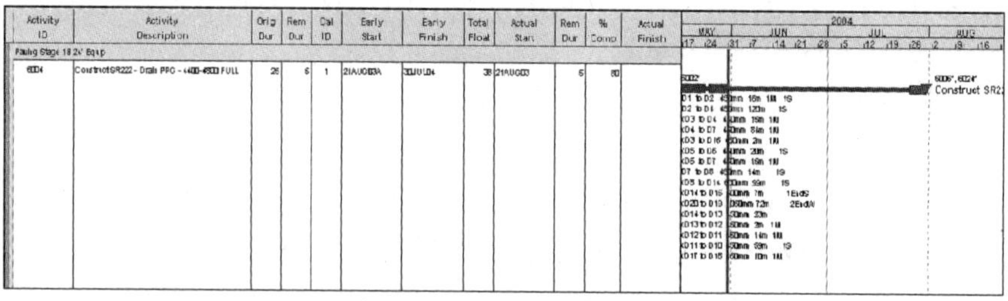

图 9.4.3　Primavera P3 的日志注明了排水管道的弯头情况，每个弯头都进行核对

唯一需要注意的是，定义的子任务或步骤不能代替活动，因为子任务之间没有逻辑关系。

9.5　日历工期和约定的工作周期

原先使用的箭线图法中包括 i 节点，j 节点和持续时间，各项活动只用数字而不是日期表示。这样就可以报告一项活动最早开始时间是第 5 天，而最早完成时间是第 12 天。如果将添加的每一项计算参数 ES，LS，EF 和 LF 以日期格式报告的话，其输出结果对用户而言则更为适宜。但使用日期将可能产生新的误解。

假设每周 5 个工作日，起始时间定为 1999 年 2 月 1 日 （图 9.5.1）。

```
            FEBRUARY   1999                        WORK DAYS
MON   TUE   WED   THU   FRI   SAT   SUN   MON   TUE   WED   THU   FRI   SAT   SUN
 1     2     3     4     5     6     7     0     1     2     3     4     -     -
 8     9    10    11    12    13    14     5     6     7     8     9     -     -
15    16    17    18    19    20    21    10    11    12    13    14     -     -
22    23    24    25    26    27    28    15    16    17    18    19     -     -

            Act A OD=5        Act B OD=7         Act C OD=1        Act D OD=2
            1---------------2---------------3---------------4-----------5
ES/EF       0               5               12    12          13        15
option 1    01FEB   08FEB   08FEB   17FEB   17FEB   18FEB   18FEB   22FEB
option 2    01FEB   05FEB   06FEB   16FEB   17FEB   17FEB   18FEB   19FEB
```

图 9.5.1　日历天数和项目天数

第一种选项是针对每一天的数字指定一个日期（图 9.5.2）。假定每天包含 24 小时。活动 A 将在 2 月 8 日上午 7：59 完成，活动 B 将在 2 月 8 日上午 8：00 开始。这样可能会产生误导，因为在现实中，可能会在 2 月 5 日下午 4：00 就完成活动 A，而查阅该进度计划的工长或许会认为必须到 2 月 8 日方可完成活动 A。

第二种选项是针对每一天的数字指定两个日期，一个日期是最早（或最迟）开始时间，另一个日期是最早（或最迟）完成时间。在这里，须明确理解"当天"结束时间为下午 4：00，而且即使加班，也当然应于午夜前完成。

```
            Act A OD=5      Dummy OD=0      Act B  OD=7   Act C  OD=1   Act D  OD=2
            1-----------2-----------3-----------4-----------4-----------5
ES/EF       0           5   5           5   5           12  12          13  13          15
option 1  01FEB   08FEB   08FEB   08FEB   08FEB   17FEB   17FEB   18FEB   18FEB   22FEB
option 2  01FEB   05FEB   08FEB   05FEB   08FEB   16FEB   17FEB   17FEB   18FEB   19FEB
```

图 9.5.2　日历的问题：选项 1 工作"结束"时间为上午 7：59，
选项 2 工作"结束"时间为下午 4：00

```
            Act A OD=5      Dummy OD=0      Act B  OD=7   Act C OD=1    Act D  OD=2
            1-----------2-----------3-----------4-----------4-----------5
ES/EF       0           5   5           12  12          13  13          15
option 3    01FEB   05FEB   08FEB   08FEB   08FEB   16FEB   17FEB   17FEB   18FEB   19FEB
option 4    01FEB   05FEB   08FEB   ---     08FEB   16FEB   17FEB   17FEB   18FEB   19FEB
```

图 9.5.3　日历的问题：选项 2 对于持续时间大于 0 和等于 0 的情况具有不同的规则；
选项 4 不会打印"虚拟"活动逻辑限制的完成日期以及持续时间为 0 的里程碑

乍一看第二种选项不太可能产生误解。活动 C 持续时间为 1 天，其开始和完成时间均为 2 月 17 日。但如果活动 B 是一个持续时间为 0 的逻辑限制或里程碑将会怎么样？现在选项 2 由于列出活动 B 的最迟开始时间早于其最早开始时间而造成混乱。如果逻辑限制跨越一个周末，那么报告的最迟开始时间可能会比最早开始时间提早好几天。进度编制人员和软件用户都知道是什么意思，但第三方则会认为是软件存在缺陷。第三种选项是由几家软件销售商创造的方法，该方法将逻辑限制或里程碑的最早（或最迟）完成时间等同于其最早（或最迟）开始时间（图 9.5.3）。这对于一些用户将造成更多混乱。至少一家软件销售商给个人用户在软件安装提示界面中设置了以上 3 种选项供选择。至少一家软件销售商找到了解决这一难题的方法，即声明逻辑限制或里程碑没有持续时间而仅仅是一个时间点，它们不会报告关于最早（或最迟）完成时间的任何数值。然而，这样的逻辑限制或里程碑必须如此声明，但未声明的持续时间为零的活动，将默认选项1。

9.6　多重日历

在现实中，有一些活动只在每周工作日进行，如果到周五还没完成，将在下周一继续进行。也有一些活动，如混凝土的养护，在周末和工作日一样会进行得很好。随着计算机性能日益强大，软件也变得愈发复杂，引入了多重日历的功能。首先将多重日历引入特定的高端软件中，然后再到软件公司出售的基本产品。不出所料，使用多重日历产生了若干潜在的误解。

第一个问题是在定义和计算时差时多重日历遇到困难。前面已经学过，一项活动的总时差 TF 等于其最迟开始时间 LS 减去最早开始时间 ES。如果按照 10 天减 5 天计算，我们总是能够得到 5 天的时差。但是，1999 年 2 月 10 日减去 1999 年 2 月 1 日的确切天数该是多少呢？

通常情况下，总时差是按与原来持续时间相同的日历单位报告的。因此，如果一项活动按照每周 5 天工作日的话，其 ES 为 1999 年 2 月 1 日，LS 为 1999 年 2 月 8 日，那么软件将计算得到 TF＝LS－ES＝5 天。但是如果同样的活动按照每周 7 天工作日的日历执行，软件则会计算 TF＝LS－ES＝7 天。如果要求按照总时差报告的话，处于每周工作 7 天的日历中的活动，将不会设在其正确的位置。

更令人困扰的是，从每周工作 5 天向每周 7 天的日历正向或逆向转变过程中，尤其是跨越周末时，该软件将计算出具有不同时差数值的关键路径（图 9.6.1）。

该问题可能会通过下述方法予以解决（至少部分解决），即使用替代的方法计算关键路径或贯穿整个项目的最长路径。从逻辑网络图的最后一项活动开始，只可能有一项（或有限的）活动推动（或驱动）最后一项活动开始。将这样的活动记录为"驱动活动"，并且逆向后退穿越项目，直至项目最开始位置，这样就会记录下来关键路径或该项目的最长路径。在两项或两项以上紧前活动等效驱动一项活动位置处，记录下来同时发生的关键路径或最长路径。这样的做法不受多重日历任何方式的影响，但仅限于指定在最长路径上的活动。

在 Primavera 的 P3 软件中（以及随后的软件，但不是 Suretrak）采用了这种方法。通过选择菜单项目的"工具"，然后点击"选项"，接着选择关键工作，产生一个对话框，如图 9.6.2 所示。令人遗憾的是，无法使用此功能确定近似关键路径。另一个缺点是，最长路径只能从网络图中最后一项活动计算得到。因此，无法简单计算到达逻辑网络图中间的里程碑或多重末端的最长路径。

这种改进的方法部分解决了上述诸多不足之处，并且 Primavera 的 P6 产品也采用了这种方法。

由于使用多重日历降低了总时差计算值的准确性，因此应当限制多重日历的使用，除非在任何一个时间框架内工作的进展情况基于所使用的不同日历会发生显著的变化。例如，如果混凝土养护时间为 1 周，那么选择一周 5 天工作日或 7 个日历天是无关紧要的。但是，如果养护时间是 3 天，则在星期一或星期五开始进行养护是有所不同的。然而，当考虑养护之前和之后活动的误差时，与总时差准确性的损失相比，选择 5 个工作日或 7 个

```
           FEBRUARY 1999              5 DAY/WEEK CAL WORK DAYS        7 DAY/WEEK CAL WORK DAYS
      MON TUE WED THU FRI SAT SUN   MON TUE WED THU FRI SAT SUN    MON TUE WED THU FRI SAT SUN
       1   2   3   4   5   6   7     0   1   2   3   4   -   -      0   1   2   3   4   5   6
       8   9  10  11  12  13  14     5   6   7   8   9   -   -      7   8   9  10  11  12  13
      15  16  17  18  19  20  21    10  11  12  13  14   -   -     14  15  16  17  18  19  20
      22  23  24  25  26  27  28    15  16  17  18  19   -   -     21  22  23  24  25  26  27

            Act A   OD=3        Act B   OD=3      Act C   OD=4      Act D   OD=2           Act E   OD=2
            5-day-calendar      7-day-calendar    5-day-calendar   5-day-calendar         5-day-calendar
            Prepare fdn         Erect bridge      Form deck        Rebar deck             Pour deck
      1----------------2----------------3---------------4----------------5-------------6
CAL 1 ES/EF     0    0+3    3       3    5    5+4    9       9    9+2   11      11   11+2   13
CAL 2 ES/EF     0           3       3    3+3   6    7      11   11          15      15            17
option 2      01FEB       03FEB   04FEB       06FEB 08FEB       11FEB 12FEB       15FEB 16FEB       17FEB
              MON         WED     THU         SAT   MON         THU   FRI         MON   TUE         WED

CAL 1 LS/LF     1    4-3    4       4         5    5    9-4    9    9   11-2   11      11   13-2   13
CAL 2 LS/LF     1           4       4    7-3   7    7      11   11          15      15            17
option 2      02FEB       04FEB   05FEB       07FEB 08FEB       11FEB 12FEB       15FEB 16FEB       17FEB
              TUE         THU     FRI         SUN   MON         THU   FRI         MON   TUE         WED
FLOAT           1    5-day  1      1    7-day 1    0    5-day  0    0    5-day  0       0    5-day   0

                              TOTAL FLOAT REPORT

INODE JNODE  RD  %  CAL            TITLE              ESTART      EFINISH    TF
----- -----  --- -- ---    ----------------------    --------    --------   ----
  3     4     4   0  1     FORM DECK                  08FEB99     11FEB99     0
  4     5     2   0  1     REBAR DECK                 12FEB99     15FEB99     0
  5     6     2   0  1     POUR DECK                  16FEB99     17FEB99     0
  1     2     3   0  1     PREPARE FOUNDATION         01FEB99     03FEB99     1
  2     3     3   0  2     ERECT BRIDGE               04FEB99     06FEB99     1

                          ADJUSTED TOTAL FLOAT REPORT

INODE JNODE  RD  %  CAL            TITLE              ESTART      EFINISH    TF
----- -----  --- -- ---    ----------------------    --------    --------   ----
  1     2     3   0  1     PREPARE FOUNDATION         01FEB99     03FEB99     1
  2     3     3   0  2     ERECT BRIDGE               04FEB99     06FEB99     1
  3     4     4   0  1     FORM DECK                  08FEB99     11FEB99     0
  4     5     2   0  1     REBAR DECK                 12FEB99     15FEB99     0
  5     6     2   0  1     POUR DECK                  16FEB99     17FEB99     0
```

图 9.6.1 多重日历产生的问题：报告总时差的困惑

日历天数所引发的错误可能微不足道。因此，对于混凝土养护这项活动选用哪一种日历的决策要经过计划编制人员或知识渊博的工程师决定。

多重日历意味着一项活动可以有多种日历表示，当为活动和单项资源指定单一日历时，就会出现另一个层面的问题。例如，假设一项活动需要两种有限的资源，即专用机械设备及一位检查人员。这项活动只能在工作日进行，其专用机械设备也只能在每个月的 1 号到 10 号之间使用，且该活动进行的最后一天需要一位检查人员检查，而这位检查人员从不在周五去现场。

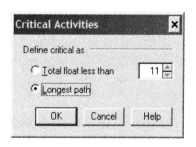

图 9.6.2 最长路径—关键性的替代定义

不同的软件厂商以不同的方式解决资源日历的使用问题。Microsoft Project 软件中的资源日历与工作日历一起配合使用，因此无论哪一种日历，休息日即表示没有工作安排。Primavera 软件中的资源日历覆盖了工作日历，因此，将非工作日的活动时间指定为资源有效日，从而这也是工作。显然，在使用此功能之前，用户必须阅读并理解有关日历优先使用的规则。

9.7 多项起始活动和结束活动

受 20 世纪 50 年代计算机存储器的局限，基于矩阵算法的关键路径法原始模型要求每张网络图中只能有一项起始活动和一项结束活动。如今一些低端的软件程序仍然有此限制。然而在许多情况下，出现多项起始和结束活动是合理的。比如当两个（或多个）开工日期不同的项目合并为一张大的网络图，用以解释不同项目间的关系时，采用多项起始活动就很有必要。

显然，这无须特殊软件处理，只需要在合并后的网络图中增设一项普通的"网络图开始"活动，其后紧跟两项特定的起始活动即可。而网络图中出现两项（或更多）的结束活动则较为棘手。例如商住两用建筑中，其商业和居住空间均要在对方完成前进行租用，如图 9.7.1 所示。这种情况下，网络图具有两条关键线路是较为可取的，一条针对商业部

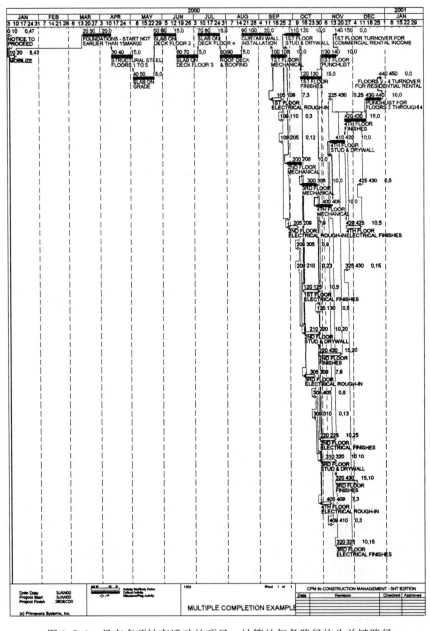

图 9.7.1 具有多项结束活动的项目，计算的每条路径均为关键路径

分，另一条则针对居住部分，二者都要尽可能快的完工。

原始的关键路径法模型，以及甚至当今的很多程序都不能解决这类问题。（第 8 章指出，你所编制的一个简单的计算机程序可以处理此问题。）

9.8 对日期的人为约束

对于关键路径法软件的用户而言，增加人为约束（并非基于明确声明的逻辑）的能力是大有裨益的。这些约束分为两类，一类是能够通过原始关键路径法模型增加隐藏的内部逻辑约束予以处理，另一类则要求覆盖关键路径法基本规则，即每一项活动必须在其紧后活动开始之前完成。

如果我们希望一项活动至少在指定的日期来临时才开始，则可以为这项活动提供一种"不早于开始"的约束。对此可在传统模式中通过创建逻辑约束予以规定，从起始活动到当前活动，都具有足够的持续时间以便"延迟"到（至少）该日期。当然，每次更新都需要重新计算到达所需日期所剩余的期限。类似地，如果规定一项活动"不迟于"某一指定的日期完成，则可以对该结束活动添加一种具有足够时间的逻辑约束，用来保证这个最后期限包含在网络图之中。（注意多项结束活动的问题和解决方法，所使用的一些软件程序创建了一个"真正的"关键路径）（图 9.8.1）

另一方面，诸如"不迟于开始"、"不早于完成"、"强制开始"、"强制完成"等约束将推翻关键路径法的基本前提，必须谨慎使用。

首先，我们必须明确这些术语的意义。"不迟于开始"的约束可解释为尽管之前的活动出现逻辑的或意料之外的延误，但这项活动可以在指定的日期开始，或者说一项活动必须在指定日期（或之前）开始。这种约束的影响体现在该活动的最迟开始时间。在这种情况下，关键路径法顺向前进路径的计算不受此约束影响，并且项目仍然会基于逻辑计算显示其完工。Primavera 软件系统中采用了上述第二种定义。

如图 9.8.2 所示，将例 1 和例 2 进行对比，注意到"不迟于开始"的约束仅仅突出显示在活动 3 的最迟开始时间处。然而，紧前活动的最迟开始时间和最迟完成时间都受到此约束的影响。还请注意活动 3 的最迟完成时间和活动 4 的最迟开始时间的差距为 3 天，这违反了关键路径法的基本算法。由于顺向前进路径不受这种约束的影响，所以计算的项目完成时间与未受约束时相等。然而，针对这项活动则绘制出一条独立的关键路径。总之，使用"不迟于开始"约束与使用"不迟于完成"约束一样，产生一个独立的完成截止日期（所有活动的完成需要这项活动开始），但不影响规定的其他活动或项目的完成日期。

Primavera 系统认可前面提到地指定为强制开始的其他定义。如图 9.8.2 所示，将例 1 和例 3 进行对比，注意活动 3 的最早开始时间和最迟开始时间均设定为约束日期 1999 年 2 月 8 日而突出显示。在这里，关键路径法计算的 1999 年 2 月 25 日竣工日期已被覆盖，并且基于 1999 年 2 月 8 日开始的活动 3，计算出了新的竣工日期 1999 年 2 月 22 日。虽然在表格报告中突出显示了活动 3 的最早开始时间和最迟开始时间，并且指明活动 3 的紧前活动存在负时差，但是假设活动 3 将于 1999 年 2 月 8 日开始的声明，在所有其他计算中得以接受并使用。

针对基本的关键路径法理论的类似定义和修改适用于"不早于完成"和"强制完成"

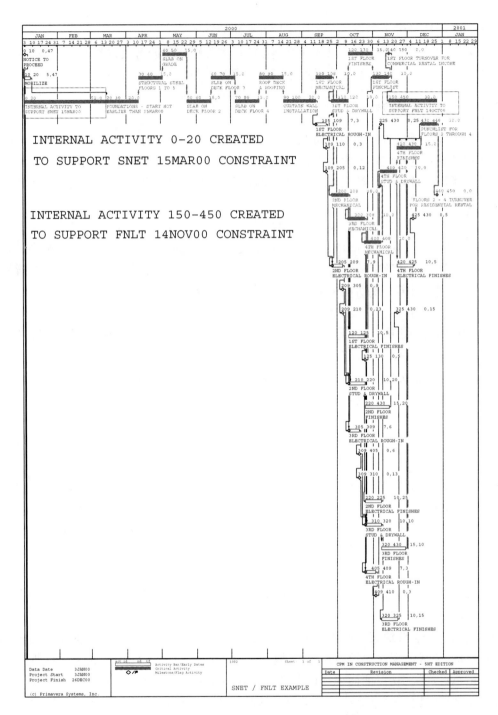

图 9.8.1 支持 "不早于开始" 和 "不迟于完成" 约束的内部逻辑

这样的约束。在这里,"不早于完成" 约束对于最早完成时间产生影响,为计算时差将这样的活动隔离成为一项独立开始的活动,但不改变项目的时长。同样,"强制完成" 约束会影响受约束活动的所有紧后活动,并将项目竣工时间推迟,犹如使用了 "不早于开始" 的约束一样。

课堂练习:修改第 8 章编写的关键路径法计算机程序,以允许使用 "不早于开始" 和

```
                          PRIMAVERA PROJECT PLANNER

                                                START DATE  1FEB99  FIN DATE 25FEB99
                                                DATA DATE   1FEB99  PAGE NO.    1

----- -----  ---- ---- -  ----                              -----   -----   -----   -----   -----
                 ORIG REM                                   EARLY   EARLY   LATE    LATE    TOTAL
PRED  SUCC     DUR  DUR    %       ACTIVITY DESCRIPTION      START   FINISH  START   FINISH  FLOAT
EXAMPLE #1 -- NO CONSTRAINTS
 1010  1015     5    5     0              ACTIVITY #1        1FEB99   5FEB99  1FEB99   5FEB99     0
 1015  1020     5    5     0              ACTIVITY #2        6FEB99  10FEB99  6FEB99  10FEB99     0
 1020  1025     5    5     0              ACTIVITY #3       11FEB99  15FEB99 11FEB99  15FEB99     0
 1025  1030     5    5     0              ACTIVITY #4       16FEB99  20FEB99 16FEB99  20FEB99     0
 1030  1035     5    5     0              ACTIVITY #5       21FEB99  25FEB99 21FEB99  25FEB99     0

EXAMPLE #2 -- SNLT CONSTRAINT OF 8FEB99 TO ACTIVITY 1020
 1010  1015     5    5     0              ACTIVITY #1        1FEB99   5FEB99 29JAN99   2FEB99    -3
 1015  1020     5    5     0              ACTIVITY #2        6FEB99  10FEB99  3FEB99   7FEB99    -3
 1020  1025     5    5     0              ACTIVITY #3       11FEB99  15FEB99  8FEB99* 12FEB99    -3
 1025  1030     5    5     0              ACTIVITY #4       16FEB99  20FEB99 16FEB99  20FEB99     0
 1030  1035     5    5     0              ACTIVITY #5       21FEB99  25FEB99 21FEB99  25FEB99     0

EXAMPLE #3 -- MANDATORY START CONSTRAINT OF 8FEB99 TO ACTIVITY 1030
 1010  1015     5    5     0              ACTIVITY #1        1FEB99   5FEB99 29JAN99   2FEB99    -3
 1015  1020     5    5     0              ACTIVITY #2        6FEB99  10FEB99  3FEB99   7FEB99    -3
 1020  1025     5    5     0              ACTIVITY #3        8FEB99* 12FEB99  8FEB99* 12FEB99     0
 1025  1030     5    5     0              ACTIVITY #4       13FEB99  17FEB99 13FEB99  17FEB99     0
 1030  1035     5    5     0              ACTIVITY #5       18FEB99  22FEB99 18FEB99  22FEB99     0

EXAMPLE #4 -- START ON CONSTRAINT OF 8FEB99 TO ACTIVITY 1020
 1010  1015     5    5     0              ACTIVITY #1        1FEB99   5FEB99 29JAN99   2FEB99    -3
 1015  1020     5    5     0              ACTIVITY #2        6FEB99  10FEB99  3FEB99   7FEB99    -3
 1020  1025     5    5     0              ACTIVITY #3       11FEB99* 15FEB99  8FEB99* 12FEB99    -3
 1025  1030     5    5     0              ACTIVITY #4       16FEB99  20FEB99 16FEB99  20FEB99     0
 1030  1035     5    5     0              ACTIVITY #5       21FEB99  25FEB99 21FEB99  25FEB99     0
```

图 9.8.2 各种约束效果的对比

"不迟于完成"约束。那么针对"不迟于开始"、"不早于完成"以及强制开始和完成活动需要哪些额外的修改？

9.9 算法的人为约束

虽然之前提到的约束是指插入一个特定日期以覆盖通过标准关键路径法计算得到的结果，但是其他约束会通过使用沿顺向前进路径计算的日期替代沿逆向后退路径计算的日期而取得相同的结果。这两种约束分别是零总时差（ZTF）和零自由时差（ZTF）。零总时差约束确如其名，它通过使用沿顺向路径计算的最早完成日期替代了沿逆向路径计算的最迟完成日期。由于此时最迟完成日期等于最早完成日期，所以 LF－EF＝TF＝0。因此，可以从这一时点起回溯到网络图的开始时间，从而计算出一条新的关键路径。当出于商业原因要求尽快完成临时里程碑任务（正如商住两用建筑中的商用空间），而未设定具体的合同截止期限时，上述特征往往十分有用。

零自由时差约束可用于对一项活动做出延迟计划，直至其紧后活动（该活动可能具有一项以上的紧前活动）已经准备好开始的情况。例如交付某种设备，以便将来安装在新完成的基础上。较为理想的情形是当基础的预计完成时间确定下来以后，再对交付时间予以计划。请注意，如果基础提早完成，使用零自由时差的一些优势可能丧失。针对零自由时差约束的改进算法通过使用沿逆向路径计算出的最迟完成、最迟开始日期替代了沿顺向路径计算出的最早完成、最早开始日期。由于在进行逆向路径计算时，顺向路径已经计算完毕，关于上述那些替代值的影响只会涉及具有零自由时差约束的活动。而零总时差则不同，它还会影响到受约束活动所有的紧前活动。

9.10 负时差

一旦允许一项活动，甚至一个项目，可以对其完成日期进行约束，则会改变关键路径法中一项基本理论规则，即最后一项活动的最迟完成时间等于其最早完成时间（反映出尽早完成任务的期望)。如果一项活动的"不迟于完成"约束早于所计算出的最迟完成时间,那么这项活动必将早于其既定的完成时间结束,而且所计算出的总时差也将会是负值。

看待具有负时差进度安排的"关键性"问题有两种方式:一种是必须加快所有具有负时差的活动进度,以便使整个项目回到正常的计划轨道;第二种是只有目前负时差最多的那些工作构成关键路径。这样的问题会导致更普遍的探讨,将在下一节阐述。

9.11 关键性的定义

针对关键路径中关键性的经典定义,就是总时差等于零。出于对传统关键路径法的扩展目的,需要针对这个定义做出两点说明:首先,当指定了某一日期为完成时间(比如通过"不迟于完成"的设置),而且这种约束产生负时差时,那么问题就出现了,是否所有总时差小于等于零的活动都是关键活动,或者只有那些负时差最多的活动才是关键活动?

当一个指定的"不迟于完成"的日期超过了所计算的完成日期,那么就会从上述问题中衍生出新的问题。在这种情况下,不同计算机程序可能要么使用计算的或"不迟于完成"的日期中的较早值,或者将"不迟于完成"的日期看作是强制完成日期。针对上述第一种情形,沿着关键路径计算的总时差为零。第二种情形下这些总时差则将是正值。

作为示例,Primavera Project Planner 的软件允许采用两种方式来指定一个项目"不迟于完成"的截止日期。在开始或概览界面上,存在一个用于指明"不迟于完成"的截止日期的区域(图 9.11.1)。此外,在网络图末端指定的活动可能会受到"不迟于完成"的截止日期的约束(图 9.11.2)。在第一种情况下,如果"不迟于完成"的区域用于概览界面上(而不论这些信息是否为网络图的结束活动所复制),该软件将会对关键路径上的活

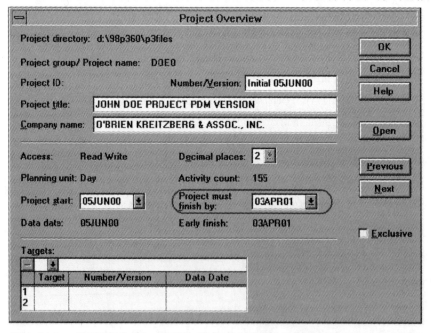

图 9.11.1 "不迟于完成"对话框,若使用,可将此日期设为项目最迟完成时间

动计算出一个正值总时差。如果"不迟于完成"的区域在概览界面上留空，但针对网络图的结束活动输入一个"不迟于完成"的约束，软件则会计算出关键路径上各项活动的总时差均为零。

关于关键性的传统定义的第二点说明是基于经验做出的。考虑到网络图中每一项活动的最初持续时间仅仅是一个估计值，而且项目可能会持续数月或数年，许多工程技术人员认为，出于强调目的而指定那些时差为零的活动为关键活动，而忽略了那些时差为 1 天、2 天、5 天，甚至是 10 天的活动，这是一种误导。

在表格的打印输出方面，可能会通过适当地过滤（选择）和排序解决这个问题。例如，准备一项关键活动的报告可能涉及只允许保留总时差不超过 11 天的活动，然后按最早开始时间排序（图 9.11.3、图 9.11.4和图 9.11.5）。

在图形表达中，关键路径可以突出显示（例如用另一种颜色或粗线条，而非中空线条），需要一个特殊的软件开关或对话框以指定关键性（图 9.11.6、图 9.11.7和图 9.11.8）。

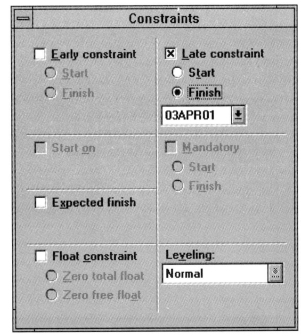

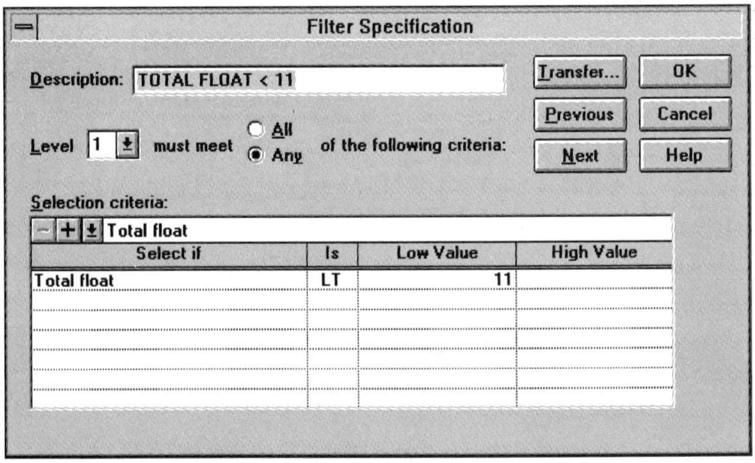

图 9.11.2 "不迟于完成"对话框，若使用，
可将此日期或计算的最迟完成时间的较早值
设为本项活动的最迟完成时间

图 9.11.3 经过滤，定义所有总时差不超过 11 天的活动符合"关键性"

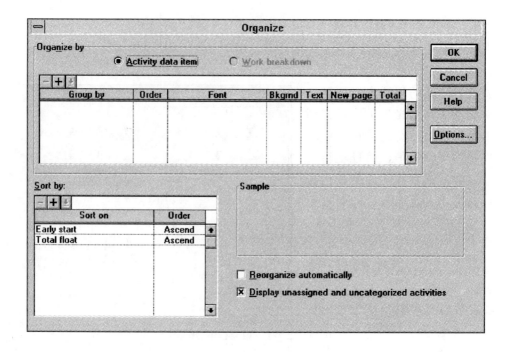

图 9.11.4　按照最早完成时间及总时差列表分类说明

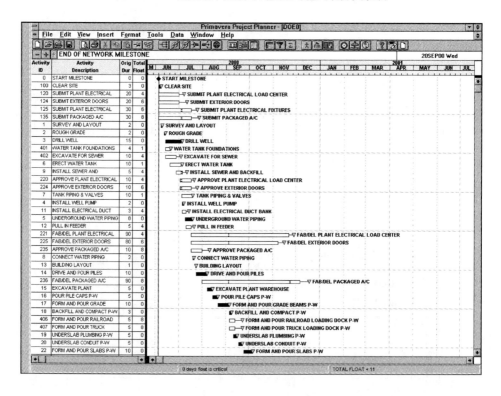

图 9.11.5　通过使用过滤器和分类说明显示出的"近似关键"活动图表

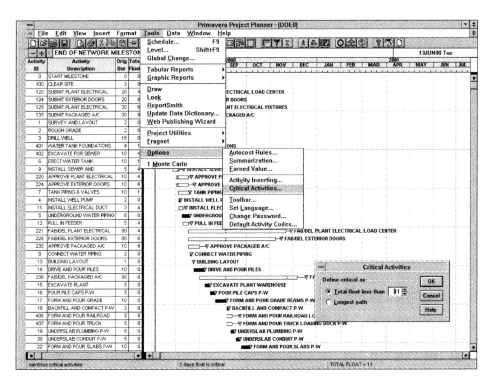

图 9.11.6　拟指定总时差小于 11 天的所有活动为关键活动

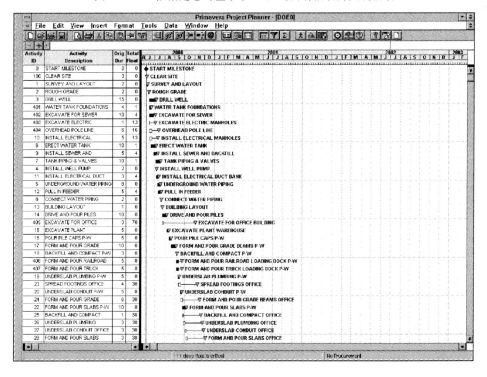

图 9.11.7　当前指定为总时差小于 11 天的关键活动（横道图形式）

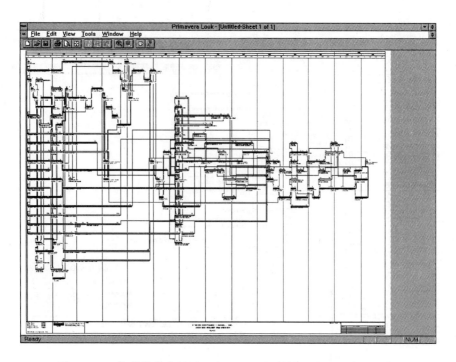

图 9.11.8 当前指定为总时差小于 11 天的关键活动（网络图形式）

9.12 连续性与中断性

既然可以限制一项活动的完成时间，那么是不是也可以限制其开始时间，又或者如果一项活动开始按照计划进行，但经过一定时期停顿后，剩下的工作是否也可以顺利完成？换一种问法是，是否活动必须连续完成或者可以中断（图 9.12.1）？如果活动发生中断，那么问题就出现了，即应该决定在何时及何处中断？在这个问题上，计算机软件将关键路径法格式转化为横道图格式则面临着特别困难的问题。其试图通过展示从开始到完成的横道线条跨度予以解决，而不考虑所声明的活动持续时间。很明显，此时此刻计算的时差 EF−ES 的值不再等于 LF−LS 的值。尽管看上去似乎确定不同活动之间的解读性存在差异，但各种软件系统都是在项目的基础上予以处理。这个问题在前导图（关键路径法的变化形式）中通过使用"完成至完成"关系而不断提及，相关内容将在第 11 章进一步讨论。

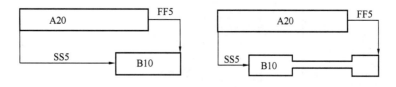

图 9.12.1 活动的连续性与中断性

9.13 实际开始和完成日期

对活动设定实际开始和完成日期会产生额外的混乱，并且由于软件算法的问题，也会造成不必要的误解。如前文所述，名义上的准备工作或物料配送可能导致错误的报告实际开始日期，而剩余的与计划不相关的工作可能会引起实际完成日期的错误报告。产生的典型问题是报告的活动顺序不正确，即一些活动的开始（甚至完成）时间要先于其紧前活动的完成时间。一些软件系统能够识别此类违反正常进度安排的报告从而拒绝接受这样的数据，并报告其错误，最后停止处理。而其他软件系统可以接受这样的数据，但输出有问题的结果。还有其他软件同样接受，但会输出异常报告，并将潜在的问题突出显示出来。

重申在前一节中所提出的问题，一项活动实际开始日期通常应该直到其紧前活动完成后才可以报告。因此，名义上的准备工作不应产生实际开始日期。

9.14　逻辑保留与进程重置

虽然关键路径法的基本算法要求从网络图的起点开始沿顺向路径前进，将已完成活动的持续时间视为 0，但当工作不是按照正常的顺序进行时，则会产生一个特殊问题。在这种情况下，即使紧前活动可能还没有完成，但这项活动便开始了，那么问题就出现了：剩下的工作是否能够完成？或者该活动必须停止，直到所有的紧前活动都完成？

在传统的关键路径法算法中，对于该问题在逻辑上有三种可能的答案。（使用前导图法可能还会出现第四种答案，将在第 11 章讨论）。第一种答案比较传统，即活动中所进行的这项工作纯属偶然，其后续工作必须等到先前声明的紧前活动完成后方可进行。答案二，这项活动可以继续进行，但其紧后活动将会被推迟到该活动的紧前活动完成后进行。这是一种前导图法所允许的隐含的"完成至完成"关系，而如果没有特别的电脑软件，在箭线图法中是不能使用的。答案三则打破逻辑关系的束缚，允许该项活动中的后续工作以及所有紧后活动可以继续进行，而不考虑没有完成的紧前工作。

在 Primavera 软件中，第一种选项称为逻辑保留，第三种称为进程重置，而第二种不予支持。在项目配置显示界面中，用户可以为项目选择这两种算法中的任何一种（图 9.14.1）。

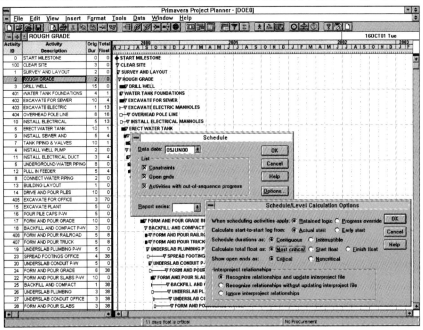

图 9.14.1　逻辑保留或进程重置的选择

9.15 事件与里程碑

之前提到了原始的箭线图法和绩效评审技术中的计算方法，以及如何将关键路径法计算输出的数字结果转化为日期的一些问题。重要的是记住这些算法的数学基础是计算事件的最早时间和最迟时间或时间节点 TE 和 TL，而确定活动的 ES、EF、LF、LS 等属性只能作为次要的计算内容。不幸的是，上述概念连同对事件的正确报告经常被软件开发商所忽略，他们往往只将注意力集中于如何将关键路径法的输出结果转化为横道图形式的图形用户界面。其缺失之处在于，事件没有开始时间和结束时间，包括重要事件或里程碑，而实际上都只有一个时间点。产生的困惑体现在，对于里程碑事件其 ES－EF 日期应该报告为是从 2 月 8 日到 2 月 8 日，还是从 2 月 5 日到 2 月 8 日；并且软件系统要求将里程碑事件指定为“开始”或“完成”只是这个问题所表现的症候。

早期的箭线图法供应商意识到了上述问题，并通过指定里程碑事件具有相同的 i 和 j 节点予以解决，例如“45－45”。这些早期的程序限制了图形用户界面的功能，并且还只限于在适用的列表中报告里程碑成为最早日期或是最迟日期。事实上，里程碑和零持续时间的事件都是时间点，它们既不是开始日期也不是结束日期，如图 9.15.1 所示，但这种恰当的观念目前不为软件供应商所支持。

Activity ID	Activity Description	Orig Dur	Early Start	Early Finish	Late Start	Late Finish	Total Float
10	NOTICE TO PROCEED	0	17SEP01		17SEP01		0
15	MOBILIZE	10	17SEP01	28SEP01	17SEP01	28SEP01	0
20	FORM FOUNDATION A	6	01OCT01	08OCT01	01OCT01	08OCT01	0
25	REBAR FOUNDATION A	8	09OCT01	18OCT01	09OCT01	18OCT01	0
30	POUR FOUNDATION A	1	19OCT01	19OCT01	19OCT01	19OCT01	0
35	CURE FOUNDATION A	5	22OCT01	26OCT01	22OCT01	26OCT01	0
40	STRIP FOUNDATION A	2	29OCT01	30OCT01	29OCT01	30OCT01	0
45	FORM FOUNDATION B	5	01OCT01	05OCT01	10OCT01	16OCT01	7
50	REBAR FOUNDATION B	7	08OCT01	16OCT01	17OCT01	25OCT01	7
55	POUR FOUNDATION B	1	17OCT01	17OCT01	26OCT01	26OCT01	7
60	CURE FOUNDATION B	0	17OCT01		29OCT01		7
65	STRIP FOUNDATION B	2	18OCT01	19OCT01	29OCT01	30OCT01	7
70	FORM WALL AB	6	31OCT01	07NOV01	31OCT01	07NOV01	0
75	REBAR WALL AB	8	08NOV01	19NOV01	08NOV01	19NOV01	0
80	POUR WALL AB	1	20NOV01	20NOV01	20NOV01	20NOV01	0
85	CURE WALL AB	5	21NOV01	27NOV01	21NOV01	27NOV01	0
90	STRIP WALL AB	2	28NOV01	29NOV01	28NOV01	29NOV01	0

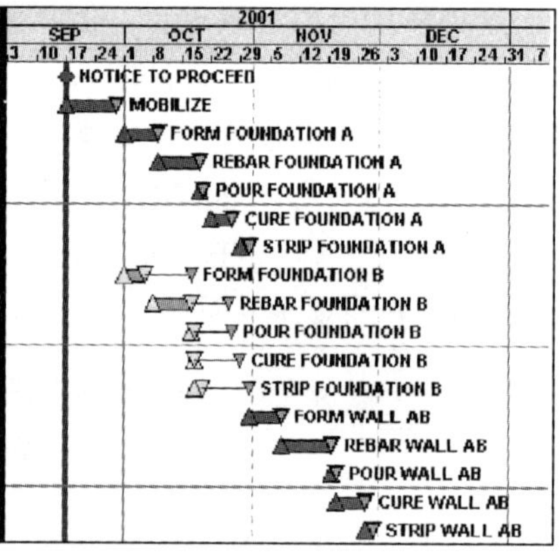

图 9.15.1 里程碑或零持续时间活动的可能描述

从概念的角度来看，对事件或时间点概念的错误理解也会引起困扰。本书前后反复强调，关键路径法的基本概念是当所有紧前活动结束或百分之百完成后，每一项活动只能在这一个时间点开始。逆向后退路径同样要求该项活动必须先于其所有紧后活动的最迟开始日期的最早时间点完成。第 11 章关于前导图法的讨论中将阐释上述规则，但在运用原始关键路径法中将面临准确度缺失的严重危险，并且在项目的更新过程中会造成进一步的准确度缺失。

9.16 逻辑网络图的集合和总结

初始的箭线图法基于时间点或节点，并由一些活动或额外的逻辑约束“虚工作”所分隔开。项目总工期是通过从起始节点到终点节点形成的关键路径所确定。通常作为一种评价项目而非单独活动的方法，需要知道项目中两个节点之间的总持续时间，无论其是否已正式指定为里程碑事件。为了这个目的，形成了一种特殊类型的活动称为"集合"。

集合活动既不是一项真正的活动，也不是一种逻辑约束，它仅仅是为了指明整个网络图中一个子集的开始和结束。如果关键路径法的计算是从子网络图的开始至结束执行的，那么最长路径或"关键"路径会计算出该子网络图的总工期，该工期将作为此集合活动的计算工期予以记录和报告。

不同的软件供应商可以准确地贯彻这个概念，也就是说，通过一个真正的从开始到结束的逻辑路径，或是忽略字面上的逻辑性，仅仅通过从集合活动 j 节点的最早时间 T_E 减去 i 节点的 T_E，就得到了集合活动的持续时间。

9.17 汇总活动线条

集合活动总结了逻辑性从一个时间点到另一个时间点的部分内容。针对项目中的多项活动，还有一种总结的方法是通过活动代码形成汇总线条。集合的方法可用于将从基础工程到屋面工程的所有活动压缩为一根线条，而汇总活动线条则可以将特定的分包商所有工作予以压缩，如水管施工。当然，第一步是需要一个代码域，用以总结活动并提供可能填充该域的各种数值描述。第二步是通过代码域进行组织（图 9.17.1）。

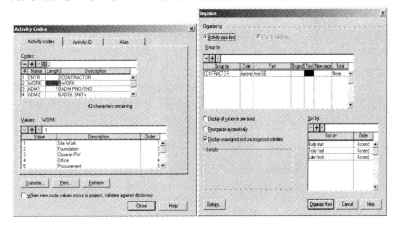

图 9.17.1 活动代码字典及对话框的组织

这里使用的实心线条涵盖该分包商执行的第一项活动到最后一项活动，为了区分工作时期和停滞时期，线条可能会变细。最后，基于一些代码域将线条用不同颜色区分开来，通过下级对话框内模式选择而实现。（见图 9.17.2，对话框显示"细线条"以及承包类型模式选择）

图 9.17.3 展示了以承包类型进行项目组织的部分细节。针对同样的信息，图 9.17.4 展示了以汇总格式表示的效果，其中采用细线条区分工作时期与非工作时期。

如果选定了颜色模式，那么汇总线条可能会变成一条，或者会分成若干项活动组分。在图 9.17.5 中，项目中的活动首先按照工作区域重新进行组织，然后通过使用汇总线条对话框用于选择单独线条，而不是图 9.17.6 的汇总线条。图 9.17.6 显示的结果表明了在某个时间某个区域工作的总人数以及所属的分包商。

当然，这些信息现在正以横道图格式呈现。问题的关键在于，通过努力记录关键路径

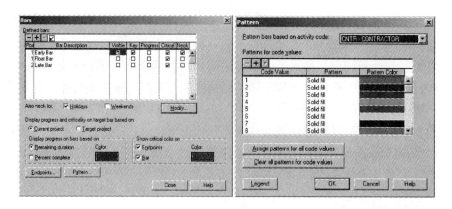

图 9.17.2　线条对话框及下级对话框的模式

Activity ID	Activity Description	Orig Dur	CNTR	WORK	Early Start	Early Finish	Late Start	Late Finish	Total Float
Excavate and backfill									
100	CLEAR SITE	3	1	1	05JUN00	07JUN00	05JUN00	07JUN00	0
2	ROUGH GRADE	2	1	1	12JUN00	13JUN00	12JUN00	13JUN00	0
402	EXCAVATE FOR SEWER	10	1	1	14JUN00	27JUN00	20JUN00	03JUN00	4
403	EXCAVATE ELECTRIC	1	1	1	14JUN00	14JUN00	03JUN00	03JUN00	13
405	EXCAVATE FOR OFFICE	3	1	2	25JUN00	27JUN00	31OCT00	02NOV00	69
15	EXCAVATE PLANT	5	1	2	08AUG00	14AUG00	08AUG00	14AUG00	0
18	BACKFILL AND COMPACT P-W	3	1	2	05SEP00	07SEP00	05SEP00	07SEP00	0
25	BACKFILL AND COPACT	1	1	2	27SEP00	27SEP00	17NOV00	17NOV00	37
415	FINE GRADE	5	1	5	20MAR01	26MAR01	20MAR01	26MAR01	0
Survey and layout									
1	SURVEY ANDLAYOUT	2	2	1	08JUN00	09JUN00	08JUN00	09JUN00	0
13	BUILDING LAYOUT	1	2	2	24JUL00	24JUN00	24JUN00	24JUN00	0
Concrete									
401	WATER TANK FOUNDATIONS	4	3	1	14JUN00	19JUN00	15JUN00	20JUN00	1
16	POUR PILE CAPS P-W	5	3	2	15AUG00	21AUG00	15AUG00	21AUG00	0
17	FORM AND POUR GRADE	9	3	2	22AUG00	01SEP00	21AUG00	01SEP00	0
406	FORM AND PLUR RAIL ROAD	5	3	2	05SEP00	11SEP00	15SEP00	21SEP00	8
407	FORM AND POUR TRUCK	5	3	2	05SEP00	11SEP00	15SEP00	21SEP00	8
23	SPREAD FOOTINGS OFFICE	4	3	2	13SEP00	18SEP00	03NOV00	08NOV00	37
24	FORM AND POUR GRADE	6	3	2	19SEP00	16SEP00	16NOV00	16NOV00	37
22	FORM AND POUR SLABS P-W	10	3	2	22SEP00	05OCT00	22SEP00	05OCT00	0
28	FORM AND POUR SLABS	3	3	2	06OCT00	10OCT00	29NOV00	10OEC00	37
Electrical									
404	OVERHEAD PLLELINE	6	4	1	14JUN00	21JUN00	07JUN00	14JUN00	16
10	INSTALL ELECTRICAL	5	4	1	15JUN00	21JUN00	05JUN00	11JUN00	13
11	INSTALL ELECTRICAL DUCT	3	4	1	06JUL00	10JUN00	12JUN00	14JUN00	4
12	PULL IN FEEDER	5	4	1	11JUL00	17JUN00	17JUN00	21JUN00	4
20	UNDERSLAB CONDUIT P-W	5	4	2	15SEP00	15SEP00	15SEP00	21SEP00	0
27	UNDERSLAB CONDUIT OFFICE	3	4	2	03OCT00	05OCT00	24NOV002	28NOV002	37
300	SET ELECTRICAL OLAD	2	4	3	28NOV00	29NOV00	28NOV00	29NOV00	0
301	INSTALL POWER PANEL	10	4	3	28NOV00	11DEC00	14DEC00	28DEC00	12
413	AREA LIGHTING	20	4	5	28NOV00	16DEC00	06MAR01	02APR01	68
38	INSTALL POWER CONDUIT P-W	20	4	3	30NOV00	28DEC00	30NOV00	28DEC00	0
419	INSTALL BACKING BOXES	4	4	4	21DEC00	27DEC00	03JAN01	08JAN01	7
65	INSTALL CONDUIT OFFICE	10	4	4	28DEC00	11JAN01	09JAN01	22JAN01	7
43	INSTALL BRANCH CONDUIT	15	4	3	29DEC00	19JAN01	29DEC00	19JAN01	0
66	PULL WIRE OFFICE	10	4	4	12JAN01	25JAN01	20FEB01	05MAR01	27

图 9.17.3　分包商组织的项目细节

Activity ID	Activity Description	Orig Dur	CNTR	WORK	Early Start	Early Finish	Late Start	Late Finish	Total Float
+Excavate and backfill		206	1		05JUN00	26MAR01	05JUN00	26MAR01	0
+Survery and layout		32	2		08JUN00	24JUL00	08JUN00	24JUL00	0
+Concrete		83	3		14JUN00	10OCT00	15JUN00	01DEC00	37
+Electrical		194	4		14JUN00	19MAR01	05JUN00	02APP01	10
+Plumbing		182	5		28JUN00	15MAR01	05JUN00	02APP01	12
+Structural/rigging		41	6	3	06OCT00	04DEC00	06OCT00	08JAN01	23
+Precast		23	7		11OCT00	10NOV00	08NOV00	15DEC00	24
+HVAC		88	8		25OCT00	28FEB01	02JAN01	20MAR01	14
+Well		17	9	1	14JUN00	07JUL00	14JUN00	07JUL00	0
+Water Tank		23	10	1	20JUN00	21JUL00	21JUN00	21JUL00	0
+Piles		10	11	2	25JUN00	07AUG00	25JUN00	07AUG00	0
+Roofing		5	13	2	13NOV00	17NOV00	20NOV00	27NOV00	5
+Masonry		17	14		28NOV00	20DEC00	15DEC00	02JAN01	7
+Fencing		10	15	5	28NOV00	11DEC00	20MAR01	02APR01	78
+Paving		10	16	5	28NOV00	11DEC00	06MAR01	10MAR01	68
+RR siding		22	17		28NOV00	28DEC00	06MAR01	27MAR01	61
+Hung ceilings		71	18		12DEC00	22MAR01	02JAN01	02APR01	7
+Drywall		36	19		19DEC00	08FEB01	09JAN01	19FEB01	7

图 9.17.4　分包商组织的项目汇总

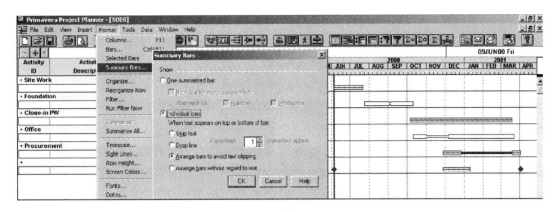

图 9.17.5 汇总线条对话框

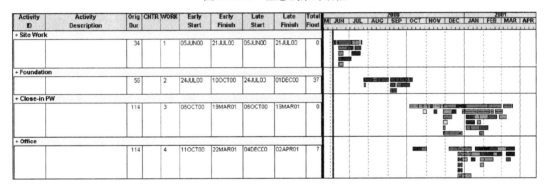

图 9.17.6 显示单独活动的汇总线条

法背后的逻辑关系允许软件产生如此复杂的横道图。并且这些网络图可以通过增加当前更新的日期数据和重新计算,实现每月、每周、甚至每天更新一次。

9.18 用户自定义的代码域

针对不同活动添加代码的能力对进度表的使用者来说通常是一种福音。这类用户自定义代码,包括责任方或项目区域代码,允许软件在准备定制报告时进行过滤并分类,将这些由某一责任方执行的活动按照项目区域进行分类。使用这些代码的一个隐藏的好处是任何一项活动只由一方负责。但在现实中会出现某些例外,比如在大体积混凝土浇筑中包括大量预埋电线管路,此时电工会充当现场检查员。那么这项活动应该怎样编码,以确保它既出现在电气方责任报告,也包含混凝土作业报告中?更为重要的是,为了更好地编码,增加的虚工作或其他操作是否会影响网络图?关键是要记住,代码结构是为了增强而不是控制网络图的编制。

9.19 为活动添加资源

同样地,给活动分配资源对计划编制人员有利。资源分配有助于澄清分配到活动的有限描述,也有助于确定所分配活动的持续时间。例如,对于两个工人花费十天完成的工作,十个工人可能只需要花费两天就能完成。一份作业人数的声明有助于通过定义计划编制人员如何选择持续时间，来验证所分配的持续时间是否正确。然而，作为该项活动工作范围和工期的一种解释，这种资源列表并不意味着完成这项活动不需要其他资源，也不意味着列表中的资源仅专门用于这项活动。

我们假设，一个包含 3 名锅炉修理工的工作队需要在同一天在两座毗邻但相互隔开的建筑物内安设 2 台水泵。这个项目中每项活动都给定最小的持续时间 1 天。每项活动都分派了 3 名锅炉修理工。然而，当天可使用劳动力总数是 3 人而不是 6 人。那么我们可否给每项活动分配 1.5 人吗？答案是可以，但除非我们是在数黄豆，而不是编制进度计划。

如果希望计算总工时或总工日，则可能给这项活动分配两种单独的数据。一种是表示活动执行所需的资源（3 名工人，一台反铲挖土机和司机等）；另一种则是表达所需资源的数量（3 名工人×每人 4 小时或者 12 个工时，反铲机工作 1 小时）。再次强调，关键是要记住资源分配是为了扩充而不是控制网络图的编制。

9.20　为活动添加成本和成本代码

活动的成本分配会对关键路径法网络图的计划利益产生更严重的风险。尽管将成本载入网络图有很多益处，但关键是要记住，成本的分配是为了扩充而不是控制网络图的编制。

然而如果将关键路径法用于会计方面，由于会计的容错率要求（需要毫厘不差），那么关键路径法作为计划工具的有效性将会受到很大程度的连累。满足会计部门需求的机会同样也很少。这里使用的"容错率"一词是很直观的。对会计而言，成本的容错率很低。如果工资单是由任意系统产生的，那么它应该是准确无误的，甚至精确到奖金和税费的金额。宽松的容错率通常在估价、成本工程或生产率研究中比较普遍。出于进度控制目的涉及的容错率则更为粗略或宽松。如果允许出现这样宽松的误差，且添加的成本是用来扩充而不是控制网络图，则会对网络图使用者增益许多。

这些好处包括：（1）对活动的定义更加清晰；（2）提供一种粗略预测现金流的方法；（3）提供一种比对网络图有效性与投标估价的方法。如前所述，一项活动涉及的资源大都是近似的。以平均工资、租金成本、购买价格推算出这些资源（劳动力、设备和材料）后，将得到近似的成本值。

这种近似值对于付款是可以接受的，因为（1）即便是最注重细节的项目工程师也只会将混凝土的计量和支付精确到最接近的立方码；（2）即使某一项活动费用高估了数百美元，但项目的总花费也会准确至分。

出于支付目的使用载入成本信息的关键路径法对于进度计划的编制也会产生另一种严重影响。任何一项活动都有隐含的定义，其涵盖了包括从紧前活动完成至紧后活动开始之间的范围。因此在现实当中，任何一项命名的活动在其紧前活动完成且真正定义的活动开始之前，都可能出现其中部分工作完成而且进行支付的情况；同样，尽管其紧后活动可能已经开始，且真正定义的活动视为按照进度计划已经完成，也会出现某项命名的活动依旧剩余部分工作尚未完成的情况。例如，考虑到施工的先后顺序为：楼板支模—绑扎钢筋—浇筑混凝土，墙体施工，上层楼板施工。其中很有可能出现一次性同时运送上述三项活动的钢筋，因此，根据施工合同条款，应支付三者的材料款。此时混凝土墙上也可能存在表观缺陷，尽管它能够支撑上层楼板。

第一种情况下，在浇筑本层楼板混凝土之前就指明墙体和上层楼板钢筋工程实际开始或完成计划进度的百分比是不恰当的。在第二种情况下，不能提供墙体工程实际的完成日期或允许的完成百分比差值，也是不合适的。许多软件系统提供了一种方法，要么将完成比例从计划进度进程中分开，要么为每项活动报告两种完成百分比，一种是进度完成百分比，另一种是成本完成百分比。Primavera 提供了上述这两种方法以及每个项目配置的转换方式（图 9.20.1）。

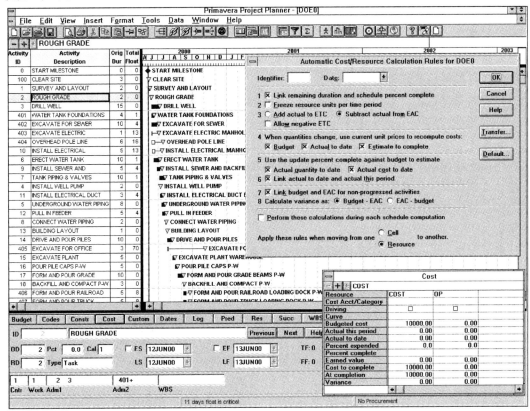

图 9.20.1　选择将进度完成百分比与成本值相关联的配置界面

为活动分配成本的另一个问题是，任何一项活动都可能伴随着大量不同且相互关联的费用。首先就是预算成本，接着是实际成本，然后是挣值（包括未分配的管理费用和利润）。如果工程变更通知单上改变了一项活动，那么这三个"成本"将被复制。如果多张工程变更通知单上都影响这项活动，那么就会要求多次复制，软件产品可以追踪一个或多个这些变更的领域以及与其相关的附属领域。例如，在 Primavera 产品中，用户可能报告一项活动完成了计划值的一半，却花费了预算值的 90%，但实际只挣得了其指定值的 30%。

9.21　资源驱动进度计划

在所讨论的各种可以选择的调度算法中，目前为止，已经使用了一种模型，需要计划编制者确定出每项活动的原始工期。将一个大项目分解成若干可定义的小任务，估计这些小任务的持续时间就会变得容易些。在大多数情况下，计划编制者或项目经理可以依据合理的精确度估算出这些任务的工期。影响估计工期的因素包括但不限于对任务工时的估计，对资源的利用率，对工作人员的不同规模以及一天中不同的工作时长的理解等，这些都取决于工作的进展情况。

然而，有时对于持续时间的估计可能难易不同。由于绩效严格基于关键资源（人力、计算机响应时间等）的使用，因此其估计相对容易一些；由于关键资源的可用性要根据各自的日历，而不是项目的共同日历实现，因此其时间估计就较为困难。如今确定一项活动的预计工期成为一种纯机械性任务，计算机完全可以胜任，计划编制者只需要输入估计的工时总量（或其他资源使用的单位）、工人的数量（或其他资源的单位）和满足资源可用性的日历，便能用软件确定出该项活动的工期。

再者，虽然看似简单，但是如果同样的信息都给予了项目经理们，将可能会出现多种估计任务工期的结果。一种分歧情况发生在资源使用上。一些项目经理可能在估计工期时这样认为：尽管名义上有 10 名砖瓦工将会从事砌墙作业，在开始的前两天只会有 2 名工人在墙角开始砌筑；而在这项工作最后，只有 2 名工人完成女儿墙的施工。此外在一项大型墙体支模活动中，尽管工人的数量保持不变，但前两天的生产率会偏低，正如学习曲线的趋势一样。注意到在这两种情况下，考虑的细节越多，估计工期就会变得越容易，但会使报告和更新则变得更加困难。

软件解决方案也可能导致不同的结果。其中一种软件产品会假设资源呈线性分配，而另一种软件则会假设或允许非线性分配，如钟形曲线或三角形曲线。

如果分配得到不止一种资源，那么使用哪一种来确定一项活动的工期呢？有些（通常为有限的）资源被设定为活动进度计划的驱动资源，其他被动的资源称为需求资源。如果两种或更多资源被指定为驱动资源，只有当二者同时存在或资源的不同部分能够独立于其他的资源需要而继续进行时，这项活动才可能会限制生产。注意到，后一种情况可通过具有相同紧前和紧后活动的两项或多项活动予以表达。

P3 和最新的 P3e/c 软件均支持那些当满足某一种资源可用时其计算工期逐渐递增，直至所有工作都完成的活动类型。只有 P3 软件支持（P3e/c 软件不支持）那些当两种或更多资源均可用时其计算工期才会逐渐递增，直至所有工作都完成的活动类型。然而，由于这种活动类型很少使用，并且可以通过一种变通方法获得相同的计算结果（创建一个特殊的"活动日历"，该日历仅限于两种资源都可用时的日期），所以这不应被视为一个重要的问题。

最后，如果可用于该项目的某些资源数量有限，且分布于若干项活动之中，那么，首先应该用于哪项活动呢？这个问题与资源均衡有关。

9.22 主进度计划的局部与全系统更新

管理两个或多个相关联的项目时会形成一套新的有关计划调度进程的需求。然而我们仍然需要深刻牢记，关键路径法的基本目的是为了项目顺利开展而实施的进度计划安排，而不是向高层管理人员，造价部门，区域资源董事或第三方做报告。在关键路径法中额外的受益都是受欢迎的，当然在获益的同时要保证关键路径法在项目中的作用不会削弱。

一种主进度计划的实施方式涉及指定若干个独立的控制项目作为一部分"组"。或许这个组分享着共同的资源，如重型机械设备或关键人员；或共享一种共同的程序，如出现在机场工地的多个工程；或计算机程序的模块；或一个共同的主管人员。取消掉项目经理管理单项工程的权利并要求所有的项目经理采取相同的规范和程序，关键路径法可能给那些不直接负责项目实施的项目经理带来一些益处。对于已经深入掌握关键路径法的项目经理来说，也可能会有额外的好处，这是因为其他项目的信息用到了这个程序上。

这些潜在的好处是什么？在大型建筑公司，负责重型设备的部门经理不仅能看到各种项目的短期需求，还能看到中长期需求。设备的分配是出于战略上的考虑而不是由谁先提出需求来决定的。问题的关键在于，为了保持进度，单项工程的经理是否有权利将设备出租至公司之外。

潜在的成本是什么？很明显，计划安排的进程必须制度化，使得每一项需要重型设备的活动都进行编码，并且全公司范围内的通用编码都用在了这样的设备上。如果使用像Primavera P3这样的软件，编码的顺序必须是一致的，比如项目中的一组卷帘窗使用的是1、2、3等编码字段，而不是编码的字段名称。在任何情况下，很可能会要求所有的项目经理都使用相同的软件系统。倘若负责重型设备的部门经理想要获取眼下有用的可靠信息，那么如果项目1在星期一更新，项目2在星期五更新，项目3在每月的第一个星期一更新，项目4在每月的1号和15号更新，这会有什么影响吗？然而，更新的时间更多取决于业主的具体要求，或公司内部的计划编制者能否在同一天完成如此多的更新，而不是取决于重型设备部门的经理的需要。

最后，如果项目经理安排在周一的上午召开工长们的周例会，并且公司定于周一下午制定更新计划（周三便可得到更新结果），那么这个管理团队可能会基于可靠的、老式的手绘方式来安排进度计划，那么关键路径法取得的全部成果则由得力的工具转变成了额外的负担。

主进度计划的另一个问题是如何确定出项目合适的层次。机场管理局的规划经理想要知道在现场有多少台大型的起重机，并告知所有的承包商使用编码字段5中的一种特定的代码表示起重机。这可能与建筑公司的主进度计划系统相冲突，那该怎么做呢？是采用一种不包含一个或多个主要项目的企业水平的程序，还是将机场项目的关键路径法程序复制，然后分别依据公司和机场管理局各自的主进度计划进行编码？

归纳的其他问题可能源自一个项目到另一个项目的量度系统的差异。将工作量生产率在全公司的会计报告中汇报，一切都非常好，但是如果一些项目使用公制单位或其他项目采用英制单位的话，那么特定的编码字段是不会工作的。

9.23 活动类型

在1956年，针对关键路径法中的早期活动通常被描述为在两个时间点之间的工作。但这种简单的定义现在不再那么直接。针对从第一个时间点之前直至最后一个时间点之后许多简单活动的衔接问题，先前已将其描述为集合的概念。如上所述，一项集合"活动"没有赋予时间值，而是通过上述提到的两个时间点之间的差值予以计算。在Primavera为

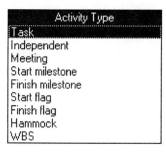

图 9.23.1 活动类型

DOS 操作系统设计的软件产品中，方法是将这样一项活动设定在约束界面上，并显示例如"集合约束"的列表。或许更为精确的方法是 Primavera 在为 Windows 系统设计的软件中，针对每一项活动创建了一种新的输入属性，即活动类型，并通过编码指定这些整合的活动，例如集合类型活动（图 9.23.1～图 9.23.3）。

Primavera 不检查指定集合活动逻辑的有效性，只是计算该活动最早的紧前活动的开始值和其最迟的紧后活动的完成值的差值，即 EF－ES＝工期（D）。这要求每个计划编制者去验证实际逻辑是否是从开始运行到结束。Primavera 也支持另一种设定为 WBS 活动的集合类型。在这里，指定的 WBS 代码可以从第一项活动到最后一项活动自动确定逻辑。在项目的进程中，随着计划的改变，逻辑也相应地做出改变。

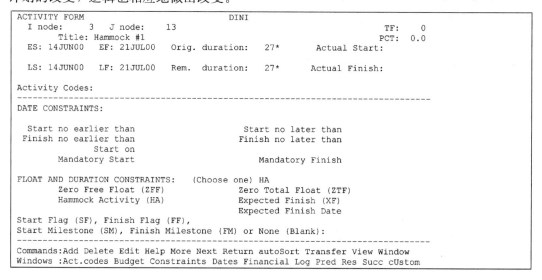

图 9.23.2 P3 针对 DOS 作为一种约束类型的指定集合

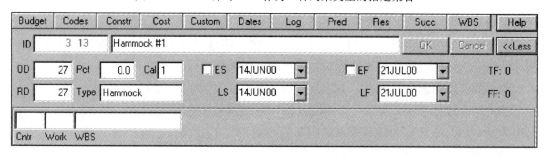

图 9.23.3 P3 针对 Windows 作为一种约束类型的指定集合

Primavera 也增加了其他的一些关于如何对待一项活动的选项。传统的活动被指定为一项任务工作，由一个或多个离散的任务组成。在尝试模拟零工期事件时（箭线图法中的节点），Primavera 需要一个零工期的活动（箭线图法中的节点）作为里程碑事件。因为即使是零工期活动也有开始时间和结束时间，因此区分模拟事件是在零工期活动开始之前还是结束之后变得非常重要，接着将其指定为开始里程碑或完成里程碑。因为 Primavera 总是支持前导图法，甚至箭线图法的里程碑处理也是用这种方式，而不是采取比较传统的指定一个事件作为活动 12—12 的方法（j 节点与 i 节点相等）。

另一种活动类型是旗帜。这种特殊的活动类型可能放置在一项或多项活动之后，如果设定了开始旗帜，那么将计算紧前活动的最早开始时间的最早值，如果设定了完成旗帜，则将计算紧前活动的最早完成时间的最晚值。

当工期是由资源日历驱动而不是由活动日历驱动时，Primavera P3 软件也支持两种活动类型。第一种是独立型活动，如果这项活动只受一种资源驱动时，它的进程要根据驱动资源的资源日历来确定。如果这项活动受到两种或更多资源驱动时，无论何时，只要获得其中任意一种资源，活动便可开展。

第二种资源活动类型是满足型活动，顾名思义，在该项活动的发展进程中，要求所有的驱动资源均可用。如果一项满足型活动需要史蒂夫和玛丽（作为驱动资源）同时参与，但史蒂夫只在每月的前二周有时间，而玛丽只是在周三和周五有时间，那么这项活动每月只有 4 天时间能够开展工作。

P3e/c 软件不再支持满足型活动。笔者建议针对 Primavera 采取一种变通方案：将这样的活动作为分配至"史蒂夫和玛丽"日历上的任务活动进行编码。这种解决方案唯一的规定是"史蒂夫和玛丽"日历必须手动调整而不是自动地跟随在他们各自安排假期和其他约会的日历之后。

9.24 层级编码

专业的计划编制人员知悉正是进度计划本身以及计划编制过程，通过使用关键路径法带来了最显著的回报。关键路径法另外一个重要的方面体现在报告进程及其对剩余计划的影响。

出于测定以往表现的目的而报告进程是关键路径法到目前为止的第三个重要方面。然而，一旦可以测定工作进程，无论是良好的计划，低劣的计划，或没有计划，高层管理的一些成员都希望依据层级汇总的测定结果来协助项目团队，使他们有更好的表现，并且使项目可以及时完成。

计划编制者的工作在于理解这些层级的形式，并以一种不与关键路径法的基本目的相冲突的方式而分级实施。相关主题的文献，来自于诸如美国项目管理协会，国际工程造价协会，美国土木工程协会等，它们均以这些层级结构处理报告。Primavera 的 P3e/c 手册"从 P3 到 P3e/c"讨论了三种层级结构，包括 EPS（企业项目结构），WBS（工作分解结构）和 OBS（组织分解结构）。虽然 Primavera，微软和其他软件供应商所使用的以及出现在各种学术文章中的定义各不相同，但针对这三种结构一般的定义如下：

- EPS，企业项目结构："EPS 是一种能够反映企业内所有项目分解的层级结构。"这可能包括"项目的阶段或其他主要的分组……项目总是代表着最低级别的层级。"较高级别的层级结构可能由项目经理、客户、办公室、财政年度的组群或其他汇总的级别所构成。注意到，所选择予以汇总的组群完全是主观的。而汇总内容的构成，是由每个项目的所有客户，还是由服务于所有客户的项目经理所确定，这由副总裁级别以上人员的决定。

- WBS，工作分解结构："WBS 是项目中产生的产品和服务的层级结构安排。"在建筑业之外的其他行业，层级存在于由模型或其他实体提供的组件制造产品的生产中，这些组件也可能是由其他人提供的子部件组成。但是在组件安装的每一级别上，个体之间几乎没有相互作用。

- 在建筑业中，虽然许多工作具有模块化的性质，但是由不同个体组成的完整团队更有可能在整个项目实施的进程中迂回前进，从而使得层级结构的设计更具学术性。因此在建筑行业，WBS 往往和评估部门或会计部门的汇总格式联系在一起。例如：
  - 位置：例如结构物 1，2；楼层 1，2；象限东北，西南
  - 系统：例如饮用水和公用水
  - 价格指数部门（材料）：例如钢筋，混凝土，管道，导管
  - 工作类型：例如支模板，绑钢筋，浇筑混凝土，养护，拆模

然而，决定从结构至系统或是从系统至结构进行汇总完全是主观的。更重要的是，跨越 WBS 的分解可能会引起问题。因此大型基础施工可能涉及多种工作，如支模，绑筋，浇筑混凝土，而小型基础可能只需要一项为期 1 天的工作。高级管理层则经常要求将此项工作一分为三（为了匹配三种 WBS 编码）。通过现场报告反对运用三种"会计"编码而不是一项活动的方法达到的预期并不完整。现场管理人员用 3 周时间复制相同"活动"代码的尝试终将放弃，而转向寻求更简单的现场进度安排的工具。

- OBS，组织分解结构："OBS 是公司里项目负责人的大纲。"无论这种层级是否按照个人（约翰、玛丽和史蒂夫）或职位（主管、工长和工人）命名，采用这种层级结构在人员职责固定的组织中都更为实用。OBS 同样也假定一种简单的报告与授权的层级结构，但在矩阵制模式的组织结构中难以实施。

- 在建筑业之外的领域，这样的代码对于两种或更多的独立产品或服务需要指定的个人（或资源）通常是有用的，这些产品或服务可能出现在 WBS 结构树的不同分支上。当工作产品需要多道审查和批准时，WBS 则极为有用。在建筑业，即使当项目规模大到需要一个区域负责人时，项目经理之下也几乎很少有充分的组织分解结构来保证独立代码。

层级结构编码的技巧，和其他编码一样，就是将其数值增至关键路径法计划报告系统中，且不得将其从逻辑网络图中的基本要素（选择活动和逻辑关系）中转移。

9.25　小结

正如我们看到的那样，尽管基本的关键路径法将逻辑性赋予了进度计划编制流程，而且较简单的横道图有了大幅的改进，但现实中任何关键路径法模型中都存在其固有的局限性。好处在于，这种方法在保留基本概念的同时，具有足够的灵活性使得在各个方面予以强化。这个基本概念就是每项活动必须等到其紧前活动完成后才能开始，而且必须待该活动结束之后其紧后活动方可进行。每一处强化都给关键路径法的使用者带来额外的效用，但却需要编制者和审查者处理模棱两可的非标准术语和算法，并证实这样的强化并未有意或无意混淆了模型的真实性。

第 10 章

前导图法与前导法网络图

20世纪60年代初期，作为前导图法较早支持者之一的斯坦福大学教授约翰·范德尔，是一位使用非计算方法解决关键路径法和绩效评审技术网络图的专家。他将前导图法称为圆圈与箭线连接技术。

前导法网络图的形式最初称为"节点上的活动"，活动描述展现在方框或椭圆内，用连线反映活动之间的展开顺序。在一些情况下并不使用箭头，但这样会使网络图更加容易产生歧义。

图10.0.1展示的是采用前导图形式表达的约翰·多伊网络图，其中包含17项活动，这与常规的以活动为导向的关键路径法网络图活动数量相同。前导法网络图的优势之一就是形式简单。当需要将活动细分以展示阶段性进展时，前导法网络图会使符号的数量减

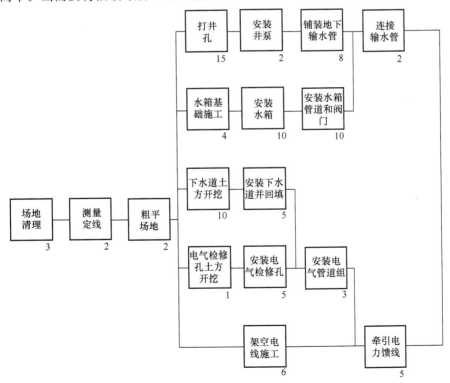

图 10.0.1 采用前导图形式的约翰·多伊网络图

少，在某些情况下甚至会减少 50％以上。因此，由于具有简洁的外观，所以对于经常使用者而言，前导法网络图可以直截了当的解释说明。但是对于那些习惯于使用关键路径法的人来讲，这种解释说明的能力则不易获得。

10.1　前导逻辑

前导法网络图简单明了的原因之一在于它既可以从活动的开始也可以从结束位置将各项活动进行连接，这就使得无须分解活动即可表达"开始至结束"逻辑关系。在图 10.0.1 中展示的前导法形式表达的约翰·多伊网络图只包含一种连接类型：结束至开始。图 10.1.1 阐释了三种基本的前导法关系：开始至开始、结束至结束和结束至开始。虽然在形式上前导图法要比传统的关键路径法网络图更简单，但在识读和理解前导法网络图时需要更为深入的思考。

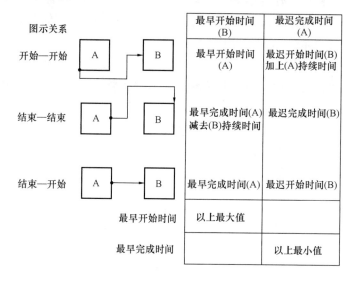

图 10.1.1　典型的前导顺序关系

前导法图表的另一个特征是使用了超前和滞后因素。在关键路径法中引入了在逻辑上使得一项特定的活动或活动群发生延迟的超前活动（图 10.1.2）。在关键路径法的计算中，通过给超前活动分配持续时间而施加延迟因素（在很多关键路径法计算机程序中，可以通过锁定一个事件"不早于"出现的日期来达到这种效果）。同样，在一项活动开始或完成时，一项大型活动可能用来引导另一个活动在它之后完成（图 10.1.3）。

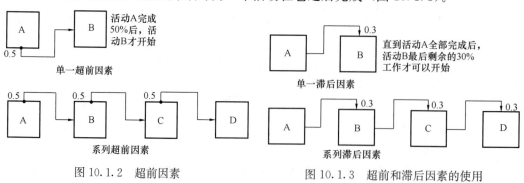

图 10.1.2　超前因素　　　　　　　图 10.1.3　超前和滞后因素的使用

在前导图法工作包中分配的超前/滞后因素能够取代关键路径法中所需要的多项活动，以反映"开始－完成"或"开始－继续－完成"关系；也就是说，这些因素创建了一个临时事件或事件群，而其他的活动可以以此作为开始或结束（图10.1.4或图10.1.5）。

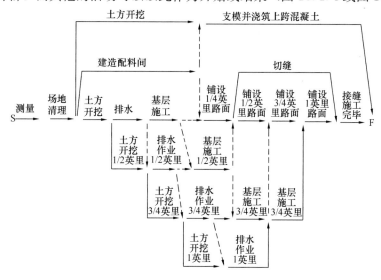

图 10.1.4　箭线图法表示的 1 英里高速公路施工网络图

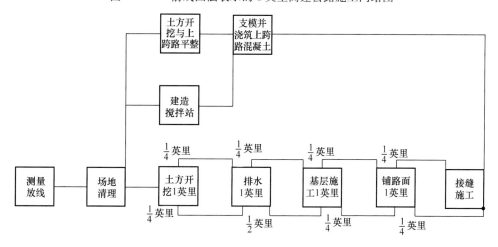

图 10.1.5　前导图法表示的 1 英里高速公路施工网络图

其结果便是形成一种明显比普通关键路径法更为简单的网络图，因为它需要更少的"工作包"来描述相同的情况。尽管描述看起来很简单，但前导图法的用户们在理解其逻辑关系时，会感到更困难。或许，关键路径法网络图的最大优点在于能够对一项计划的逻辑顺序进行记录并联系这些逻辑顺序，而前导图法在联系逻辑顺序方面则相对不足。

具备前导图法基础的经验丰富的计划编制人员声称，他们可以借助电脑处理的前导图法更为轻松地调整和改变进度计划。同时，超前和滞后因素使得手工计算前导图法变得不现实。此外，前导图法的时间标度要比关键路径法的困难得多。因为时间标度本身就是一种计算，其困难包括两方面：（1）手工计算前导图法是不切实际的；（2）前导图法混淆了作为一种信息交流方式的网络图的使用。

这是一项非常重大的损失。从使用网络图法的最早时期来看，显然输出结果之间的联系对于网络图所生成进度计划的有效实施是至关重要的。如果项目经理不能够或不情愿理解输出的结果，那么网络图计划本身是没有意义的。早期的关键路径法程序备受推崇，计算结果往往是输出大量的文本。从那时起，结果之间联系的敏感性成为确保有效利用关键路径法结果的重要部分。

前导图法表面简单却内部复杂，由此产生的结果是前导图法计划编制者成了项目专家却不是项目团队的参与者。

10.2　工作包的计算

理论上讲，工作包的时间计算非常类似于关键路径法中事件的计算。第一阶段内容是确定工作项目和持续时间表。根据图 10.1.1 中显示的典型关系构建了一张关系图表。尽管可以随后插入具体开始日期，第一项工作的最早开始时间还是设为 0。其他各项工作的最早开始时间，等于接入该项工作开始的所有路径的最大值，其值由以下方法计算：

1. 开始至开始关系：紧前工作的最早开始时间等于该项工作的最早开始时间。

2. 结束至开始关系：紧前工作的最早完成时间等于该项工作的最早开始时间。

3. 结束至结束关系：紧前工作的最早完成时间减去该项工作的持续时间，等于该项工作的最早开始时间。

接入一项工作开始的最长路径决定了该项工作的最早开始时间，而其最早完成时间等于最早开始时间加上自身的持续时间。根据定义，最后一项工作的最迟完成时间设定为等于其最早完成时间，也构成了关键路径。其他各项工作的最迟完成时间可以由终点事件的结束时间倒推得到。其他各项工作的最迟完成时间等于接入该项工作结束的最短路径，计算方法如下：

1. 结束至开始关系：最迟完成时间等于紧后工作项目中的最迟开始时间的最晚值。

2. 结束至结束关系：该项工作的最迟完成时间等于其紧后工作的最迟完成时间。

3. 开始至开始关系：该项工作的最迟完成时间等于紧后工作的最迟开始时间加上该项工作本身的持续时间。

最迟开始时间等于最迟完成时间减去工作持续时间，而时差可以使用关键路径法中的相同公式计算得到。同样，可以遵照标准法则确定出关键路径。如上所述，如果不是太离谱的话，引入超前和滞后因素尽管增加了手工计算的困难，但很容易被计算机处理。

10.3　计算机运算

20 世纪 80 年代和 20 世纪 90 年代的初期属于计算机程序的黄金时代，利用它们既可以处理前导图法，也可以处理箭线图法。具有讽刺意义的是，最初的程序通过内部转换，先将前导图法转换成箭线图法格式，然后利用箭线图法进行计算，最后再重新转换成前导图法格式。

在前导图法输入图表时遇到的一种问题是缺乏事件编号。如果所有的活动关系都是"结束至开始"，那么工作包的编号可以近似的用 i—j 表示。然而，"开始至开始"关系，

"开始至结束"以及"结束至结束"等关系的引入使问题变得尤为复杂，这需要对紧前工作和紧后工作进行繁琐的编目。

图 10.3.1 展示了某一简化的箭线图法打印输出结果。图 10.3.2 展示了关于约翰·多伊工程的前导图法的打印输出结果。这与删除掉约束的关键路径法的输出结果非常类似（事实上，关键路径法的输出结果可以是任何活动，包括用来简化输出的各种约束）。虽然表面上看输出结果很简单，但它不能以这种形式用在网络图中跟踪路径。

```
-----------------------------------------------------------------------------------------------------------------
O'BRIEN KREITZBERG & ASSOC., INC.        PRIMAVERA PROJECT PLANNER              JOHN DOE PROJECT ADM VERSION

REPORT DATE                              CPM IN CONSTRUCTION MANAGEMENT - 5TH EDITION    START DATE  5JUN00  FIN DATE  3APR01

i-j SORT LISTING                         DOE0 AS-PLAN  05JUN00                   DATA DATE  5JUN00  PAGE NO.    1


-----  -----  -----  -----  ----  ------  ---------------------------------------  --------  --------  --------  --------  -----
              ORIG  REM                                                            EARLY     EARLY     LATE      LATE      TOTAL
PRED  SUCC   DUR   DUR    %   CODE        ACTIVITY DESCRIPTION                     START     FINISH    START     FINISH    FLOAT
-----  -----  -----  -----  ----  ------  ---------------------------------------  --------  --------  --------  --------  -----
   0     1     3     3     0   1 1  CLEAR SITE                                      5JUN00    7JUN00    5JUN00    7JUN00      0
   0   210    10    10     0        SUBMIT FOUNDATION REBAR                         5JUN00   16JUN00    3JUL00   17JUL00     20
   0   212    20    20     0        SUBMIT STRUCTURAL STEEL                         5JUN00   30JUN00   28JUL00   24AUG00     38
   0   214    20    20     0        SUBMIT CRANE                                    5JUN00   30JUN00    7JUL00    3AUG00     23
   0   216    20    20     0        SUBMIT BAR JOISTS                               5JUN00   30JUN00   11AUG00    8SEP00     48
   0   218    20    20     0        SUBMIT SIDING                                   5JUN00   30JUN00    7AUG00    1SEP00     44
   0   220    20    20     0        SUBMIT PLANT ELECTRICAL LOAD CENTER             5JUN00   30JUN00    9JUN00    7JUL00      4
   0   222    20    20     0        SUBMIT POWER PANELS - PLANT                     5JUN00   30JUN00   19JUL00   15AUG00     31
   0   224    20    20     0        SUBMIT EXTERIOR DOORS                           5JUN00   30JUN00   27JUL00   23AUG00     37
   0   225    30    30     0        SUBMIT PLANT ELECTRICAL FIXTURES                5JUN00   17JUL00   27SEP00    7SEP00     37
   0   227    20    20     0        SUBMIT PLANT HEATING AND VENTILATING FANS       5JUN00   30JUN00    3AUG00   30AUG00     42
   0   229    20    20     0        SUBMIT BOILER                                   5JUN00   30JUN00   22SEP00   19OCT00     77
   0   231    20    20     0        SUBMIT OIL TANK                                 5JUN00   30JUN00   14NOV00   12DEC00    114
   0   233    40    40     0        SUBMIT PRECAST                                  5JUN00   31JUL00   11AUG00    6OCT00     48
   0   235    30    30     0        SUBMIT PACKAGED A/C                             5JUN00   17JUL00   15JUN00   27JUL00      8
   1     2     2     2     0   1 2  SURVEY AND LAYOUT                               8JUN00    9JUN00    8JUN00    9JUN00      0
   2     3     2     2     0   1 1  ROUGH GRADE                                    12JUN00   13JUN00   12JUN00   13JUN00      0
   3     4    15    15     0   1 9  DRILL WELL                                     14JUN00    5JUL00   14JUN00    5JUL00      0
   3     6     4     4     0   1 3  WATER TANK FOUNDATIONS                         14JUN00   19JUN00   15JUN00   20JUN00      1
   3     9    10    10     0   1 1  EXCAVATE FOR SEWER                             14JUN00   27JUN00   20JUL00    3JUL00      4
   3    10     1     1     0   1 1  EXCAVATE ELECTRIC MANHOLES                     14JUN00   14JUN00    3JUL00    3JUL00     13
   3    12     6     6     0   1 4  OVERHEAD POLE LINE                             14JUN00   21JUN00    7JUL00   14JUL00     16
   4     5     2     2     0   1 9  INSTALL WELL PUMP                               6JUL00    7JUL00    6JUL00    7JUL00      0
   5     8     8     8     0   1 5  UNDERGROUND WATER PIPING                       10JUL00   19JUL00   10JUL00   19JUL00      0
   6     7    10    10     0  110   ERECT WATER TANK                               20JUN00    3JUL00   21JUN00    5JUL00      1
   7     8    10    10     0  110   TANK PIPING & VALVES                            5JUL00   18JUL00    6JUL00   19JUL00      1
   8    13     2     2     0  110   CONNECT WATER PIPING                           20JUL00   21JUL00   20JUL00   21JUL00      0
   9    11     5     5     0   1 5  INSTALL SEWER AND BACKFILL                     28JUN00    5JUL00    5JUL00   11JUL00      4
  10    11     5     5     0   1 4  INSTALL ELECTRICAL MANHOLES                    15JUN00   21JUN00    5JUL00   11JUL00     13
  11    12     3     3     0   1 4  INSTALL ELECTRICAL DUCT BANK                    6JUL00   10JUL00   12JUL00   14JUL00      4
  12    13     5     5     0   1 4  PULL IN FEEDER                                 11JUL00   17JUL00   17JUL00   21JUL00      4
  13    14     1     1     0   2 2  BUILDING LAYOUT                                24JUL00   24JUL00   24JUL00   24JUL00      0
  14    15    10    10     0  211   DRIVE AND POUR PILES                           25JUL00    7AUG00   25JUL00    7AUG00      0
  14    23     3     3     0   2 1  EXCAVATE FOR OFFICE BUILDING                   25JUL00   27JUL00    1NOV00    3NOV00     70
  15    16     5     5     0   2 1  EXCAVATE PLANT WAREHOUSE                        8AUG00   14AUG00    8AUG00   14AUG00      0
  16    17     5     5     0   2 3  POUR PILE CAPS P-W                             15AUG00   21AUG00   15AUG00   21AUG00      0
  17    18    10    10     0   2 3  FORM AND POUR GRADE BEAMS P-W                  22AUG00    5SEP00   22AUG00    5SEP00      0
  18    19     3     3     0   2 1  BACKFILL AND COMPACT P-W                        6SEP00    8SEP00    6SEP00    8SEP00      0
  18    21     5     5     0   2 3  FORM AND POUR RAILROAD LOADING DOCK P-W         6SEP00   12SEP00   18SEP00   22SEP00      8
  18    22     5     5     0   2 3  FORM AND POUR TRUCK LOADING DOCK P-W            6SEP00   12SEP00   18SEP00   22SEP00      8
  19    20     5     5     0   2 5  UNDERSLAB PLUMBING P-W                         11SEP00   15SEP00   11SEP00   15SEP00      0
  20    22     5     5     0   2 4  UNDERSLAB CONDUIT P-W                          18SEP00   22SEP00   18SEP00   22SEP00      0
  21    22     0     0     0        --                                            13SEP00   12SEP00   25SEP00   22SEP00      8
  22    29    10    10     0   2 3  FORM AND POUR SLABS P-W                        25SEP00    6OCT00   25SEP00    6OCT00      0
  23    24     4     4     0   2 3  SPREAD FOOTINGS OFFICE                         13SEP00   18SEP00    6NOV00    9NOV00     38
  24    25     6     6     0   2 3  FORM AND POUR GRADE BEAMS OFFICE               19SEP00   26SEP00   10NOV00   17NOV00     38
  25    26     1     1     0   2 1  BACKFILL AND COMPACT OFFICE                    27SEP00   27SEP00   20NOV00   20NOV00     38
```

图 10.3.1 约翰·多伊工程最初的 i-j 基准方式

在主网络图和输出结果均采用前导图法格式的施工现场，承包方中一位习惯于关键路径法的进度编制者抱怨他不能用网络图匹配前导图法的输出结果。而采用前导图法的项目

```
---------------------------------------------------------------------------------------------------------
.  O'BRIEN KREITZBERG & ASSOC., INC.          PRIMAVERA PROJECT PLANNER            JOHN DOE PROJECT PDM VERSION

   REPORT DATE                          CPM IN CONSTRUCTION MANAGEMENT - 5TH EDITION   START DATE 5JUN00  FIN DATE 20JUL01

   Classic Schedule Report - Sort by Activity ID                                      DATA DATE  5JUN00  PAGE NO.    1
---------------------------------------------------------------------------------------------------------
```

ACTIVITY ID	ORIG DUR	REM DUR	%	CODE	ACTIVITY DESCRIPTION	EARLY START	EARLY FINISH	LATE START	LATE FINISH	TOTAL FLOAT
0	0	0	0		START MILESTONE	5JUN00			5JUN00	0
1	2	2	0	1 2	SURVEY AND LAYOUT	8JUN00	9JUN00	12JUN00	13JUN00	2
2	2	2	0	1 1	ROUGH GRADE	12JUN00	13JUN00	14JUN00	15JUN00	2
3	15	15	0	1 9	DRILL WELL	14JUN00	5JUL00	16JUN00	7JUL00	2
4	2	2	0	1 9	INSTALL WELL PUMP	6JUL00	7JUL00	10JUL00	11JUL00	2
5	8	8	0	1 5	UNDERGROUND WATER PIPING	10JUL00	19JUL00	12JUL00	21JUL00	2
6	10	10	0	110	ERECT WATER TANK	20JUN00	3JUL00	23JUN00	7JUL00	3
7	10	10	0	110	TANK PIPING & VALVES	5JUL00	18JUL00	10JUL00	21JUL00	3
8	2	2	0	110	CONNECT WATER PIPING	20JUL00	21JUL00	24JUL00	25JUL00	2
9	5	5	0	1 5	INSTALL SEWER AND BACKFILL	28JUN00	5JUL00	7JUL00	13JUL00	6
10	5	5	0	1 4	INSTALL ELECTRICAL MANHOLES	15JUN00	21JUN00	7JUL00	13JUL00	15
11	3	3	0	1 4	INSTALL ELECTRICAL DUCT BANK	6JUL00	10JUL00	14JUL00	18JUL00	6
12	5	5	0	1 4	PULL IN FEEDER	11JUL00	17JUL00	19JUL00	25JUL00	6
13	1	1	0	2 2	BUILDING LAYOUT	24JUL00	24JUL00	26JUL00	26JUL00	2
14	10	10	0	211	DRIVE AND POUR PILES	25JUL00	7AUG00	27JUL00	9AUG00	2
15	5	5	0	2 1	EXCAVATE PLANT WAREHOUSE	8AUG00	14AUG00	10AUG00	16AUG00	2
16	5	5	0	2 3	POUR PILE CAPS P-W	15AUG00	21AUG00	17AUG00	23AUG00	2
17	10	10	0	2 3	FORM AND POUR GRADE BEAMS P-W	22AUG00	5SEP00	24AUG00	7SEP00	2
18	3	3	0	2 1	BACKFILL AND COMPACT P-W	6SEP00	8SEP00	8SEP00	12SEP00	2
19	5	5	0	2 5	UNDERSLAB PLUMBING P-W	11SEP00	15SEP00	13SEP00	19SEP00	2
20	5	5	0	2 4	UNDERSLAB CONDUIT P-W	18SEP00	22SEP00	20SEP00	26SEP00	2
22	10	10	0	2 3	FORM AND POUR SLABS P-W	25SEP00	6OCT00	27SEP00	10OCT00	2
23	4	4	0	2 3	SPREAD FOOTINGS OFFICE	13SEP00	18SEP00	13SEP00	18SEP00	0
24	6	6	0	2 3	FORM AND POUR GRADE BEAMS OFFICE	19SEP00	26SEP00	19SEP00	26SEP00	0
25	1	1	0	2 1	BACKFILL AND COMPACT OFFICE	27SEP00	27SEP00	27SEP00	27SEP00	0
26	3	3	0	2 5	UNDERSLAB PLUMBING OFFICE	28SEP00	2OCT00	28SEP00	2OCT00	0
27	3	3	0	2 4	UNDERSLAB CONDUIT OFFICE	3OCT00	5OCT00	3OCT00	5OCT00	0
28	3	3	0	2 3	FORM AND POUR SLABS OFFICE	6OCT00	10OCT00	6OCT00	10OCT00	0
29	10	10	0	3 6	ERECT STRUCTURAL STEEL P-W	11OCT00	24OCT00	11OCT00	24OCT00	0
30	5	5	0	3 6	PLUMB AND BOLT STEEL P-W	25OCT00	31OCT00	25OCT00	31OCT00	0
31	5	5	0	3 6	ERECT CRANEWAY AND CRANE P-W	1NOV00	7NOV00	1NOV00	7NOV00	0
33	3	3	0	3 6	ERECT BAR JOISTS P-W	8NOV00	10NOV00	8NOV00	10NOV00	0
34	3	3	0	3 7	ERECT ROOF PLANKS P-W	13NOV00	15NOV00	13NOV00	15NOV00	0
35	10	10	0	312	ERECT SIDING P-W	16NOV00	30NOV00	16NOV00	30NOV00	0

图 10.3.2 约翰·多伊工程前导图法输出结果

经理则反驳道:"你们当然不能,只有我可以做到"。这位项目经理真正的意思是,没有提供给那位进度编制者充足的输出结果用以理解前导图法。事实上,基本的输出只是一种进度指令,而不是满足各方共同使用的进度控制工具。

图 10.3.3 展示了约翰·多伊工程采用前导图法形式的主要输出结果(包含紧前活动),它表明,当赋以可用形式时,据称简单的前导图法会变得复杂起来。

```
-------------------------------------------------------------------------------------------------
O'BRIEN KREITZBERG & ASSOC., INC.           PRIMAVERA PROJECT PLANNER              JOHN DOE PROJECT PDM VERSION

REPORT DATE  1SEP98  RUN NO.   19          CPM IN CONSTRUCTION MANAGEMENT - 5TH EDITION    START DATE  5JUN00  FIN DATE 20JUL01
              11:40
Schedule Report - Predecessors & Successors                                        DATA DATE  5JUN00  PAGE NO.   1
```

ACTIVITY ID	ORIG DUR	REM DUR	%	CODE	ACTIVITY DESCRIPTION	EARLY START	EARLY FINISH	LATE START	LATE FINISH	TOTAL FLOAT
	0	0	0	0		START MILESTONE	5JUN00		5JUN00		0
..	100*	3	3	0 SU	CLEAR SITE	5JUN00	7JUN00	7JUN00	9JUN00	2
..	110*	10	10	0 SU	SUBMIT FOUNDATION REBAR	5JUN00	16JUN00	6JUL00	19JUL00	22
..	112*	20	20	0 SU	SUBMIT STRUCTURAL STEEL	5JUN00	30JUN00	5JUN00	30JUN00	0
..	114*	20	20	0 SU	SUBMIT CRANE	5JUN00	30JUN00	11JUL00	7AUG00	25
..	116*	20	20	0 SU	SUBMIT BAR JOISTS	5JUN00	30JUN00	15AUG00	12SEP00	50
..	118*	20	20	0 SU	SUBMIT SIDING	5JUN00	30JUN00	9AUG00	6SEP00	46
..	120*	20	20	0 SU	SUBMIT PLANT ELECTRICAL LOAD CENTER	5JUN00	30JUN00	13JUN00	11JUL00	6
..	122*	20	20	0 SU	SUBMIT POWER PANELS - PLANT	5JUN00	30JUN00	21JUL00	17AUG00	33
..	124*	20	20	0 SU	SUBMIT EXTERIOR DOORS	5JUN00	30JUN00	15JUN00	13JUL00	8
..	125*	30	30	0 SU	SUBMIT PLANT ELECTRICAL FIXTURES	5JUN00	17JUL00	15JUN00	27JUL00	8
..	127*	20	20	0 SU	SUBMIT PLANT HEATING AND VENTILATING FANS	5JUN00	30JUN00	7AUG00	1SEP00	44
..	129*	20	20	0 SU	SUBMIT BOILER	5JUN00	30JUN00	26SEP00	23OCT00	79
..	131*	20	20	0 SU	SUBMIT OIL TANK	5JUN00	30JUN00	16NOV00	14DEC00	116
..	133*	40	40	0 SU	SUBMIT PRECAST	5JUN00	31JUL00	29NOV00	25JAN01	124
..	135*	30	30	0 SU	SUBMIT PACKAGED A/C	5JUN00	17JUL00	3OCT00	13NOV00	84
..	100*	3	3	0 PR	CLEAR SITE	5JUN00	7JUN00	7JUN00	9JUN00	2
	1	2	2	0 1	SURVEY AND LAYOUT	8JUN00	9JUN00	12JUN00	13JUN00	2
..	2*	2	2	0 SU	ROUGH GRADE	12JUN00	13JUN00	14JUN00	15JUN00	2
..	1*	2	2	0 PR	SURVEY AND LAYOUT	8JUN00	9JUN00	12JUN00	13JUN00	2
	2	2	2	0 1	ROUGH GRADE	12JUN00	13JUN00	14JUN00	15JUN00	2
..	3*	15	15	0 SU	DRILL WELL	14JUN00	5JUL00	16JUN00	7JUL00	2
..	401*	4	4	0 SU	WATER TANK FOUNDATIONS	14JUN00	19JUN00	19JUN00	22JUN00	3
..	402*	10	10	0 SU	EXCAVATE FOR SEWER	14JUN00	27JUN00	22JUN00	6JUL00	6
..	403*	1	1	0 SU	EXCAVATE ELECTRIC MANHOLES	14JUN00	14JUN00	6JUL00	6JUL00	15
..	404*	6	6	0 SU	OVERHEAD POLE LINE	14JUN00	21JUN00	11JUL00	18JUL00	18
..	2*	2	2	0 PR	ROUGH GRADE	12JUN00	13JUN00	14JUN00	15JUN00	2
	3	15	15	0 1	DRILL WELL	14JUN00	5JUL00	16JUN00	7JUL00	2
..	4*	2	2	0 SU	INSTALL WELL PUMP	6JUL00	7JUL00	10JUL00	11JUL00	2
..	3*	15	15	0 PR	DRILL WELL	14JUN00	5JUL00	16JUN00	7JUL00	2
	4	2	2	0 1	INSTALL WELL PUMP	6JUL00	7JUL00	10JUL00	11JUL00	2
..	5*	8	8	0 SU	UNDERGROUND WATER PIPING	10JUL00	19JUL00	12JUL00	21JUL00	2
..	4*	2	2	0 PR	INSTALL WELL PUMP	6JUL00	7JUL00	10JUL00	11JUL00	2
	5	8	8	0 1	UNDERGROUND WATER PIPING	10JUL00	19JUL00	12JUL00	21JUL00	2
..	8*	2	2	0 SU	CONNECT WATER PIPING	20JUL00	21JUL00	24JUL00	25JUL00	2
..	401*	4	4	0 PR	WATER TANK FOUNDATIONS	14JUN00	19JUN00	19JUN00	22JUN00	3
	6	10	10	0 1	ERECT WATER TANK	20JUN00	3JUL00	23JUN00	7JUL00	3
..	7*	10	10	0 SU	TANK PIPING & VALVES	5JUL00	18JUL00	10JUL00	21JUL00	3

图 10.3.3　约翰·多伊工程包含所有紧前活动的前导图法输出结果

10.4　工程实例

　　如图 10.4.1 所示项目网络图包含了 34 项工作，其工作编号通过各自功能对各项工作进行识别。例如，混凝土工作项以 300 系列分组，电气工作项以 700 系列分组。该网络图显示了各项工作之间的相互关系，也显示了与滞后时间因素有关的选项。图中包含了 4 个滞后时间选项中的 3 个。每项工作的持续时间显示在工作下方的小方框内。

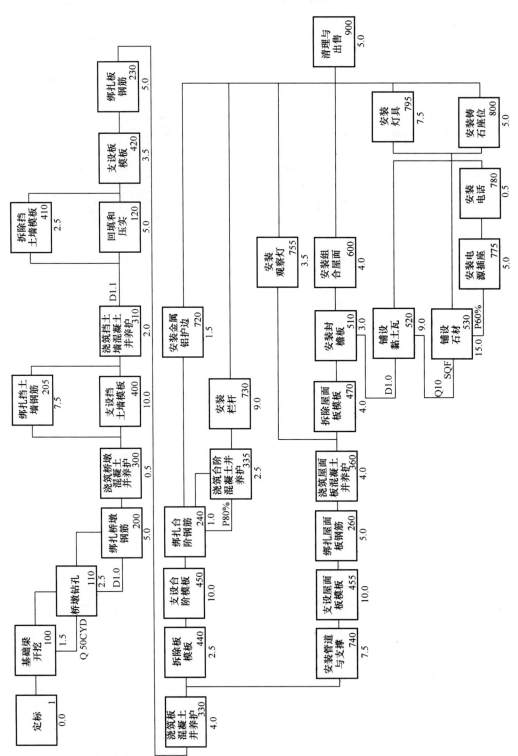

图 10.4.1　前导关系图实例

该网络图表明，在第 100 项工作土方开挖完成 50 立方码之后，才开始进行桥墩钻孔施工（第 110 项工作）。这种关系采用工作项 100 到 110 之间的连线表达，显示出第 110 项工作的一部分持续时间将会与第 100 项工作搭接。据估测第 100 项工作土方开挖的工程量为 150 立方码，这就要求，开挖工作完成 33% 之后，或按比例在进行 0.5 天之后，第 110 项工作才开始进行。工作项 100 与 110 的上部连线表明，后项工作 110 要在前项工作 100 结束至少半天后，才可以结束。

图 10.4.1 中还表明，第 200 项工作安装桥墩钢筋至少要在桥墩钻孔施工开始的 1 天之后进行，这通过连线显示的 1 天滞后时间反映出来。工作项 205 和 400 与工作项 300 及随后的工作项 310 之间的关系类似于其他图表中展示的搭接工作关系。

在工作项 310 和 410 之间，显示有 1 天的滞后时间，该滞后时间使得在拆模之前可以养护 1 天。针对这种情况，也可以令工作项 310 多增加 1 天时间，或者新添加一项名为"初始养护"的工作项 311。关键路径法网络图能够复制前导法网络图中的延迟和滞后选项，但必须要有额外的箭线或工作。

10.5 小结

绩效评审技术事实上已经从施工进度安排中消失了，而前导图法的应用则显著增长。由于容易调整的缘故，有经验的计划编制者很乐意使用前导图法。

虽然前导图法网络图和打印输出的结果形式简洁，实际上，前导图法计划中更多信息都被隐藏起来了。

第 11 章

前导图法的功能

众所周知，计算机只会按照人们的指示而非人的意愿工作。箭线图法的优势之一便是其突出的简洁性，这正是用户所期望的。该图法规则简单，要求每项活动只能在它的紧前活动完成之后方可开始，这就很容易理解。此外，尽管不同计算机软件的从业者试图为箭线图法添加特性，但该法的基本规则却难以被滥用。

相比之下，前导图法系统则功能强大得多。该法引用最多的一个优点是它的超前和滞后因素。但是关于什么是超前和滞后因素并没有公认的定义，导致各种计算机软件供应商使用各自定义，甚至没有意识到这一问题。

11.1 活动间的持续时间：超前与滞后的百分比关系

举例说明一下最简单的超前与滞后关系：活动 B 将在活动 A 完成 50% 后开始。这通常就是项目经理或主管的原话。然而，当下流行的各种计算机软件工具不能理解上述这种关系的意思。说活动 B 在活动 A（为期 10 天）进行 5 天之后才开始，并不等于说，活动 B 是在活动 A 计算工期（预期）结束前 5 天开始，也不等于说活动 B 是在活动 A 执行 5 天后开始的。上述所有这些表述都与那位项目经理声明的百分比概念不一样。正如本书第 9 章（9.3）所述，完成百分比的定义同样也有点模糊。

假设活动 A 和 B 的初始持续时间均为 10 天，在商业计算机软件系统中输入该信息，需要声明 A 和 B 是由一种带有滞后 5 天的开始至开始关系所连接，如图 11.1.1 所示。计算机将接受这样的信息并进行相应计算，但这是不正确的。

刚才所说并非活动 B 在活动 A 完成 50% 之后开始（或已经完成了 5 天的进度），而是活动 B 在活动 A 已经开始了 5 天之后才开始（或已经进行了 5 天）。这种误解往往会有几种意外结果。

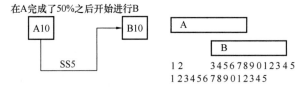

图 11.1.1　前导图法的含糊语言

如果活动 A 实际进度优于预期将会怎样？如果在第 4 天报告说活动 A 已经完成了50%（5 天的进度和 5 天剩余时间），我们便需要调整活动 A 所有紧后活动的开始和完成日期。实际上，这些信息只影响着那些紧随 A 完成后的活动。虽然我们认为已经告诉计算机活动 B 在 A 完成 50% 后开始，现在是第 5 天，而计算机会盲目地安排活动 B 直到第

6 天才开始，见图 11.1.2。同样，如果在第 5 天报告活动 A 只完成了 20％（2 天的进度和 8 天剩余时间），计算机则会盲目地安排让工作 B 在第 6 天开始，而不能正确的报道活动 B 要推迟到第 8 天才开始。这样仅仅解释了在前导图法中众多常见的"误解源"中的一种。当不同从业者和计算机软件编写者向基本系统中添加功能时，将出现更多额外的解释和误解。

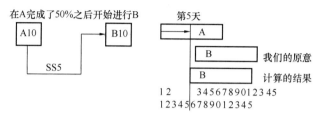

图 11.1.2　前导图法的含糊语言

11.2　定义活动的搭接：活动间的持续时间

正如第 10 章所讨论的那样，前导图法允许除"完成至开始"之外的其他关系。一些理论上存在且受不同级别软件供应商支持的逻辑关系如表 11.2.1 所示。如果考虑滞后因素在内，或从活动 A 完成至活动 B 开始之间的时间长短，那么可能的逻辑关系数量将会增加。

前导图法关系类型　　　　　　　　　　　　　　　　　表 11.2.1

FS	完成至开始	活动 B 在活动 A 完成之后开始
SS	开始至开始	活动 B 在活动 A 开始之后开始
FF	完成至完成	活动 B 在活动 A 完成之后完成
SF	开始至完成	活动 B 在活动 A 开始之后完成

随着 20 世纪 80 年代软件开始应用于计算机，由于计算机内存严重受限导致许多软件程序去除了有关进程的定义。当前，"滞后"的概念通过量测已经历的天数而非所完成的进度天数继续困扰着进度计划软件的用户。经常遇到的一个例子是，当项目人员更新进度计划时，输入的是一项活动的完成百分比或剩余时间，而没有反映该活动开始和完成日期的时间或信息。

如果网络图包括非传统关系，可能会产生另外一个问题。如果活动 A 的持续时间为 10 天，并且相对活动 B 具有一种滞后 5 天的"开始至开始"关系。假定活动 A 现在完成了 99.9％，剩余时间为 0，但其实际开始日期尚未输入。现在我们更新计划并重新安排，电脑按照接受的指令执行。活动 B 会在报告的起始日期后 5 天，或者数据日期后 5 天开始进行（图 11.2.1）。

这些特殊的非传统关系要求输入开始日期和完成日期以准确地计算进度安排。因此尽管软件允许用户输入进程时不必报告实际开始日期和完成日期，但如果网络图中包含不同于传统的"完成至开始"的其他关系，那么得出的计算结果将是不正确的。

即使没有由于在计算算法中报告的实际开始和完成日期所引起的其他问题，也需要额

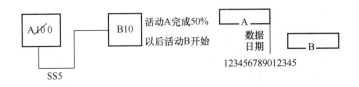

图 11.2.1　更新的前导法网络图

外的工作进行网络图的更新，这些网络图包括具有滞后时间的非传统关系。许多软件产品
不包括从报告的实际开始日期测算的滞后时间，而是从最迟的数据日期开始进行测定。有
些产品，如 Primavera，允许用户选择是否从实际开始或最早开始日期（即尚未完成的第
一项活动的数据日期（图 11.2.2））进行测定。

　　如果不使用实际日期，则每当活动持续时间更新时必须手动更新滞后时间。在这里，
即使一项活动已经开始，完成，已报告实际开始日期和完成日期，剩余时间为 0 和 100%
完成，如果滞后时间不能手动降至 0，那么紧后活动将基于数据日期加上滞后时间来安排
进度。计算机能够接受上述指令并进行相应的计算。

　　关于非传统逻辑关系的另一个常见问题是未能确保每项活动在开始前都有一项紧前活
动，以及在完成后都有一项紧后活动。当在高级软件中输入与活动关联的数据时，会在计
算机屏幕上将该项活动绘成横条显示，则加剧了这种问题。

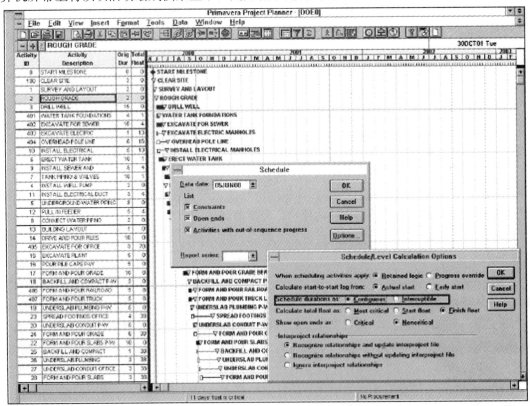

图 11.2.2　实际开始时间与最早开始时间的选项对比

回顾图 11.2.3，如果活动 A 与其紧后活动只是通过"开始至开始"的关系连接，则

A 的完成时间不必按照网络图的逻辑要求确定。同样，如果活动 C 与其紧前活动只是通过"结束至结束"的关系连接，那么 C 可以从任何时候开始，甚至在项目日历的第一天开始。

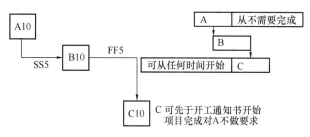

图 11.2.3　孤立关系

某些软件程序可以解决这一问题。例如，在 MSCS 程序中存在一种组合或连接关系代码，用"Z"代码通过相似的"滞后"组合"开始到开始"与"结束到结束"关系。由于这是一种普遍使用的非传统关系，它允许这种组合关系被一个条目指定，减少了建立孤立活动开始或结束的机会。

注意到，图 11.2.4 中给出的例子，只有当活动 A 和 B 的持续时间相同且保持步调一致时方能正常工作。如果这两项活动持续时间不一样，则这两个关系中的一个将被另一个取代。例如，假设两项持续时间不等的活动通过指令连接，第二项活动可能在第一项活动完成 50% 时开始，第一项活动必须在第二项活动剩下的 50% 完成前完成。在图 11.2.5 中，A 加 B 的总

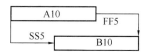

图 11.2.4　"SS5＋FF5"代码等于 MSCS "Z5" 代码

持续时间是 10＋6＝16 和 5＋12＝17 中的最大值。因此，"完成至完成 6 天（FF6）"的滞后可以在初始进度计划中忽略。但是，如果 A 的时间比预期更长并且其实际持续时间为 15 天，而仍然希望 B 在 A 已经开始 5 天后开始进行，这样在 A 开始后直至 15＋6＝21 天 B 才能完成。

同样地，C 加 D 的总持续时间是 12＋5＝17 和 6＋10＝16 中的最大值。因此，"开始至开始 6 天（SS6）"的滞后可以在初始进度计划中忽略。如果 C 的实际持续时间比预期的更理想，SS6 滞后则可能成为驱动关系。

这两个例子还强调了可能被忽略的另外一个重要问题，即是否"滞后"量测的是时间的推移而非减少诸活动初始持续时间的进程。项目经理表达的意思是，"开始至开始（SS）"滞后与第一项活动有关，而"完成至完成（FF）"滞后与第二项活动有关。这一点更清楚地描绘在图 11.2.6 上，显示出滞后成了减少初始持续时间的进程。不像先前图中的例子，在这里如果 A 的工作进度比预期快，B 的开始时间就可以提早。同样地，对于进程滞后类型而言，如果活动 D 开始之后部分工作进展失序，造成其距离 C 完成只剩 4 天的持续时间，那么滞后也将从 5 天减少到 4 天。

因为"开始至开始"滞后涉及紧前活动，而"完成至完成"滞后涉及紧后活动，那么在"开始至完成（SF）"关系中则存在一个特殊的问题。如果将"开始至完成"关系设置为一种滞后的时移类型，则滞后仅仅表示出在横道图中两条进度线如何排列。如果将"开

始至完成"关系设置为一种滞后的进程类型，那么就需要两个滞后时间，一个从 A 开始时进行量测，另一个则量测至 B 结束，如图 11.2.7 所示。

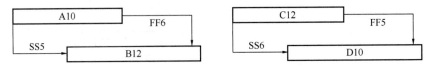

图 11.2.5　滞后的时移类型，注意如果持续时间不相等则只有一个滞后因素驱动第二项活动

图 11.2.6　滞后的进程类型

同样的，C 加 D 的总持续时间是 12＋5＝17 和 6＋10＝16 中的最大值。因此，"开始至开始 6 天（SS6）"的滞后可以在初始进度规划中忽略。如果 C 的实际持续时间优于预期的话，SS6 滞后则将可能成为驱动关系。

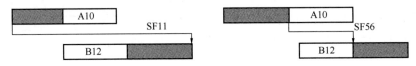

图 11.2.7　示例："开始至完成"滞后的过渡类型与进程类型

11.3　活动间的负持续时间

除了活动本身以及活动之间的持续时间（或滞后）外，在前导图法中还存在由负持续时间构成的另一种可能的持续时间类型。这样的话，"活动 B 可以在活动工作 A 完成前 3 天开始"的表述就可以转变为由滞后关系为"完成至开始－3"予以表达。然而，尽管这样的表述非常普通，而且这样一种超前/滞后可针对最初的进度计划输出用于"移动屏幕上的进度线条"，但是这种表达却存在逻辑上的固有缺陷。

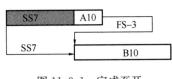

图 11.3.1　完成至开始－3＝开始至开始＋7

实际的表述应为"活动 B 可能会在活动 A 预期的完成时间前 3 天开始"，并且更好的一种方式—由"开始至开始"约束可提供同样的逻辑信息，这种约束包含的滞后时间等于初始持续时间减去 3 天。在任何一种情况下，活动 A 的实际完成或结束不需要活动 B（或其他任何活动，除非还有其他限制）的制约。因此，虽然似乎前导图法需要一种"完成至某处"的关系，但实际，活动 A 的完成是孤立的，见图 11.3.1。

显然，如果负滞后"完成至开始"的时间比该活动的持续时间长，那么所有正在完成的一切只能是移动横道图中的进度线条。同样，具有负滞后时间的"开始至开始"，"完成至完成"，或者"开始至完成"关系也只能这么做。

11.4　活动间的剩余持续时间

在本书第9章中所讨论的关于凯利-沃克提出的基本关键路径法算法首次强化问题，在于初始持续时间和剩余持续时间之间的区别。这种额外功能允许进度编制者或其他个人通过回顾关键路径法的更新以注意活动进展状况，并且进一步将持续时间的减少与活动开始后经历的时间历程作对比。类似的追踪活动之间的滞后或持续时间似乎明显值得期待。

举例来看，假设活动A已经开展了2天，如图11.4.1所示，计划编制者可以根据表格中打印的输出记录下活动A剩余8天的工作时间，当A全部完成后其紧后活动C才可能开始。然而，计划编制者可能直到活动B开始才能够确定剩余时间天数而无须解决算术问题。这在一定程度上算作一种反映滞后时间两种定义之间二分法的人为痕迹，其中一种定义是扣除活动A开始后的工作天数，另一种定义是统计从更新数据日期到活动B最早开始时间之间的天数。如果由于多种原因，包括移动甘特图中的进度线条造成了滞后的产生，不管怎样上述内容都是重要的信息。

11.5　完成百分比对活动间持续时间的影响

如果图11.4.1所示中的滞后时间代表活动A的进度完成了70%，那么当活动A的进度达到50%时，这也代表活动A与活动B相继开始的间隔时间已完成71.4%，剩余2天或只有28.6%的间隔时间尚未完成。请注意这个

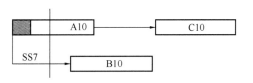

图11.4.1　原本2天的进度却花费了5天时间—问题：B活动何时能够开始

例子明确地描述了前导图法的理论基础。这里定义了活动A先于活动B开始的时间长度是A完成本身进度的70%，而并非从A开始经过了任意70%的时间。

即使采用了时移的定义，即描述为活动B将于活动A开始之后7天开始，也存在这样一种隐含的理解，即构成活动A的子任务必须按照一定的顺序执行，并且当A开始进行了5天，这些子任务已完成71.4%，剩余28.6%的内容有待继续执行。

但如果工地现场的实际进度取决于活动A的进度，而非距离活动B的开始时间怎么办呢？如果滞后并非是简单地移动甘特图上进度线条，那么应该有一些方式将活动A的报告进度或自从A开始所经历的时间，从距离活动B开始的倒计时之中分离出去。

11.6　前导图法和集合

集合的使用在前导图法中造成了一种特殊的语义问题。集合是一种从一个事件或时间点到另外一个事件的汇总活动，这样的事件在箭线图法系统中表示为活动的i节点和j节点。前导图法系统中没有这样的节点，事实上它并不支持表示时间节点的事件。即使一个工期为零的里程碑事件按照一个单独的开始和结束事件计算，或其必须指定为开始或完成的里程碑也不例外。

结果是，创建一个集合的设想使得在箭线图法中正确使用"虚活动"显得非常容易。假设在约翰·多伊工程中，我们希望创建一个集合来汇总从粗平场地结束到建筑平面布置开始之间的全部工作。在箭线图法中这是相当简单的。如图11.6.1所示，创建了一个从j

节点 2-3 到 i 节点 13-14 的集合。软件随后计算出这两项活动之间的持续时间是 27 天[图 11.6.1 (a)，(b) 和 (c)]。

　　然而，在前导图法中这样的过程并不是那么简单。由于活动 2 之后没有事件（节点），有必要使用一种"开始至开始"关系将活动 2 的紧后活动连接到这个新的集合，如图 11.6.2所示。尽管数字显示只有两项紧后活动是这样连接的，但理想状态下，应该从活动 2 的每个紧后活动均设置这样一个连接。该集合的完成也是采用一种"结束至结束"关系通过类似的连接至活动13的每一项紧前活动。集合的持续时间是从活动2最早的紧后

```
TD-01                                                                DINI

           ORIG
 I NODE J NODE  DUR                   DESCRIPTION
 ------ ------  ----  ----------------------------------------------------
     2      3     2   ROUGH GRADE
     3     13    27*  Hammock #1
     3      4    15   DRILL WELL
     3      6     4   WATER TANK FOUNDATIONS
     3      9    10   EXCAVATE FOR SEWER
     3     10     1   EXCAVATE ELECTRIC MANHOLES
     3     12     6   OVERHEAD POLE LINE
     4      5     2   INSTALL WELL PUMP
     5      8     8   UNDERGROUND WATER PIPING
     6      7    10   ERECT WATER TANK
     7      8    10   TANK PIPING & VALVES
     8     13     2   CONNECT WATER PIPING
     9     11     5   INSTALL SEWER AND BACKFILL
    10     11     5   INSTALL ELECTRICAL MANHOLES
    11     12     3   INSTALL ELECTRICAL DUCT BANK
    12     13     5   PULL IN FEEDER
    13     14     1   BUILDING LAYOUT
 -----------------------------------------------------------------------
ACT ID:          DES:                      RES:            ACC:
 -----------------------------------------------------------------------
Commands: Add Copy Delete Edit Help Insert-res Next Return autoSort Table
```

图 11.6.1（a）箭线图法中的集合（列表格式），P3 5.0 软件 DOS 版

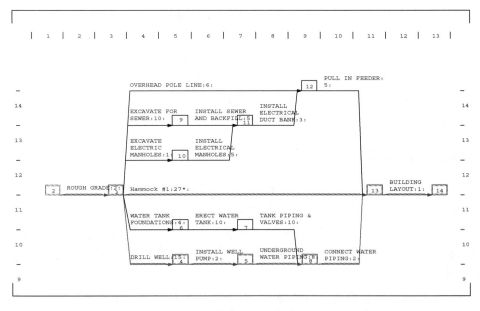

图 11.6.1（b）箭线图法中的集合（图形格式），P3 5.0 软件 DOS 版

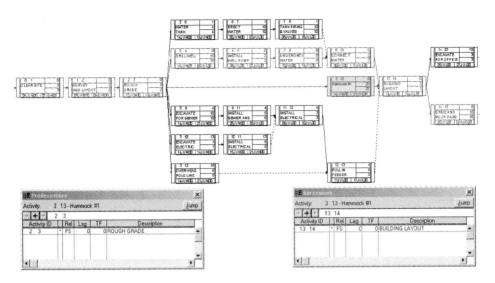

图 11.6.1（c）箭线图法中的集合（图形格式），P3 3.1 软件 Windows 版

活动开始直至活动 13 最迟的紧前活动结束计算得到，而不是像其他活动那样颠倒计算规则。

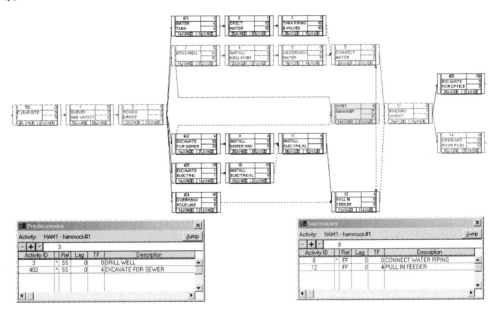

图 11.6.2 前导图法中的集合

这将移动初始甘特图上的线条，但如果项目更新后结果会始终保持准确吗？由于计算始自活动 2 紧后活动的开始，而不是紧后活动的完成，倘若在粗平场地完成后其紧后活动不是立即开始，那么计算得到的集合实际持续时间将会错误性偏少。

如果希望在一项活动的末尾创建一个集合，但其紧后活动并不受这项活动驱使，反而每项紧后活动都有各自更为关键的紧前活动的话，则会产生更严重的问题。

假设希望从电气工作"牵引馈线"的结束到"设置电力负荷中心"的开始创建一个集

合，那么这个集合以及计算出的持续时间，显示出了不需要电气分包商待在施工现场的那段时长，这是非常有用的。但活动 12 唯一的紧后活动是活动 13，并且活动 13 受到活动 8 驱动。如图 11.6.3 所示，不可能从活动 12 到活动 300 创建一个集合。其变通方案是创建一个持续时间为零的"虚活动"，将活动 12 的完成添置此集合中，而不受活动 8 的影响，如图 11.6.4 所示。此"修复"需要通过项目的持续时间持续维护。当更新项目时，必须要记住输入活动 12 的实际完成时间作为活动 12－j（如此命名是因为它代表了活动 12 失踪的 j 节点）的实际开始时间和实际完成时间。

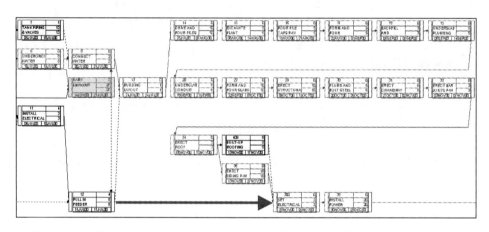

图 11.6.3　当活动 13 的开始受活动 8 驱动时，不能创建一个从活动 12 到 300 的集合

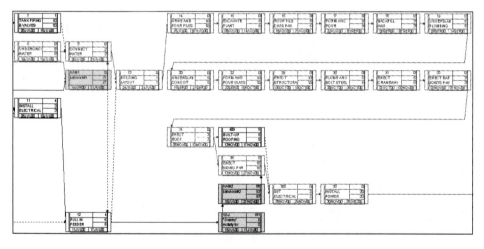

图 11.6.4　前导图法中除非使用"虚活动"，否则不能创建一个从活动 12 到 300 的集合

此外还需要指出，活动 12－j 并没有适当的紧后活动（或一种"完成到某时点"的关系），原因在于其唯一目的是将"开始至开始"的逻辑关系添置此集合。因此，既然计算模式设置为显示"完成时差"或 LF－EF，那么显示的时差则是毫无意义的。问题同样出现在整个集合错误的计算出时差为 88 天，而不是活动 12 中的 4 天。

11.7 进程的连续与中断

缓解这个问题的另一种方式是添加这样的假设，即足够精细的关键路径法诸活动在持续不间断的基础上来执行。因此，在图 11.7.1 中，因为活动 C 的最后 2 天受到限制直至第 13 天完成，该软件将延迟至第 10 天才开始。

有些程序给出用户是否利用该理论扩展的选项。Primavera 软件提供了这个选项，对于活动默认为连续，但允许用户指定活动为可中断。该选项可在每个项目中设置，并且项目中的所有活动都将受其影响（图 11.7.2）。

图 11.7.1　进程的连续与中断

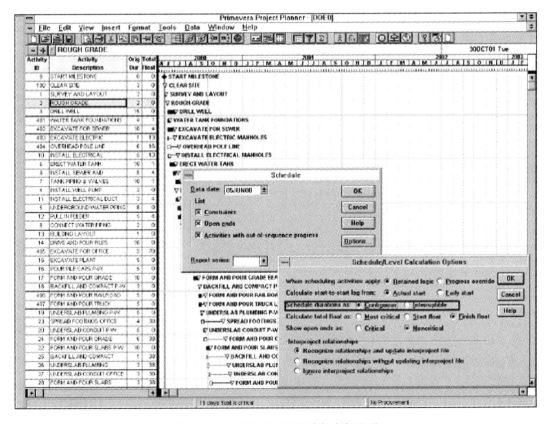

图 11.7.2　选择进程的连续与中断选项

另一方面，标准报告并不指定选择的是哪个选项（尽管在 Primavera 的优秀诊断报告中予以指定）。因此，仅仅审查报告表格、横道图或时标逻辑网络图不会揭示出所使用的算法。

最后，关于持续时间连续与中断的话题，注意滞后的进程类型模拟了这样的现实情况，即在图 11.7.3 中，活动 D 将持续进行 5 天，然后休息 1 天，再继续开展 5 天，这样实际工作时间是 10 天而持续时间却是 11 天。而使用滞后的时移类型则留下了完全开放的问题，即活动 D 的哪些部分无法执行以及如何测定剩余的持续时间。

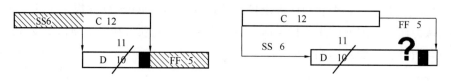

图 11.7.3　滞后的进程类型、时移类型分别所对应的持续时间的连续与中断

11.8　未定义的子任务及与其他活动之间的关系

前导图法的附加特征或许会呈现出变革性，然而，当仅使用传统的"完成至开始"关系时其中大多数特征可以在箭线图法中通过将活动更细致的划分予以复制，如图 11.8.1 所示。因此，当一项工期为 10 天的活动 A 通过一种为期 3 天的"开始至开始"滞后关系引出一项工期为 5 天的紧后活动 B，并且通过一种为期 2 天的"完成至完成"滞后关系引出另一项工期为 6 天的紧后活动 C 时，这样的情形若转换为箭线图法可重新表示为：为期 3 天的活动 A1 之后紧随为期 7 天的活动 A2 以及为期 5 天的活动 B（假定其后跟随着一些其他的活动），并且为期 2 天的活动 C2 紧跟为期 4 天的活动 C1（假定其跟随着一些其他的活动）和活动 A2。最后，如果希望活动 C1 和 C2 不中断地连续进行，则需使用一种"零自由时差"对活动 C1 进行约束。

使用前导图法程序来完成这一切任务是相对容易的。然而，A1 与 A2，C1 和 C2 的准确范围是未知的。

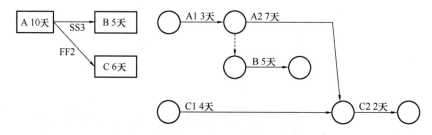

图 11.8.1　前导图法转换为箭线图法

如果活动 A 是砌筑一面砖墙，那么活动 A1 和 A2 的区分会是砌墙角和砌墙身（以便临近墙体砌筑），或砌右侧和砌左侧（以便窗框安装），或砌下部和砌上部（该部位需要搭设脚手架）吗？（我们知道在下部开始之前忽略了上部的其他选择，这是荒谬的，但如果这类普遍性的活动是"设备安装"，其中一部分工作是与其他专业相互影响的话，我们还会明白这个道理吗？）同样，在这个例子中，当假定活动 B 只能在活动 A1（或活动 A 持续时间的前 3 天）完成后开始，而非仅仅是活动 A 已经开始 3 天后开始，此时的"开始至开始"和"完成至完成"关系是基于进程而非时移。

11.9 多重日历

虽然在第 9 章中讨论了一些关于箭线图法中用到的多重日历问题，但在前导图法中，多重日历的问题上升到了一个全新的水平。针对传统的"完成至开始"关系，一种典型的滞后因素的应用表现为支模、浇筑混凝土和养护的过程，其中混凝土养护的持续时间为 3 个工作日和 7 个日历天。在通常情况下，软件指定一种与该活动相关的日历，还可以用来定义与其紧后活动相关的所有滞后因素（图 11.9.1）。

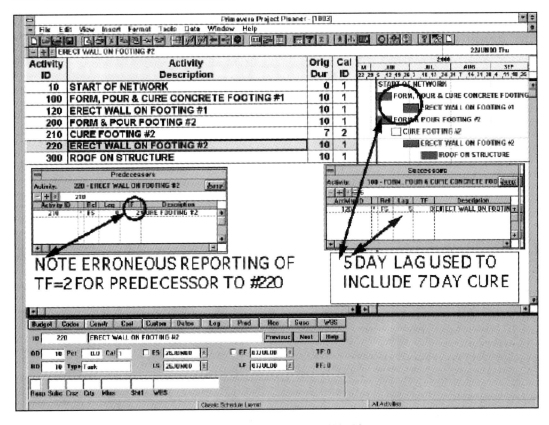

图 11.9.1 多重日历出现的问题

在这种情况下，由于养护时间为 7 个日历天，可以通过指定滞后为 5 个工作日以消除这个问题。然而，如果养护时间为 2 个日历天，那么完成混凝土浇筑放在星期一或星期五就会产生差异。鉴于通过"开始至开始"和"完成至完成"关系可能用到多种滞后因素，由此可以看到多重日历极易产生大量解释和误解。

课堂练习：讨论箭线图法和前导图法如何绘制网络图

假如混凝土班组只在周一至周五工作，现在需要进行支模和浇筑混凝土楼板工作，计划分两个施工段进行浇筑，工期 20 天。可以待楼板混凝土浇筑完成后 48 小时开始支设一面墙体模板，因此，待浇筑完成 50％楼板混凝土之后的 2 天开始支设全部墙体模板。墙体支模和浇筑混凝土同样需要 20 天。

11.10　逻辑保留与进程覆盖

除了在第 9 章针对箭线图法网络图所提问题的三种可能答案外，理论上，关于前导图法网络图还存在第四种可能的答案。那就是一项活动的一些额外部分可以继续执行，但是这项活动直到其所有紧前活动都完成时才能完成——一种暗示的"完成至完成"关系（可能有一些滞后）包含在所有紧前的"完成至开始"关系中。事实上，这个选项将会缓解如何解决工作执行中的失序问题。

上述概念拓展后的意味令人兴奋，即软件程序会在报告出现工作失序的任何时候明确的插入恰当的"完成至完成"关系，以突出的显示通知编制计划的专业人士，并且在适当情况下可以自由编辑修改或删除"完成至完成"的滞后量。据我们所知，在任何一种商业软件程序中都不包含这两个选项（图 11.10.1）。

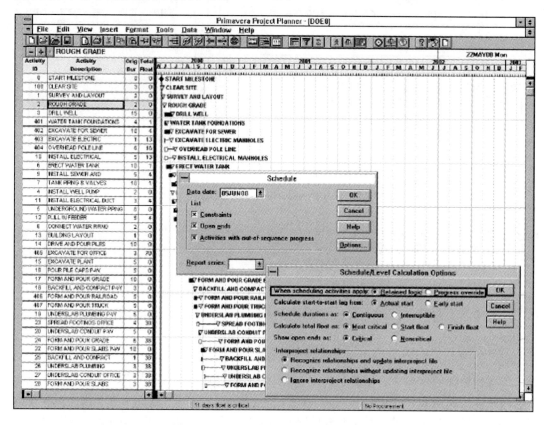

图 11.10.1　逻辑保留与进程覆盖选项

11.11　总时差计算

前面我们了解到，总时差（TF）的计算是最迟开始时间（LS）减去最早开始时间（ES），它也等于最迟完成时间（LF）减去最早完成时间（EF），这是由于：

$$ES+持续时间＝EF$$

$$以及 LS+持续时间＝LF$$

如果一项活动的完成不受其自身持续时间的控制，而是受到来自另一项活动的"完成至完成"关系的影响，则可以添加前面提及的关于活动连续不间断的假设，以便确定期望的时间而非最早开始时间在何时出现，但这项活动需要明确其真正的紧前活动，这个问题在很多情况下仍然必须解决。

在图11.11.1中，关键路径从A开始，经过B，然后再到C和D。如果该项目要在其可能的最早时间内完成，则活动B必须在第6天开始。然而，一旦活动B已经开始，它具有2天的时差。那么活动B的时差是如何定义的？可以选择一个开始时差或者一个完成时差作为总时差，或者选择这两者中最关键的一个作为关键时差。有些软件明确规定哪种计算用于确定总时差，而其他程序则需要用户参考诊断报告或使用手册。当然，一旦这个问题与多重日历问题相结合，比起计算得到的数值而言，活动的时差性质更接近于是一种意见。

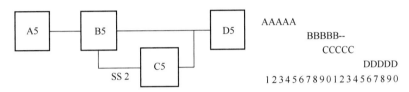

图 11.11.1　前导图法中的总时差

11.12　错误循环

最后一个问题是逻辑循环的错误报告，这在箭线图法中是不正确的，但却可以被前导图法理论所接受。图11.12.1显示了在箭线图法（左侧）和前导图法（右侧）中的相同逻辑。效用更为强大的前导图法格式将两项挂装石膏板的活动组合为一项为期7天的活动，并分别使用"开始至开始"2天的滞后以及"完成至完成"2天的滞后将该活动与电气布线活动的关系予以制约。这表达了与左侧箭线图法图示相同的意思。从逻辑上讲，该前导图很有意义。然而，除了一种软件之外，其余全部所回顾的软件产品中均声明了逻辑循环的问题，这是因为活动A列在活动B之前，而B又列在A之前。针对陈旧的箭线图法网络图编写的循环检测子程序无法满足前导图法中新的各种可能性。

有趣的是，由于Primavera软件中出于计算目的针对集合活动采取差异化处理，因此当一个集合从一项活动开始并指向该项活动时在P3或SureTrak软件中并不会触发这个错误信息，但错误信息会在P3e/c和Primavera施工软件中显示出来（图11.12.2）。

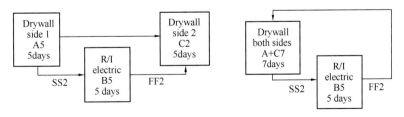

图 11.12.1　错误循环报告

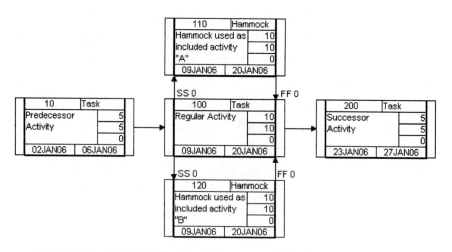

图 11.12.2　包括活动的集合被 P3 和 SureTrak 软件接受，而 P3e/c 不接受

11.13　小结

　　正如我们所看到的，作为关键路径法用于进度分析的变化形式——前导图法为项目管理团队在创建现实世界进度模型过程中带来了大量额外的功用。然而，它也同时造成人员忽视在编制逻辑合理的网络图中应遵循的基本规则，以及基于猜测而非逻辑描绘可能的进度计划等问题。有经验的编制人员应合理使用这种新的力量，而不能滥用。

第 12 章

绩效评审技术、统计绩效评审
技术及广义评审技术

正如前面章节所述，关键路径法网络图及其导出的进度计划的准确性取决于悉心选择适宜的约束（或紧前和紧后活动）以及单项任务的工期。通常情况下，个体活动的细节水平使得项目经理或者计划编制者可以顺利地估算出具有一定精度的进度工期。然而，有时单项活动的工作范围是模糊的，或者外界因素不允许顺利地确定一系列合理的持续时间。如果研究人员幸运的话，那么他们可能找到准确的方法以确定乐观估计的持续时间。如果他们运气不好，则可能会选用悲观估计的持续时间。基于平均法则和研究小组的经验，他们可以指定一个所需的最有可能的持续时间。

这三个持续时间估计值分别为：乐观工期、最有可能工期和悲观工期，它们是统计确定经验性工期范围的基础。但是在 1958 年，电子计算机运行速度不够快，而且也没有足够的内存来真正地统计分析收集到的这些工期估计值的数学模型。取而代之的是，人们使用以下公式得到了一个粗略的工期平均值：

$$\frac{O + 4M + P}{6}$$

该值与通过关键路径法分析和后期计算所得出的结果接近。随着计算机性能的提升，主要是在学术界相继开发了各种程序，以展示全面实施统计绩效评审技术或多重模拟绩效评审技术的性能，其术语有不同的首字母缩写，例如 SPERT。

12.1　绩效评审技术

例如，海军北极星导弹计划的研发项目，其在关键路径中就包含了并行开发的进度分析技术——海军绩效评价与审查技术，或简称为绩效评审技术。

在关键路径法系统中，个体活动的范围可以合理量化，从而估算出劳动小时数乃至工作天数。而北极星项目有更广泛的遐想。考虑到时间限制，研究人员不能测试所有可能制造火箭喷管的合金，但是他们必须持续测试直至找到合适的（可能不是最佳的）合金和配置方案。

12.2　统计绩效评审技术

通过一个随机数字生成器改变乐观工期、最有可能工期和悲观工期数值，并在合成的网络中运行必需的次数（例如 100 次迭代）。尽管个体活动的估计时间误差很大，但是审查人员还是确信能够估算出项目的工期。原来的"粗略"算法使用的公式为：

$$\frac{O+4M+P}{6}$$

该公式导致了许多从业者对绩效评审技术背后的数学原理产生严重的误解。有这样一个例子，统计分析是用以量化投标估算中符合进度计划程度的固有风险。假设类似于绩效评审技术，将估算成本的乐观值、最有可能值和悲观值分配给投标估算中的每一项元素。这三个估算值的算数平均值为：

$$\frac{O+M+P}{3}$$

然而实际这个平均值将是：

$$\frac{O+4M+P}{6}$$

如果乐观成本和悲观成本确实等于所经历过的最高值和最低值，那么方差将为：

$$\frac{P-O}{6}$$

而如果这样的估计是建立在最佳和最差情况分别为 5％和 95％的概率的假设之上，那么建议将公式变为：

$$\frac{P-O}{3.2}$$

（参见 J.J 莫德和 E.G 罗杰斯所著的"绩效评审技术决策估算模型分布"，《管理科学》，1968.10，第 2 期，第 15 卷）。所有各行平均成本的总和即为该项目最有可能的总成本。计算投标估算中每行项目方差之和的均方根，则得到最有可能成本的标准差。

统计数据的任何文本都包括一个累积正态分布函数表，它将从平均值中提供标准差的相关值，也就是 Z 值，对应于该事件发生的概率。例如，若该项目的实际成本将低于一定数额的机会是 90％，相关的 Z 值为 1.3，而概率为 80％的机会所对应的 Z 值只是 0.8。如果项目完成时等于或低于总估算成本的机会为 50％，那么所对应的 Z 值为 0.0。

如果将此 Z 值加上最有可能的总成本后再乘以总成本的标准差，那么其结果在所对应的概率上即为该项目的最大成本。因此，如果预计总成本为 10 万美元，标准差为 2 万美元，那么项目的实际成本将有 90％的可能性小于：

$$成本_{估计值}+\delta 成本_{估计值}\times Z=成本_{实际值}=\$100000+\$20000\times1.3$$
$$=\$126000$$

同样，该项目实际成本在 9 万美元以下的概率可由以下方程得出：

（成本$_{实际值}$－成本$_{估计值}$）/δ 成本$_{估计值}$＝Z＝成本$_{实际值}$（$\$90000$－$\$100000$）/$\$20000$＝－0.5
与之相关的概率为 31％。

虽然这一切很吸引人，并可能对预算部门很有帮助，但是该方法行得通只是因为其针对每行各项内容记账和估算可以按层级的方式进行总计。不幸的是，这是不正确的逻辑网络理论。正如本书第 22 章所讲，合并存在误差，也就是说，任何满足日期的概率都低于以这种方法计算出来的结果。

然而，由于使用绩效评审技术或关键路径法与绩效评审技术组合的早期实践者默许使用公式的"不精确"，其他人也试图在这个错误的类比上建立理论。很多权威的教科书尝试使用 Z 值法来确定一个项目从通过关键路径法算法计算出来的日期开始，将于一个星期或者一个月之内完工的概率。在这种情形下这种方法可能失灵的首要模糊概念在于：50％的概率所对应的 Z 值为 0。因此，假设所有项目都有 50％的概率按时完工，就像是做出适当估算，其值不高也不低的概率恰好也是 50％一样。但现实的结果却远不如预测的这么理想。

使用蒙特卡洛类型的分析，需要成百上千次的迭代，将生成一个满足在任何特殊日期完工的更好的估算数据。或者相反地，计算出有指定完成概率的日期。因此，如果业主希望项目在某一日期前完成，规范规定使用蒙特卡洛网络图分析可以提供 80％甚至 90％的概率使得工程按时完工（图 12.2.1～图 12.2.4）。或者工程师可以使用旧的经验规则，即对于一项要在 12 个月内完工的工程，使用关键路径法应显示在 11 个月内完成。

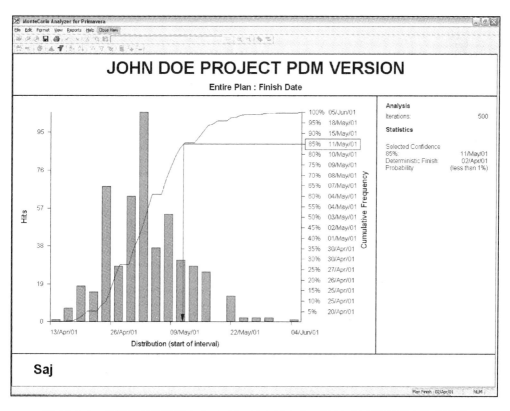

图 12.2.1 关键路径法计算在 2001 年 4 月 2 日完成，MCA 调度绩效评审技术计算在 2001 年 5 月 11 日时有 85％的机会完成

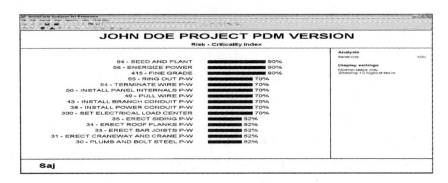

图 12.2.2   Pertmaster 的 MCA 软件计算出工作 30 只有 52% 的机会成为关键工作

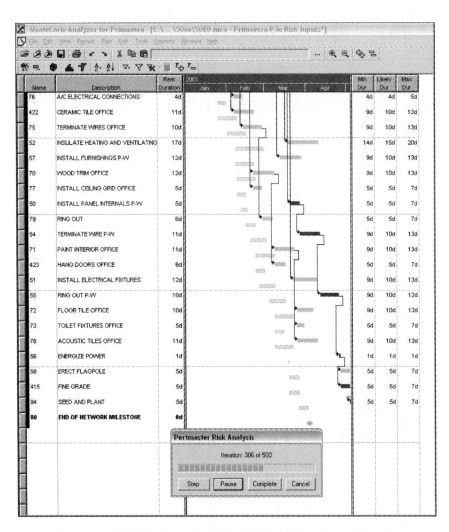

图 12.2.3   关键路径法和统计绩效评审技术计算的对比——默认分布

Pertmaster Report - Criticality Distribution Profile

Title	Path
JOHN DOE PROJECT PDM VERSION	C:\Documents and Settings\sajid\Desktop\50eo\5OE0.mca

Number of Tasks (Normal Only)	154
Number of Critical Tasks	63
Percentage of Tasks Critical	41%

Criticality Range	Number of Tasks	Relative Percentage
Never	91	59%
1 to 10	10	6%
11 to 20	18	12%
21 to 30	3	2%
31 to 40	0	0%
41 to 50	3	2%
51 to 60	19	12%
61 to 70	7	5%
71 to 80	0	0%
81 to 90	3	2%
91 to 100	0	0%
TOTAL	154	100%

图 12.2.4　Pertmaster 计算出：约翰·多伊工程中 154 项活动的 91 项不会成为
关键工作，19 项活动有 $51\%\sim60\%$ 的机会成为关键工作，只有 8 项活动有 $81\%\sim90\%$
的机会成为关键工作，没有一项活动能够肯定成为关键工作

12.3　广义评审技术

　　就在关于统计绩效评审技术的研究围绕估算活动持续时间中的时差进行时，其他研究人员正在研究关键路径法模型中禁止的逻辑连接的替代形式。例如，如果一项活动有两项可能的紧后活动，但是一次只能进行一项紧后活动，这种情况在关键路径法模型中就无法采取合适的方式予以表达。（一种可能的变通办法是，给这两项活动分配一种共同的"准入"资源，并将其限制为同一种计量单位和同一种资源水平）

　　另外一个问题是，例如一项提交或现场试验，这样的活动并不是总能获得批准或者通过。当未获得批准时，必须开展额外的工作并重新提交或试验。这种循环的类型在关键路径法中是不允许的。然而，人们认识到此类问题是由于关键路径法或者绩效评审技术算法错误导致的一个更广义的特殊类型问题。因此，那些用来解决更广义版本问题的程序，被称为广义评审技术程序。

12.4　计算机新增功能

　　在过去的 10 年中，计算机的运行能力得到了提高，无论是处理速度还是内存都达到了惊人的水平。那些原来因需要太多时间或者占用太大内存而没有解决的问题现在可以轻而易举地解决掉。统计绩效评审技术和广义评审技术的功能扩展，隐藏在关键路径法和绩效评审技术的原始数学概念中，现在可以用很少的成本附加到现有的关键路径法软件产品中。据预测，未来几年内，关键路径法产品将理所当然的包含这些扩展应用。

　　Primavera 的蒙特卡洛软件就是这样一种产品。其程序具有提供估计工期范围以及随机选择后续路径决策点的能力，其中有些路径甚至可能循环返回到决策点。这款软件可以

用于验证传统方式编制的网络图，或者将传统网络图扩展至包括工期不定的活动（如额外的土方开挖，其持续时间范围0～60天），甚至扩展后包括针对重新提交和试验的广义评审技术的循环类型。

关于该软件验证功能的一个例子是基于单项活动工期的合理变化值确定一个项目完工日期的波动幅度。事实上，每项活动的持续时间都是一个估计值，它们都有可能发生变化。在默认的情况下，蒙特卡洛方法假定每项活动的持续时间估计值可能比实际超过15％或减少20％。因此，一项为期10天的活动可能仅需要8.5天，或者需要长达12天完成。用户可以将这种默认设置针对完整的项目或各项活动分别进行重置。通过使用随机数字生成器，该程序将每项活动的持续时间设置在−15％～+20％范围内，并用关键路径法计算分析。计算结果存储后，再次分配随机数字并通过关键路径法重新计算分析。待迭代运算至用户指定次数（建议500次）后，结果得以记录，并分别以表格和图形格式进行显示。

默认的图形格式描述了完成日期的范围和可能性。通常情况下，通过简单的关键路径法分析计算项目在规定时间内完成的概率不超过50％。更重要的是，可能遇到的延误或者超限程度达到95％的置信水平。假设个体活动的持续时间被高估了15％或者低估了20％，那么项目完成这些时间的95％对应的最迟日期是什么？项目完工延迟一个月或者提前一个月的可能性是多少？表格里提供的数据能让我们确定哪些因素最有可能影响到项目。在传统的关键路径法分析中，我们侧重于关键线路。但是，如果活动的实际持续时间预计与通过关键路径法分析计算出来的预测时间不一样时，我们又该进一步关注哪些活动呢？

默认的表格显示出关键线路是如何基于在估算个体活动的工期中那些规定的变化或可能的错误而发生改变。通常情况下，一项最初没有在关键线路上的活动变成了关键工作，很大可能是模拟出来的。

这种情形通常发生在关键路径法中那些活动本身工期较短，但是采购和预制工期很长的建设项目中。数量较多的、持续时间很短的活动往往会抵消相互之间的影响。而数量很少的、持续时间很长的采购链中的活动（提交、审批、制造及交付）往往不会抵消其相互的影响。因此，这种采购活动虽然在关键路径法输出结果中显示出很适宜的时差，但其常常成为工程实际建设中的关键。

知道这些采购活动中哪些更有可能出现问题，就能提醒项目团队在追踪这些活动时必须额外提高警惕。一份扩充的关键线路清单可能列出关键线路上的所有活动，或者是哪些可能成为关键活动。

12.5 小结

正如引入第一台计算机开启了关键路径法建模和分析一样，如今性能更为优越的计算机将允许使用更强大的进度分析工具，如统计绩效评审技术和广义评审技术，以增强关键路径法的基本计算能力。

第 13 章

关系图法网络图

关于关系图法开发的故事已经在本文序文和其他章节中有所介绍。本章的目标之一就是讲述关系图法的发展过程并详述这一新方法的细节。相对于已经取代了箭线图法和绩效评审技术的前导图法，关系图法应交由市场来决定它是否能够取代前导图法。但是，考虑到关系图法的概念是在 2004～2005 年本书的第六版编制过程中发展起来的，而且也是在当时书中首次提到这个概念。这种格式于 2008 年第一次在 Primavera Pertmaster 的商业软件中使用，它的前景很好。总而言之，关系图法背后的数学运算都值得关键路径法的学生研究和检验。

13.1 逻辑关系

编制进度计划的演变历程总是与重复计算的成本和计算机的性能紧紧地捆绑在一起。关键路径法的诞生推动数字计算机的发明。当然，关键路径法背后的数学公式和前面章节所讨论的人工计算方法是在没有计算机的情况下发明出来的。但是，是不是说这样就不需要计算机了呢？前导图法的传播，被约翰·范德尔教授描述为针对关键路径法和绩效评审技术无计算机化的方案，这必须依赖于计算机随机存取内存（RAM）技术的发展，而不仅仅成为一种学术好奇。事实上，由于当初计算机的内存和处理能力有限，这可能是导致前导图法使用中多次出现问题和限制的原因。

关系图法的开发是为了更充分的验证由詹姆斯·凯利和约翰·范德尔等理论家提出的观点。关系图法针对受制于严格的"完成至开始"关系的两项活动之间明确了"搭接"的概念，这并不妨害维护箭线图法和绩效评审技术对事件确切定义的严谨性。在 20 世纪 70 年代，很多建筑公司开展了将箭线图法和前导图法进行合并的尝试。

而计算前导图法通常的方法是将其从内部转化为箭线图法执行计算，再转化回前导图法并进行报告。一些大型计算机共享提供商，比如 McDonald Douglas 自动化公司即使用了这种方法。通过使用其 MSCS 产品提供的前导图法程序针对 B 约束（类似于大部分现代软件使用的"开始至开始"约束）和 S 约束（类似于 Openplan 软件的滞后完成百分比或具有负滞后量的"完成至开始"关系的逆向方法）进行了区分。

目前而言，关系图表法的额外使用功能十分简单。其基本前提是，对于该事件、工作以及限制这些捆绑在一起的假说应当明确说明，并在以上解释可能是正确的情况下提供所有选项。因此，虽然关键路径法的工作原理是记录一些初始条形图编制的思维过程，关系图表法需要记录更多此类信息。用于记录此类信息的其他编码可以分为五大类，将在以下各节一一讲述。

关系图法的其余特征也可通过其他途径进行理论总结，但此法实际的发展需要有一定内存水平和性能的计算机。目前而言，介绍关系图法的额外特征十分简单。其基本前提是，对于事件、活动以及约束捆绑在一起的这些假定应当明确说明，并在相关解释确保有效获取的情况下提供所有选项。因此，虽然关键路径法的工作原理是记录一些初始横道图编制的思维过程，而关系图法则需要记录更多的此类信息。用于记录此类信息的额外编码可以分为五大类，将在以下各节一一讲述。

事件

那些表示可能会先于活动的，或者活动之后的，或者某一部分活动已经完成但现在可能会启动的，或者其他重大事件的时间点，都是很重要的基准。同样，那些发生在活动之外的事件和持续时间为零但记录不充分的活动也很重要。记录事件的书面描述以及其他属性和代码的能力是关系图法的重要组成部分。图 13.1.1 以抽象的方式描述了这个概念。图 13.1.2 展示了这样一个独立的个例，注意当 5000 平方码的屋面工程中已有 2500 平方码安装完成时，暖通空调系统的穿孔工作可能已经结束（而不是更粗略的描述，如"已完成 50%"）。

例如在合约图纸 A12 和 S23 中所示，在事件 1440i 之后开始的活动 1440，使用 6 名工人进行主楼屋面施工，该活动有 3 项紧后活动。在事件 1450i 之后开始的活动 1450，将继续使用这些屋面作业工人进行车库屋面施工，如图 A15 和 S23 所示。在表示"屋面防水"这一里程碑事件 1460i 之后，活动 1460 将使用 4 名木工安装螺栓和石膏板，如图 S06 和 S07 所示。发生在活动 1440 中期的事件 1440k01，表示当进程到达 50% 的区域时，允许活动 1470（暖通空调打孔）开始，如图 S23 和 M14 所示。活动 1470 则使用 4 名工人安装金属板作业，在事件 1470i 之后开始，于事件 1470j 声明的里程碑处结束。

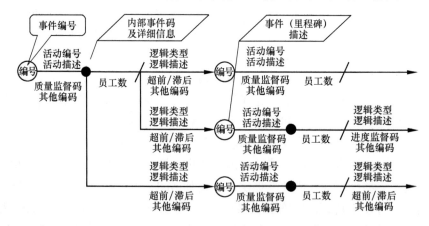

图 13.1.1　关系图—关键路径法展示逻辑网络图的原理

持续时间

在表达其中的假设之前，持续时间出现的概念都很简单。一项活动的持续时间可能衡量该活动的执行进程，或者可能仅仅是测量从报告开始到预测结束所经历的时间。活动的

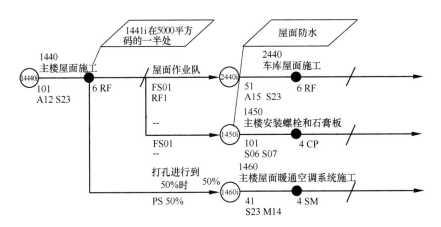

图 13.1.2　关系图—关键路径法展示逻辑网络图的部分示例

持续时间可以代表连续的工作，或者代表进度中断而累计完成的工作。如果一项活动无序执行，那么其持续时间将从逻辑命令工作可以开始的那时算起，或者它可以假定一旦开始，工作可无视这样的逻辑而继续进行。

就整个项目而言，测量持续时间的日历可能是每周 5 天或者每周 7 天，或者也可以为持续时间不同的活动设置不同的日历。日历也可以按照一个最小值的时间单位（1 天，1 小时，1 分钟或者 1 秒）进行校准，也可允许多种最小单位（如多个班次）进行截断或集拢到更高一级的单位（只有当返回到白班的时候才可以）。应注意，一个好的日历应当区别出一个班次和 8 小时的不同。持续时间也可以被活动日历或者资源日历所衡量。

约束的类型

虽然按照一般说法，约束可以连接活动，但是其数学表达式应注明约束连接的事件依次位于活动的开始、结束或者中间位置。因此，关系图法可以区分如下两种约束关系：一种是连接着两项活动的开始事件的典型"开始至开始"约束（有滞后），另一种是"新的"（但实际上在旧的主机上执行）连接着一项活动进程范围内的事件与第二项活动开始的事件的典型"进程至开始"约束（有滞后）；此外关系图法还可以区分连接两项活动结束事件的"结束至结束"（有滞后）约束和"新的""结束至剩余"约束（有滞后），其中"结束至剩余"约束连接的是一项活动的结束事件和第二项活动剩余部分直到满足限制条件方可继续进行的事件。详见图 13.1.3 和图 13.1.4。

此外还应注意，约束（有滞后）关于持续时间的定义与关于活动也有类似的问题。一个滞后量为 0 或 100％滞后的"进程至开始"约束仅仅是"开始至开始"或"完成至开始"约束的重复。同样，一个没有滞后或 100％滞后的"完成至剩余"约束也仅仅是"完成至完成"或"完成至开始"约束的重复。

具有滞后的"完成至开始"、"开始至开始"、"完成至完成"约束显然是"计时"的持续时间，而且对于超过活动基线的持续时间应该没有限制（举例来说，混凝土养护需要 28 天的滞后时间，这超过了浇筑混凝土活动本身的 1 天时间）。"计时"的持续时间一般始终连续进行而不中断。但是，如果主活动开始时间失序的话，用户应该能够选择"计时"是从报告实际开始的时间，还是从计算的最早时间开始测量。

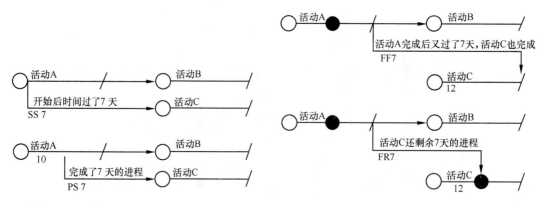

图 13.1.3 关系图法区分"开始至开始"
和"进程至开始"

图 13.1.4 关系图法区分"结束至结束"
和"结束至剩余"

"进程至开始"和"完成至剩余"约束是联系在一起的，它们均不得超过各自主活动的100%持续时间。它们的工期必须与主活动的进度或时间类似，而且还要与主活动所选择的进展或计时，继续或中断以及失序的选项挂钩。

约束的原因

关系图法的一个重要特性是允许将信息储存于约束，就像储存于活动一样。之所以将约束放置在两项活动（或者事件，或者其他组合）之间的原因，就是为了储存数据。这里有一个复合编码，当"why"可能是脚本或者完全自由的形式时，"reason"是"hard wired"的几项选择之一。额外的数据可能会被添加到一个以自由形式说明的，与一项活动描述字段长度差不多的约束中去。用户定义约束编码，就像用户定义分配活动的编码一样。

Reason 编码可以由用户输入，也可以留空，之后由关系图法算法编码。Reason 编码的选择包括"物理型"（简称为"P"）编码，表示在不考虑资源的条件下，另一项活动开始之前所要进行的活动；还包括"资源型"（简称为"R"）编码，表示用户在进度计划中已经优先选定了一项活动在另一项之前进行。有一种特殊的物理型约束形式，它要求一项活动（或者活动链中在其前面的活动）通过约束关系满足其紧后活动最早开始时间的需要，而且要恰好在此时此刻完成，这就是"及时型"（简称为"J"）编码。

其他特殊的编码可以由一种调配程序来产生。比如"S"编码，它表示在资源调配之前，控制预先存在的优先约束。再比如"L"代码，它可以指示作业人员或其他资源的路径，就像经过调配程序计算之后的结果一样。经过重新安排或者重新调配，"S"编码会变成"R"编码，而"L"编码（和它被放置后的新约束）会被删除。

要想使"why"编码在计算机软件中实现，最好包括一个用户自定义资源（从资源库）的下拉菜单，或者是包括一个用户自定义活动编码（从活动代码库）的下拉菜单，亦或者是一个简单的自由格式文本输入框。这个文本框的目的是使约束组在报告、进行调配或是全局级别的操作时有一个类似的"reason 或 why"。

提供描述字段只是为了记录，用从业者的话说就是，"reason why"约束已经包含其中。其他用户自定义编码可能与用户自定义活动代码相同。

约束的关系

关系代码通过计算而不是输入而获得,它们表示所需资源的比较,以及紧前活动与紧后针对约束的编码。需要注意的是,紧前和紧后活动可能使用相同或不同的资源。同样,对任何用户定义的代码可能需要做出比较。例如,倘若用户定义的活动代码是"分包商",那么在关系代码中则需要注意此约束是否包含分包商内部的工作流程或者是两个分包商(或总、分包)之间的交接事项。

其中,一种用途包括突出显示这样的交接,要么通过在图形中为这种约束提供特殊的颜色,要么用斜体字显示出这种活动代码的说明,要么提供一份涉及可能需要特别监督的交接活动的报告清单。另一种用途是用户在纯逻辑图或甘特图中选择特定的逻辑线条颜色来跟踪工作人员在不同活动之间转换的移动路径。

本书的第六版讨论了几个有关如何处理计算中失序进程的其他约束类型。在过去的几年里,经过了几次不同程度的同行评审之后,人们放弃了在这种约束类型中包括此类问题的编码的概念,而转向采用一种单独的编码来执行此信息。由于这种信息包含如何衡量时间(进程时间或日历时间),这样就已经将其包括至上文讨论过的几种持续时间代码之中。

13.2 计算方法的设计

正如图 13.1.1 和图 13.1.2 所示,活动一致地被事件"i"和"j"所限定。约束可能来自"j"事件("完成至开始""完成至完成"),"i"事件("开始至开始""开始至完成"),"k"事件("进程至开始"),或是"e"事件("完成至开始"、"完成至完成"、"完成至剩余")。在软件运行过程中,这些都是不可见的。选择"进程至开始"约束,通过声明活动 B 在 A 完成 70% 后开始,则将在 A 中创建"k"事件,此约束将与在 B 开始处产生的"i"事件联系在一起。关于活动 B 将在 A 报告开始后 3 天而开始的声明,将创建一个从 A 的"i"事件到 B 的"i"事件的约束。

当"开始至完成"约束只有一种位于事件之间的滞后时,软件能够支持;但是类似的"进程至剩余"约束需要两种这样的滞后(当 A 执行 5 天时,B 的最后 3 天可能已经完成),很可能不受软件直接支持。在这种情况下,可能需要一个独立的"e"事件,从活动 A 至 e 事件满足"进程至开始"约束关系,从 e 事件至活动 B 满足"完成至剩余"约束关系。

通过计算机(或人工)计算解决方案的发展事实上要比前导图法容易,因为活动和约束这两者的算法是一样的,我们并不需要将活动持续时间和一个单独的紧前—紧后—滞后关系文件进行互换。事件的计算在进程中是固有的。应注意的是,约束直接应用于关系图法的事件中,从而进一步降低了计算的复杂程度。

13.3 关系图法的附加属性——TJ(及时时间),JLF(及时完成时间),JLS(及时开始时间)和 JTF(及时时差)

当使用关系图法系统时,由于支持数据置于活动之间的约束之上,因此基于此信息的额外属性就能够进行计算。其所支持的一种这样的数据为超前于约束的工作是否属于工作流程的一部分,就像用一块砖和一块砖砌起一面墙;或者仅仅是支持一项活动,比如传递一块砖，它可以发生在任何需要之前的时间。

　　在这种情况下，通常需要遵循"及时"的制造理念，以满足生产过程的需要。我们希望砌筑砖墙的工作尽可能快的完成，但是我们不需要也可能不希望砖块直到用时才送达现场。对运送砖块这项工作而言，其过早的开始或结束日期可能太早了，而过晚的开始或结束日期则会推迟砌筑施工，直到其最迟开始或结束日期。我们所希望的就是及时送达。

　　关系图法支持设置一种"及时型"的约束类型。一旦设置这种约束，其超前的每项活动也将会具有一种最迟时间的属性，即该活动必须完成，以便不会延误紧随这种约束之后的活动的最早开始时间。然后，超前于该活动的每项活动或事件都会重新回到网络图的最开始起点，这些有附加属性的活动也会具有一个必须完成的最迟时间的属性（如果紧随"及时型"约束之后的活动能够在尽可能的最早时间开始），表示为 JLF（及时完成时间）；或出于此目的，活动必须开始的最迟时间的属性，则表示为 JLS（及时开始时间）。

　　既没有开始时间也没有结束时间的事件，会以 TJ（及时时间）进行计算。预计这种"及时"技术最初会应用于采购链活动，以确定申报、审批、发布、制作和交付的最迟日期，以保证不会耽误现场的生产进程。其他用途可能包括支持分包商提出的类似要求。一旦此技术被其他软件所应用，还会有更多的用途被开发出来。

　　在采购链中，一项活动的可能开始时间与其支持生产活动最早开始的必须开始时间的差值，以 JTF（或及时时差）表示。虽然及时时差与自由时差相似，而且它与采购链中最后一项活动指定的零自由时差约束也相似，但它们之间还是有若干显著的差别。当采购链的最后一项活动有多项紧后活动时，零自由时差约束将不会奏效，除非它是所有支持"及时"的最早时间。另外，没有类似的手段来计算"及时"的开始和结束日期，或是除了强行手工计算，也没有办法在将此信息返回至超出采购链中最后一项活动。

13.4　逆向后退路径——TJ，JLF，JLS 和 JTF

　　在关系图逆向后退路径中也同样执行及时日期和时差的计算，这与计算最迟日期（完成或开始）和总时差非常类似。当后退过程中遇到作为"及时型"约束予以编码的约束类型时就会产生差异，这种编码是由逻辑网络图的编制人员完成的。由于计算是由作用于约束的编码所引发，所以它只能支持在关系图法（或修正后的支持针对约束进行编码的前导图法）中运行。箭线图法最大的好处在于，通过 i—j 编码结构能同时存储活动和约束数据，防止只为单一约束进行编码，从而消除了"及时"技术的影响。

　　将约束从 i—j 编码结构中分离也意味着日期和时差的属性将会同样保存在约束中，而不仅仅保存在活动中。然而，尽管一项活动开始前或完成后都可能具有若干约束，但约束却只有一项紧前活动和一项紧后活动。因此，从最后一项活动开始逆向后退，其 JLF、JLS 和 JTF 将等同于 LF、LS 和 TF。然而一旦到达经过编码后的约束，此约束的 JLF 值不应设置为等于其唯一后续活动的最迟开始时间，而是等于该后续活动的最早开始时间。然后用 JLF 减去此约束的滞后值（或持续时间）来计算 JLS。继续逆向后退，则一项活动的 LF 值将会等于其所有后续约束的 LS（最迟开始时间）的最早值，并且 JLF 值将会等于所有后续约束的 JLS（及时开始时间）的最早值。

13.5 风险分析软件的安装启用 Oracle Primavera Pertmaster

Primavera Pertmaster 8.2 版是首款于 2008 年 5 月实施关系图法的软件，并且获得了关系图法——关键路径法合规性认证。随后在 2008 年 11 月获得了 Oracle Primavera 的许可，该产品已更名为目前正在销售的 Oracle Primavera 风险分析软件。作者在第七版中将继续使用旧的术语将该软件与其他提供风险分析的软件产品进行区分，就像我们使用"MSP"或"MS Project"而不是官方批准的"Project"来命名。希望在本书的第八版中，名为"风险分析"或 Oracle 公司选取的其他名称将会更加适合读者阅读。

Pertmaster 软件从 8.2 版本开始融合了关系图法，下面介绍其相关的应用。如图 13.5.1所示，软件开启时闪烁的屏幕界面表明其已经通过关系图法－关键路径法标准认证。随后允许用户启动一个新的项目，打开任何项目（在计算机或网络图的任何子目录中），快速打开一个最近查看过的项目，或导入之前在 Primavera、微软或 Deltek 格式下准备好的（或存储的）项目，如图 13.5.2 所示。请注意，当打开、使用、修改和保存非 Pertmaster 格式的项目时，必须具有此类软件的许可版本。打开已有项目所出现的视图，其效果显示如图 13.5.3 所示。

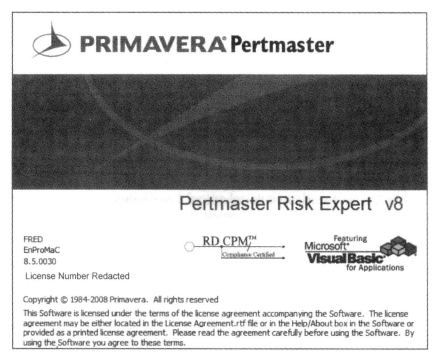

图 13.5.1　软件启动时屏幕闪烁

选择一个项目的操作和很多软件产品类似。Pertmaster 的界面相当出色，允许表格数据放置在横道图的任意一侧。光标静置在横道图的日期栏内，可以用光标拖动、扩大或缩小时间尺度，如图 13.5.4 所示。图 13.5.4 还显示移动光标点击上部菜单栏的按钮，可以激活其他图形，如各项活动进度条之间的链接（约束）。最后，点击链接的标签，将每一项活动之前和之后的约束信息显示在图表中。

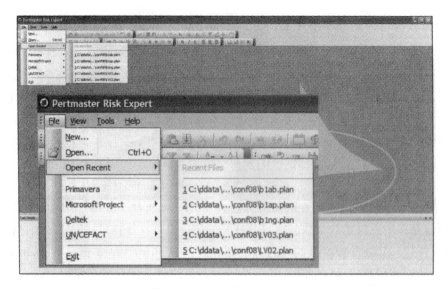

图 13.5.2　开始新项目，打开已有项目，打开最近项目或导入一个项目的选项

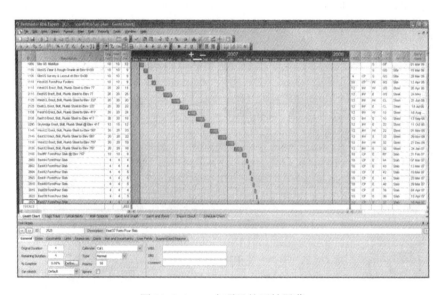

图 13.5.3　一个项目的开始屏幕

　　这些图示在译文印刷的黑色背景下很难辨识清楚，但可以通过本书英文原版后附带的 CD 光盘内的 PDF 文件以全色彩可扩展的格式浏览。那时你会注意到，约束（或在 Pertmaster 文件编辑的链接中）显示出颜色，这是实施关系图法的一个方面。由于约束中记录了描述内容和其他数据，使用该软件的用户可以设置某种颜色绘制这样的约束。在图中，蓝色约束代表物理逻辑，例如浇筑混凝土板之前需要绑扎好钢筋。其他的颜色代表工作队或其他资源的移动，如绿色约束代表浇筑混凝土板时作业人员及模板的移动情况。

　　进一步查看会注意到这个关键路径法计划是有缺陷的，这几项涉及浇筑混凝土板的活动仅以来自一种资源的约束为先导，这样就造成认为浇筑空中的混凝土板可以事先不需要搭设钢支架。这种情况在图 13.5.4 左下角予以显示，放大的效果如图 13.5.5 所示，并在

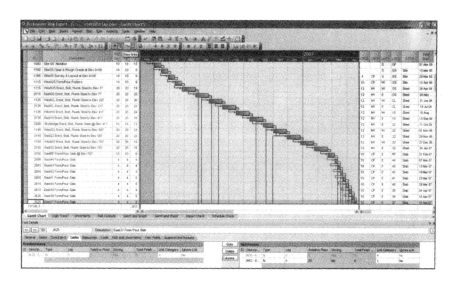

图 13.5.4　选择显示活动间的约束

图 13.5.6 也显示出来。

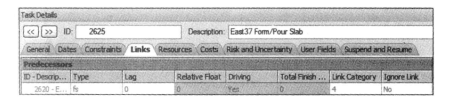

图 13.5.5　约束（或链接）的详细数据

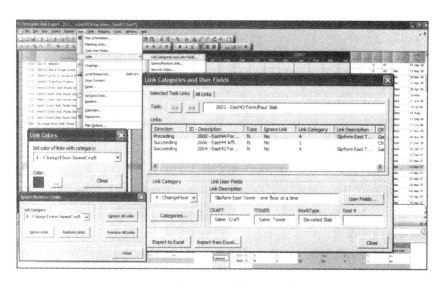

图 13.5.6　设置关于约束详细数据的对话框

图 13.5.6 显示了如何获取和设置有关约束。单击"计划链接"将打开一个下拉框，

选择"链接类别和用户字段","忽略或恢复链接"和"链接的颜色"。在"链接类别和用户字段"对话框中,操作者可以给出说明,解释为什么约束以自由形式的描述字段来使用,如"滑模东塔————一次一层,"或用户定义的四种文本字段之一。这些都作为"工艺"、"塔"、"工作类型"和"默认文本 4"在说明中设置了标题,并且填充了关于约束的信息,如共同的或不同的紧前和紧后活动字段代码。或者,操作者也可能会选择在这些字段记录其他信息。该对话框还允许操作者对约束进行分类,在链接类别的子对话框定义这些分类。

约束(链接)类别 1,2 和 3 分别预定义为"物理型"、"及时型"和"资源型"。从类别 3 到 255 可用于确切指定要追踪的是哪一种资源。因此,在这个例子中,类别 4 留作在两座在建的塔楼之一的楼层之间运动的约束,而类别 8 则留作两座塔楼之间运动的约束。然而,设置这种类别与设置显示滑模运动、专用设备、可选择的分包商或任何其他资源的类别一样容易。在黑白文本中不易显示(但在 CD 光盘中显示)的是,链接类别 4 已编码为用绿色来显示链接,而反映在两座塔楼进行钢结构安装的工人运动的约束用紫色显示,其他作业人员用棕色显示。链接类别和用户字段的另一种用途在于注意到与每项任务相关的分包商并突出显示其相互之间的切换,作为"事件",项目经理希望能够看到并进行监督。

不幸的是,"链接类别和用户字段"对话框是访问链接描述或其他用户字段除了 Excel 电子表格输出(以及随后的导入)的唯一手段。或许通过允许用户配置"链接类别"或"忽略链接"旁边的工具栏,如图 13.5.4 和图 13.5.5 所示,这种情况有望在未来的版本中得到改善。从 Excel 得出的信息不至于像活动数据一样流畅,也可以有一些改进。

最后,在图 13.5.6 的子对话框显示允许参与者设置软件来忽略具有相同链接名称的所有活动。因此,如果业主想看分包商是否支付给参与两座塔楼施工的作业队工程款以加快项目进度,单击链接类别 8 的"忽略链接"将提供这个"如果……将会怎样"。在执行了"如果……将会怎样"之后,操作者可能会恢复那些共享种类名称的约束,或恢复所有的链接。见图 13.5.4 和图 13.5.5,用户也可以通过定位屏幕底部的约束并将"忽略链接"对话框从"否"切换到"是",来选择一次忽略一种约束(无论其类别)。在执行了各种"如果……将会怎样"的场景之后使用"恢复所有链接"功能是非常有效的。

在离开关于 Pertmaster 软件改编关系图法"理由/问题"编码的主题之前,应针对Pertmaster 团队将此编码应用于进度检查诊断给予一些信任。但 Pertmaster 设计团队已经采取了更进一步的关系图法,允许审查者(内部准备关键路径法或驻地工程师负责审查提交的关键路径法的报告)确定是否将没有计划的工作已经安排妥当。通过检查"忽略链接类别 3 及以上"对话框,会报告给审查者作业工人已经安排在屋面施工的情况,假设(但不要求)墙体或基础已经施工完毕。

上述示例涉及的各种情况,显示了混凝土板的浇筑的进度安排不考虑钢结构是否按计划安装完成,同样会在打印输出中列出,如图 13.5.7 所示。

及时只是删除一些资源型约束也可能显著证明关键路径法绝不仅仅是将作业队或其他资源排序。在图 13.5.8 中,只是忽略了那些链接钢结构安装作业人员活动的约束。因为编制者准备这个计划时没有指定进行钢结构安装其他必要的工作,这些临时的链接导致关

Open-ended tasks (Does not include ignored links)

Options selected:Predecessors, Successors

For a schedule risk analysis to be meaningful, it is important that tasks' dates are set by logic (e.g. Finish-to-Start links) rather than constraints. This is so that the risk analysis will recognize the knock-on effect of delays. An open-ended task is one that does not have at least one predecessor and one successor – it indicates a possible lack of logic. Consider closing open-ended tasks:
- If a task has no predecessor, try to find some other tasks which could potentially delay it. Leave it as open-ended if it is the project start milestone.
- If a task has no successors, try to find some other tasks which it could potentially delay. Leave it as open-ended if it is a project finish or reporting milestone.

Bookmark	ID	Description	Type	Remaining Duration	Detail
☑	1300	West09 Form/Pour Slab	Normal	4	Finish has no successors
☑	1305	West08 Form/Pour Slab	Normal	4	Finish has no successors
☑	2400	East21 Form/Pour Slab	Normal	4	Start has no predecessors
☑	1360	West03 Affix Window Wall Frames Floors 1-3	Normal	6	Finish has no successors
☑	1460	West12 Affix Window Wall Frames Floors 10-12	Normal	6	Finish has no successors
☑	1470	West22 Affix Window Wall Units Floors 1-22	Normal	12	Start has no predecessors
☑	1362	West06 Affix Window Wall Frames Floors 4-6	Normal	6	Finish has no successors
☑	1364	West09 Affix Window Wall Frames Floors 7-9	Normal	6	Finish has no successors
☑	1364	West09 Affix Window Wall Frames Floors 7-9	Normal	6	Start has no predecessors
☑	1482	West15 Affix Window Wall Frames Floors 13-15	Normal	5	Finish has no successors
☑	1484	West18 Affix Window Wall Frames Floors 16-18	Normal	5	Finish has no successors
☑	2110	EastGS Form/Pour Footers	Normal	10	No successors
☑	2110	EastGS Form/Pour Footers	Normal	10	Start has no predecessors
☑	2115	EastGS Erect, Bolt, Plumb Steel to Elev 77	Normal	20	Start has no predecessors
☑	2360	East03 Affix Window Wall Frames Floors 1-3	Normal	6	Finish has no successors
☑	2362	East06 Affix Window Wall Frames Floors 4-6	Normal	6	Finish has no successors
☑	2364	East09 Affix Window Wall Frames Floors 7-9	Normal	6	Finish has no successors
☑	2410	East19 Form/Pour Slab	Normal	4	Start has no predecessors
☑	2415	East18 Form/Pour Slab	Normal	4	Start has no predecessors
☑	2420	East17 Form/Pour Slab	Normal	4	Start has no predecessors
☑	2425	East16 Form/Pour Slab	Normal	4	Start has no predecessors
☑	2430	East15 Form/Pour Slab	Normal	4	Start has no predecessors
☑	2435	East14 Form/Pour Slab	Normal	4	Start has no predecessors
☑	2440	East13 Form/Pour Slab	Normal	4	Start has no predecessors
☑	2445	East12 Form/Pour Slab	Normal	4	Start has no predecessors

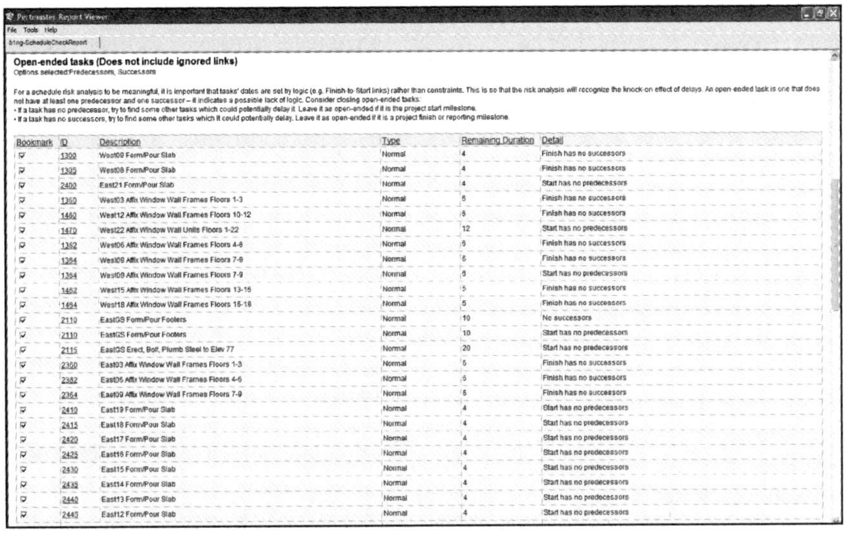

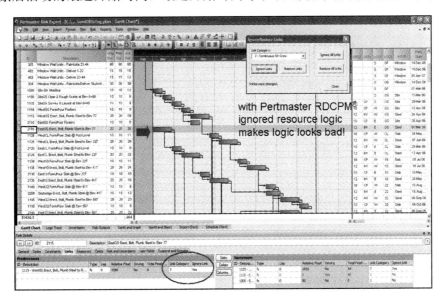

图 13.5.7 没有物理型紧前工作的活动列表

键路径法计算显示的钢结构安装先于项目动员进行。该图摘自一个模拟试验，表明逻辑网络图用于分析可能是有缺陷的。

指定一个约束作为一个链接类别 2 不仅影响图形或诊断，也会触发修改调度算法。之前的内容已经介绍了及时开始、完成和时差的概念。“及时”的指定改变了算法，之前的算法仅仅是将逆向后退路径中“最迟完成至最迟开始”复制到“及时最迟完成时间”，它等于该约束紧后活动的最早开始时间。随后继续沿着正常的逆向后退路径，“最迟完成时间等于紧后活动的最迟开始时间，最迟开始时间等于最迟完成时间减去活动的持续时间。”

图 13.5.8 示例：关于钢结构作业队移动的约束在全局上被忽略

Pertmaster 实施关系图法中还包括分解活动的功能，其中许多被用来模拟以前 MSCS

时代"进程至开始"以及"完成至剩余"约束类型的选项，这些已作为关系图法和关系图——关键路径法合规性认证的一部分。然而，不同于指定和描述一个事件，或一项活动内部的时间点，Pertmaster 将活动分解为子活动，创建出一个子网络。然后使用子网络之内的传统的"完成至开始"约束来模拟关系图法中的"进程至开始"或"完成至剩余"逻辑类型。

　　图 13.5.9 为另外一个例子，在壁纸施工之前，屋子里的墙体必须完成部分抹灰。这种情况可通过从为期 12 天的抹灰活动起，设置一个 4 天滞后量的"开始至开始"关系来实现。

　　但是首先从哪面墙开始抹灰，其影响却是有差别的，而且贴壁纸之前确保其中一面墙体抹灰完成至关重要，而不只是分包商进驻工地现场后等待 4 天时间开工。

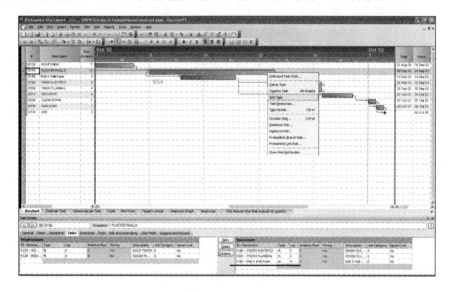

图 13.5.9　在一面墙抹灰后贴壁纸——准备分解活动

　　分解活动的过程是通过右键活动 140 栏目并单击"任务分解"开始。活动分解为两个相等的分量，随即显示在主活动的下面，通过手动调整进一步分解并调整分量权重。可以从那些分量活动中将额外的逻辑添加至这个"子网络"之外的其他活动，如图 13.5.10 所示，其中"墙 A"之后跟随的不只是"墙 B"，还跟随着贴壁纸活动。实质上，我们现在有一个 PS4（"进程至开始"滞后 4 天）约束，出自"墙 A"已经 100%抹灰完成这一时间点（12 天的抹灰工作已完成 4 天）。

　　从子活动中专门处理更新问题，因而不是活动 140 完成模糊的 4 天工作（或者更为模糊的说法，活动 140 开始后已经过了 4 天时间），我们定义了一个 4 天的工作（墙 A）范围，观察其完成后方可开始进行壁纸施工。虽然机制是 150 FS4 180，但我们有一个虚拟的 140 PS4 180 约束。当此实施过程遇到困难，并且进行更多劳动密集型更新时，Pertmaster 已经完成了添加"进程至开始"约束的目标。剩下的一个问题是，如果原始的 SS4 约束被忽略，或完全删除，可以看到（图 13.5.11）活动 140 已被分解，但 140 至 180 的部分逻辑却没有显示。希望这会在将来的版本中得到修正。

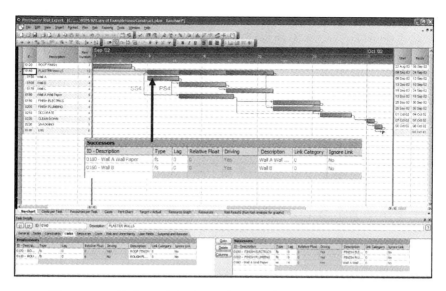

图 13.5.10 活动 140 分解后为活动 180 创建了一个虚拟的 PS4 约束

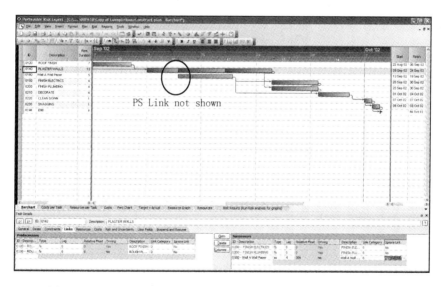

图 13.5.11 从活动 150 的部分 140 到活动 180 的 PS4 逻辑没有显示

另外，如果忽略了链接设置，并且考虑到这个函数中"如果……将会怎样"的使用，那么请注意如何从横道图中消除这个约束。

13.6 关系图法的发展前景

关系图法的基本概念是允许额外的数据与逻辑网络图中的事件、活动以及约束产生关联。记录额外数据的 5 个突出显示的区域包括事件、持续时间、约束类型、原因编码和关系编码。

事件数据的进一步发展应包括计算和记录流入及流出事件的约束数量。流入和流出活动的约束数量（活动开始经由 FS 和 SS 约束，活动完成经由 FS 和 FF 约束，以及从活动进程或到达活动进程经由 PS 和 FR 约束）也可以进行计算和记录。流向或流自事件的专有约束的数量也应予以记录。本章所提到的专有约束，是指前一事件或后续事件的唯一约束。在图 13.6.1 中，活动 D 有 3 个专有约束，而活动 E 只有 2 个。

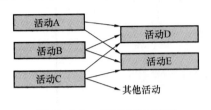

图 13.6.1　三项活动对应于
两项活动的瓶颈点

该图还举例说明了"瓶颈点"的概念，它反映了在一项或多项活动进行之前需要开展的多项活动的汇集。箭线图法系统的一个优点是，一个有天赋或尽责的计划编制者可以绘制纯逻辑网络图（或时标网络图）来显示这样的瓶颈点，并且关系图法的另一个优点是提供了动态的过程（通过支持软件）来定位逻辑网络图中的"瓶颈点"，并创建一个独立的事件来突出显示"微型里程碑事件"，如图 13.6.2 所示。

　　在理想情况下，当关系图法包括以前格式的一组数据时（箭线图法通常不记录绩效评审技术的事件数据，绩效评审技术不记录箭线图法的活动数据，前导图法甚至不记录事件的存在），一种软件产品应该能够以这些任意格式导入数据，并且以任意格式输出或打印报告。令范·维克怀尔（著名律师）高兴的是，前导图法文件可以导入至关系图法中，并且通过所有额外分解的活动（前文提及）以箭线图法格式导出。

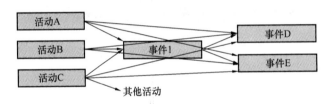

图 13.6.2　在 A、B、C 对于 D、E 的瓶颈点处创建的事件

　　持续时间数据的进一步发展应包括针对三种持续时间编码中任意一种的扩展选项。这些编码为对应于每一项活动（而不是系统性的所有活动）的进行/计时、连续/中断以及逻辑保留或进程覆盖选项。

　　选择持续时间的"进行或计时"还应包括停止检查计时选项，就像随着时间的推移将会自动进行倒计时（如混凝土养护），但不应允许自动倒计时至零。举例来看，业主批准了提交的文件，这些文件通常在 21 天开始并且在其时间范围内执行时更新会处于自动（或手动）状态。虽然承诺的返回时间可能会自动减少，但在持续时间减少至零并且记录下实际完成之前应"目测"这些文件返回的时间。

　　选择"连续或中断"还应包括一种"延伸性"选择，而不是重置活动的最早开始时间，以使得在完成时间受到 FF 约束（因 ES = EF－DUR）时活动仍能继续执行，用扩展持续时间来填充 ES（仅从紧前活动计算得来）和 EF（从 FF 约束计算得来）之间的时间全跨度。现在，DUR= EF－ES。所用资源可能会针对计算得到的延长持续时间进行调整。Pertmaster 应用了这种选项（系统化的），该选项附带一个额外的选项，其作用是只有当活动的开始具有一个后续活动（经由 SS 约束）时用来延伸该活动，如图 13.6.3 所示。

对于失序选项的选择（逻辑保留或进程覆盖）同样应包括一个"修改的进程覆盖"，它假定活动在失序的情况下开始，可以继续进行直至剩余时间为零，但是后续活动直到其紧前活动完成才能开始。在箭线图法发展初期，失序表现出的困境显然已被业内关注，如图 13.6.4 所示。如果活动 E 在活动 A 完成之前开始，那么就违反了假定逻辑，有两种方法可以解决问题。首先是假设逻辑仍然应该被保留（保留逻辑），虽然活动 E 已经开始，其后续工作要等到 A 完成后方可进行。第二种方法如图 13.6.5 所示，是假设活动已有进展，其相关工作可能继续进行（进程覆盖）。

对于第三个选项，如图 13.6.6 所示，失序活动中的工作可能继续进行，但是，一些残余的逻辑关系将妨碍此活动完成，或更严重的是可以导致 E 的紧后活动不能开始。不幸的是，正如箭线图法不支持 FF 约束，早期前导图法算法的开发者没有考虑此第三选项，并且后来的软件开发者没有采用这种或类似的对于失序问题的解决方案。这可以通过修改失序算法予以缓解，如图 13.6.6 所示。

关于日历改革，必须注意的是周、日、小时、分钟等的选择，并非仅仅为了方便报告，还代表着确定持续时间的最小公差。为了安排一整天的进度计划，并非总是正好等于 8 个工作小时或者 24 小时的测量时间。有这样的笑话，顾问们自东向西飞行时可能会积累 25 小时/天，或律师们会从许多电话记录中累计计算出 25 小时/天，而每次通话最低在 6 分钟左右，这些反映了非常现实的问题。只是因为一个项目可以有多重日历（一周 5 天，一周 7 天），所以一些工作的持续时间也应可能用小时甚至分钟来计量，而不需要网络图中其他所有活动（或在企业系统中）均以分钟来计量。从小时日历到每日日历的变化应以算到当前或下一天为开端。

"约束"数据的进一步发展不仅应包括前导图法约束的全部范围，具体为起点约束，开始约束，完成约束和结束约束，其在关系图法中以 SS、PS、FF 和 FR 再次引入，以补充传统箭线图法的"完成至开始"逻辑关系，而且可以使用内存和运算速度都大幅提升的现代计算机来计算其他约束类型。在关系图法上一些假设的描述包括继续型（CT），连续型（CC）和复制型（DSF 和 DPR）。

当希望一项活动开始和结束都先于它唯一的紧后活动时，它可能会受到零自由时差的约束。例如，需要检查人员发布通知开始启动水泵系统进行降水就能反映这个问题。但是如果紧前活动之后跟随多个紧后活动，使用约束并不能保证持续性的链接。在某些情况下，延迟一项活动直到紧后活动可能开始，并且延迟其他活动紧随其后进行是可取的。例如，上面的降水示例中，可能需要其他工作推迟，直到井点降水系统的启动方可进行，而承包商同样希望延迟这种花费，直到特定的关键工作予以执行。对于这种情况建议的解决方案是通过一种称之为连续型（CT）约束的附加约束类型，将紧前活动延迟至仅限于该约束紧后活动的开始，如图 13.6.7 所示。

前导图法使两项活动搭接的能力从来没有被充分表达和开发。对于活动的定义是"给个体下达以便其监督或执行的一系列指令"。当出于会计目的需要将活动分解成几部分时，始终存在着不同程度的逻辑网络图混乱。静态的计划安排表中的进度条可能全部排序，但当若干搭接活动中的一项发生变更或修订时产生的变化却很少通过精确的软件计算传递给其他的活动。

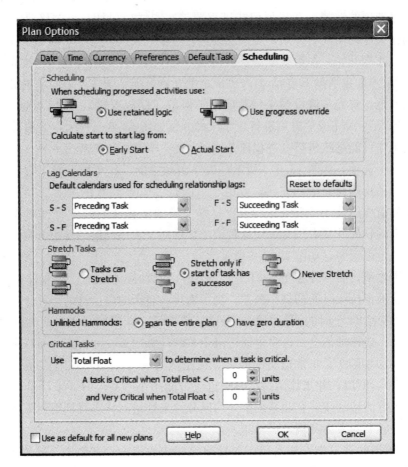

图 13.6.3　Pertmaster 支持延长活动持续时间

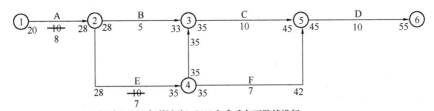

图 13.6.4　逻辑保留选项

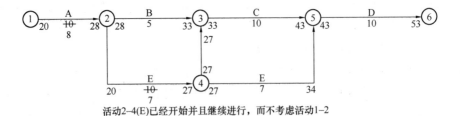

图 13.6.5　进程覆盖选项

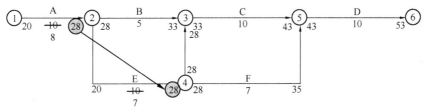

直到活动1-2(A)完成后，活动2-4(E)方可完成

图 13.6.6　修改后的失序选项

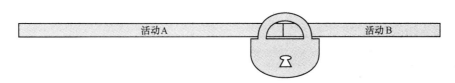

图 13.6.7　连续型（CT）约束

CC——并发性

CC 约束允许出于报告目的由若干项规定的活动代表这一项活动。通过人工或使用软件创建一个虚拟的联合活动用来计算。

CC 约束的紧前活动被认为是该项联合活动的控制部分，负责协调实体之间的两个（或更多）独立实体来执行该联合活动。

一项活动可能有多个 CC 约束将其他活动或多个活动进行嵌套，例如在 ActA cc0 ActB cc0 ActC 中。循环关系是不允许的，会导致循环的错误报告。

为了计算，联合活动的持续时间等于所有独立活动中持续时间最长的。

为了计算，所有独立活动的紧前活动必须先于联合活动开始完成。

为了计算，控制活动的实际开始时间或剩余持续时间的报告将导致紧后活动的自动进展状况。然而，尽管该紧后活动的剩余持续时间可能自动减少到零，报告的实际完成日期必须人工执行。

为了计算，每项独立活动的紧后活动将被独立地触发。

考虑一个关于建造 MSE 挡土墙的例子。这项任务通常是由两家独立的分包商共同完成，其中一家用于安装 MSE 块和锚锭带，另一家在墙体建好后进行回填。虽然列出了两项活动，通常采用 SS2 约束（具有 2 天滞后量的"开始至开始"约束），然而本质上这却是一项活动，回填工作是依照 MSE 作业队的工长指令完成的。即时这两项活动也可采用相匹配的 FF2 约束进行适宜的连接，但这与一项活动的差别仍然悬殊。例如，更新需要两家分包商的协调，报告相同的剩余持续时间或完成百分比。随着网络的出现，分包商各自执行更新变为由中心调度者进行（须人工检查两家分包商提交内容的一致性），由此我们出于"精打细算"的目的给这位中心调度者增加了额外的负担，并加大了个人致力于推进该项目的时间代价。这里建议的解决方案是被称为并发约束的额外约束类型。额外的细节如图 13.6.8 所示。

```
· CC - Concurrent
  · The CC restraint allows this ONE activity to be represented by several stated activities for
    reporting purposes.  Manual or software implementation creates a virtual joint activity for
    computation.
  · The predecessor of the CC restraint is deemed to be the controlling portion of the joint activity, in
    charge as the coordinating entity between the two (or more) independent entities performing the
    joint activity.
  · One activity may have multiple CC restraints going to other activities or multiple activities may be
    nested, as in ActA cc0 ActB cc0 ActC.  Circular relationships are not permitted and will result in a
    report of a loop error.
  · For purposes of calculation, the joint activity has a duration equal to the largest of all independent
    activity durations.
  · For purposes of calculation, the predecessors of all independent activities must be complete prior
    to the start (or continuation) of the joint activity.
  · For purposes of calculation, the reporting of an actual start or remaining duration for the
    controlling activity will result in automatic statusing of the successor activity(s).  However,
    although remaining durations of the successor activity may automatically be reduced to zero,
    reporting of an actual finish date must be performed manually.
  · For purposes of calculation, the successors of each independent activity will be triggered
    independently.
```

图 13.6.8　并发（CC）约束类型的细节

并发性

并发（CC）约束允许出于报告目的由若干项规定的活动代表这一项活动，通过人工或使用软件创建一个虚拟的联合活动用来计算。

CC 约束的紧前活动被认为是该项联合活动的控制部分，负责协调实体之间的两个（或更多）独立实体来执行该联合活动。

一项活动可能有多个 CC 约束将其他活动或多个活动进行嵌套，例如在 ActA cc0 ActB cc0 ActC 中。循环关系是不允许的，会导致循环的错误报告。

为了计算，联合活动的持续时间等于所有独立活动中持续时间最长的。

为了计算，所有独立活动的紧前活动必须先于联合活动开始完成。

为了计算，控制活动的实际开始时间或剩余持续时间的报告将导致紧后活动的自动进展状况。然而，尽管该紧后活动的剩余持续时间可能自动减少到零，报告的实际完成日期必须人工执行。

为了计算，每项独立活动的紧后活动将被独立地触发。

当两项或两项以上的活动仅仅出于会计目的而显示出搭接时，CC 约束类型可能就很有用，而搭接的目的是为了更易于更新施工现场大量微小活动。箭线图法显示了高速公路项目的工作内容，分解为挖、垫、铺等工序，如图 13.6.9 所示。两个方面的细节造成关键路径法难以更新，否则无法在工地现场使用。前导图法试图通过使用匹配的 SS 和 FF 约束将此细节进行搭接，以解决这个问题，如图 13.6.10 所示。

使用匹配的 SS 和 FF 约束，甚至使用将这两个约束合并的 MSCS 的"Z"约束，也达不到模拟现实的标准。而注意到只有开挖作业 100% 完成，基层施工方可彻底完成，但这样的链接无法精确体现直到开挖完成 10%、30%、50% 或 79% 时，基层方可相应地完成 10%、30%、50% 或 79% 的情况。再有，编制初步进度计划时这通常都不是问题，而且

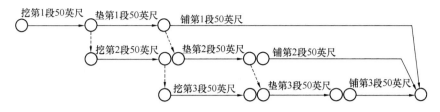

图 13.6.9 箭线图法显示物理型活动的搭接

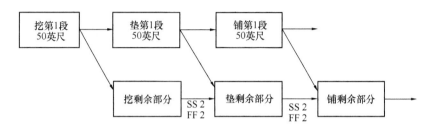

图 13.6.10 前导图法减少困惑的细节

甘特图上的进度横道都能准确排列。然而，如果遇到了岩石造成土方开挖的持续时间增加，这些信息将不会添加到横道中来描述基层与面层施工，除非已经在那些工作中设置了持续时间转换。此外，如果资源分配调整到一些活动的持续时间，则可能出现其他异常。

建议解决这些问题的方案是通过被称为"复制开始/完成"以及"复制进程/剩余"（DSF 和 DPR）的附加约束类型而实现。这里提出的 DSF 约束类型仅仅是 MSCS 中"Z"代码的恢复，保证滞后量与构成成分 SS 和 FF 约束相等。理想情况下，链接在一起的两项活动也具有相同的持续时间。但是，DPR 约束也可以用于链接持续时间不等的两项活动，因为它也承载着两项活动之间的关系。理想情况下，计算机软件的资源分配算法将能够识别附加资源提供给两项活动中前一项活动（该项活动持续时间可能较长）的位置，并由此能够通过缩短紧后活动的工期来减少工作的中断。

虽然人们可能首先考虑关键路径法逻辑网络图中不同持续时间的活动相互关联的可能性，但针对项目中不同的"协作"个体各自"控制"特定活动的趋势增大了这个问题出现的概率。关于此问题的进一步探讨是由萨利赫－穆巴拉克博士在 2008 年芝加哥举行的美国项目管理协会学术会议中提出的。他所撰写的题为"动态最小滞后关系"的文章描述了"在两项活动整个持续时间内，维持紧后和紧前活动最小滞后量的一种新型逻辑关系，因而不允许紧后活动在任何时点超前（或接近所分配的滞后量）。"该文继续用数学方法进行分析，其中包括一些诸如持续时间的集拢以及两项活动之间呈非线性等实际问题。令人激动的是，经过这么多年接受了 20 世纪 60 年代实施前导图法系统的限制之后，目前很多从业者正在解决这些问题。

最终"关系编码"的扩展和使用也许是最难以预测的。一旦提供给用户针对约束定义的编码，并授权其为了自动计算从这类紧前和紧后活动中进行数据挖掘，那么项目管理者从这个系统中获得的好处是无限的。

13.7　小结

作为一种新方法，关系图法为前导图法提供了额外的力量，同时保留了原有箭线图法系统的严密性。它还增强了记录约束中信息的能力，并利用这些信息进行进一步计算和扩展功能。关于新功能的一个例子是诊断检查每项活动要在物理设施到位之前进行，而不仅仅是靠获取资源来开展工作。另一个例子是"及时"日期和时差属性，它们确定了活动必须完成的最迟日期，而不仅仅是为了避免延迟整个项目，还要避免延迟（或破坏）工作流的顺利开展。第三个例子是将一项活动开始后计算的持续时间，与该活动开展后测量的工作进程之间的差异进行恢复。本章还讨论了关系图法的其他一些新功能。Pertmaster 的实施情况也进行了介绍。

第 14 章

选 择 代 码

从逻辑网络图中产生的关键路径法软件的日程安排，它的有效性很大程度上是由两个不同因素决定的：输入的有效性和规划者的能力（该能力要求规划者通过某种形式使输出被管理人员所理解，并且再通过表现协助个人进行管理）。在数据采集初期，选择适当的编码是非常关键的。随着团队不断改进逻辑图，并确定每项活动的预估持续时间，无数的细节将被检查。如果规划者在他们第一次确定时不注意这些细节，那么团队的其他任何成员基本不太可能会回去重新检查。因此在询问"之后要进行的是什么"之前，先留出 1 小时时间来讨论谁将使用关键路径法的输出结果以及这些人想看到什么样的结果。

14.1 日历

大多数的项目只使用一个日历，它可以是一个每周 7 天的日历或是一个每周 5 天的日历，也可以是一个重大节假日除外的每周 5 天的日历。活动的持续时间与此类日历不匹配的地方也会做出相应修改。使用这种日历的误差通常比估计的持续时间的误差低。这仅仅是重复了之前的意见，即通过关键路径法软件计算的打印日期是单纯的近似值，而不应作为字面上的理解。例如，如果持续时间（或滞后）是需要 7 个日历天的混凝土养护，那么在新的日历上则只需要 5 个工作日。

如果这 5 个工作日后的两天是感恩节周末，还要为这两天假期留出时间，总的持续时间可能等于 9 个日历天，并随后打印出紧后活动的最早开始时间。这并不是说，承包商会等到这个日期进行下一步工作。审查人员可以凭借关键路径法的日期为理由否定承包商，承包商许可或支持继续进行工作是错误的。如果使用多重日历，那么在进行关键路径法之前就应该提出一些缜密的思想。毕竟，活动的持续时间或者活动逻辑，将由上述决定来确定。首先一点是，从公司全局的角度，如果这个项目被"提拔"，或者试图与其他的项目合并，你可能会希望创建几种全公司级的标准日历。

一些可用的软件系统只明确了一个日历 1，并且假设多个合并的项目（或企业高层审查"提拔"）采用的日历 1 是一样的。（P3E/C 通过给用户企业级全局日历或项目特定日历的方式，已经纠正了这个错误。）但是，在这之外，是项目小组成员对关键路径法的使用和他们对多重日历的理解。建议日历 1（在全局和各项目）是排除重要节假日标准的每周 5 天的日历，日历 2 是每周 7 天没有假期的日历。

在 P3E/C 中有一种选项选择哪种日历将被指定为默认的选项。下拉框选择和日历的长文字描述降低了日历 1，2，3 名称混乱的潜在风险，而且也增加了显示此信息所需的列宽，并增加了输入信息所需的精力。

这也可以通过重命名标准日历为"5D"、"6D"和"7D"，并适当地调整列宽（图 14.1.1）得到改善。

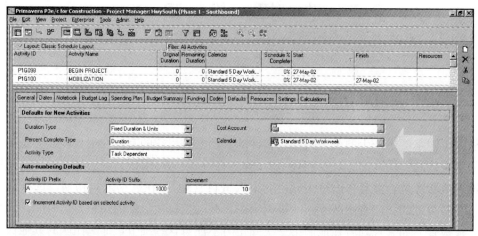

图 14.1.1　通过 P6 在 P3e/c 中的多重日历

在界定和选择特殊日历或天气日历时，区分它预期的条件和意外的情况是非常重要的。例如，在美国北部，在冬季的几个月开展某些类型的工作会受到合同限制。因此，在此期间进行的其他工作的生产率也会受到相应的损失。然而在这段时间内可以执行另一些不受天气阻碍的工作。例如，某些工作禁止或不能够在二月份执行，如沥青面层的摊铺过程（或者由于温度限制以及沥青厂关闭），设立一个零工作日的"2 月沥青冬季日程"是适当的。但如果承包商在一个特定地区，经历了过去 5 年时间内某种 7 天到 13 天不能浇筑混凝土的情况，"天气日"在"混凝土冬季日历"中的正确数字应是 10 天而不是 13 天。如果"天气日"的数量超过 13 天，合同文件（或普通法规）可以为承包商延长工期，而承包商每年是否会经历 13 天的"天气"日则是难以预料的。

最重要的是，不要把一个意外事件添加到另一个意外事件中。如果由管理者或团队提供一份六月的偶然意外事件"天气日"，标准的"户外日历"不应重复其中的偶然性。关键路径法主要目的之一是向各方提前提出建议，该建议会在他们执行下一个工作时提供支持。当大量的意外事件遍布整个项目，在预计日期内完成该项目几乎不会实现。如前文所述，意外事件的发生日期无法提前具体确定，但一般是可预期的，比如在佛罗里达州十月份有飓风的可能性，已知的或延误修复起重机的时机，属于项目的结尾且作为项目的意外事件。请记住，关键路径法计算活动的最早开始时间，或首先执行时的最早日期。且一旦目标实现，建议所有各方准备好充分利用其价值。

14.2 可交付成果和责任实体：SHT1、SHT2、RESP 和 SUBC

大多数建设项目都依赖合同文件，包括计划和规范。在关键路径法逻辑网络图中的活动将通过审查这些合同文件来确定。记住，活动的描述仅仅是这些离散"工作范围"的缩写，只有当这些缩写变为建设计划或规范后才有意义。在施工领域大多数情况下，一提到一个计划，或者可能的一个计划的一个部分，就足以对关键路径法的用户指出这些文件与工作描述所包含的范围。在某些情况下，如高速公路的工作，具有特定的施工顺序会建议使用第三套图纸或交通管制方案。

或者需要几套环保图纸来正确执行每项活动。在制造和维修领域中，也有可能需要多条指令指导每项活动。例如，在一个核电厂维护程序的逻辑网络图中（停机时间可能花费每小时 50000 美元），每项活动都会受七个独立的机构手册所指导。这并不是说每一个绘图审查都需要记录。其中，一张绘图所包含的特征遍布了另外几张图纸，也许只有系列中的第一项需要注意。此外，工程师的图纸为他们提供了便利，并指示承包商需要兑现合同文件中工程的做法。

谁负责开展活动也很重要。如果承包商和业主都对一些活动的开展情况不负责，那么该工程及时执行的机会就会减少。一个严谨的计算机软件代码应只有极少数可能的选择：业主、总承包商、也可能是一个第三方实用程序或其他机构。在一些地方，多个主要承包商可能会在第一水平上。下一个层次是分包商级别，并且可能包括多种实体。通过分配一个代码给一个分包商来对应一项活动，然后就可以打印出该分包商需要执行的活日程安排；反过来，可能会进一步鼓励分包商使用关键路径法作为一种工具。

同样，指定工程师作为分商，使业主加强对各方权力的正确指导以及确定错误的最终责任。鼓励工程师用"ENG"代码指出特定部门甚至个人应执行的规定任务，也将有助于使关键路径法成为整个项目团队的一种工具。

14.3 关键资源：CRTY、CRSZ、HRS、SUPV 和 EQUIP

团队成员管理者的预估时间是以将要派上用场的工作资源为依据。重要的是，这里不只是由预估时间来复制工时或设备台班，因为通过一项活动定义的工作范围可能不同于由一个设备所预估的范围。虽然预估者可能提前依靠人员规模以及设备使用等生产率因素进行预估，而现在的团队则是要确定在规定的场地条件下可用的作业人员或设备是否适宜。（在这个时间框架中，尚不能以时间来确定人员是否可用，并且我们还没有计算出逻辑网络图在准备阶段所需的时间。劳动力水平和设备使用的微调最好推迟到逻辑网络图完成和整个项目工程需求确定之后）估算活动的持续时间要考虑许多因素，包括执行工作的人员规模和人员组成。

14.4 加班、熬夜、抽查和视察

记录所有预估阶段的细节是专业调度师的职责。如果一个项目预计将有加班或轮班的情况，那么最好设立一个单独的代码对其进行记录，以便于后期阶段的审查和总结。

在这里，靠判断力的工程师和靠死记硬背的工作人员之间存在着一条界线，在工作中可以对这一点多加注意。某些工作可能会引起延长工作日的情况，也可以进行夜间加班，这样的选择取决于专用日历的使用或是专用代码，也可能是逻辑、笔记或备忘录领域的一种符号。同时，该选择也应基于那些特殊情况是否会影响预估时间的计算，以及是否会影响项目团队成员的潜在需求。

14.5　工程量和生产率

由主管或团队成员估计的持续时间应基于工作量来确定。一个很重要的方面是，由活动定义的时间与由设备定义的时间是不同的，因此不能仅仅在这里复制工程量。在某种程度上，在这个过程中可能会有一些重叠，或者会有部分跳过。记录这个信息的目的是用来验证计划，不要使用计划去验证评估。

14.6　布局

由于准备关键路径法的基本原理中有一部分好处在于它可以协助团队成员履行指定的工作部分，这非常有助于提供额外的编码来筛选总工作部分。因此，责任团队或分包商可以划定特定的范围。同时，在大规模的项目中可以对工作的位置进行标注。这可能包括区域、分区、交替变化的区域、阶段、步骤等。设置适当的位置编码，不同的团队需要不同的程度规定，因此，最好对广泛领域和详细分区都设立代码。

你应该对地理和功能位置编码，如"高压蒸汽系统"。对于某些工作，你甚至可能想要一个备用名称以定位，特别是如果设计图纸（专业分包商使用）用的是一个备用名称来定位时。（这通常发生在高速公路工作环境的图纸中，因为环境图纸是由一个单独的设计顾问提供的，而不是由交管部门或者高速部门设计）。同样，在准备合同文件时你可能希望两个不同的设计部门对某个特定的词语使用备用代码。

然而最重要的是，你的纯逻辑网络图不能仅仅从各种合同文件档案的序列中进行模仿，而是应反映每一步的实际独立审查，这样可以确定每一项活动都有一项紧前活动，该活动是基于地理环境和资源条件都满足的条件。事实上，"在挖掘一个区域之前放置一根管"这样的逻辑循环经常能在设计师提出的排序中被发现。

强烈建议您不要依赖这些代码字段作为该活动的主要描述。在许多情况下，打印输出或屏幕视图将无法提供代码信息，并且活动的描述必须从给定的 24/36/48 个描述的特性中确定。缩写可能是必要的，但每项活动描述必须包括位置信息以及范围信息。一个好的经验法则是，没有两项活动的描述是完全相同的（或称为唯一的描述规则）。

分配适当的编码位置需要相当缜密的思想。在一些软件系统，如 Primavera P3 规划中，个人代码是独立的，不得拆分也不得合并。因此在西北方位上一栋建筑的第五层工作需要有单独的备用代码。备用代码需要用于该建筑，该建筑的第五层，该建筑的西北方向和该建筑西北方向的第五层（可能采取一些手段，例如合并所有建筑楼层的西北方向或该建筑的第五层，而不是那个楼群所有建筑的第五层）。其他软件系统，如 P3e/c，允许使用一些逻辑代码以避免重复的数据输入。当然，收集所有将来用得到的信息资料是非常重要的，因为在将来很少有人会回过头来再去添加信息。

14.7 成本的预算代码：劳动力、设备和材料

从进度计划的一个完全不同的观点详细分解一个项目时，不能过分强调成本核算，甚至成本估算，从数学和现实的角度来看，主要区别是核算和估算以层次分解为特征，概括为从不同水平出现一个项目成本。核算代码可能会关心谁是执行该项目的离散部分，其中哪一个部门是这个人的工作，本部门属于哪些部门等。估算代码可能关注正在安装或摆放材料数量是否到位，分包或交易以及以后再执行的工作，该规范的 CSI 条文描述要执行的材料或工作类型等。

编制进度计划不能进行分层。它可能会建议，对于 1 年的项目进度可分为月、周、甚至天，但对于规划目的的总结来看（而不是成本），很少以月来划分。而当看到一个纯逻辑计划时，计算前，先要对项目主要里程碑事件进行一个粗略分组。即使在这里，活动中很大一部分将绕过汇总这种方式。虽然进度视图也可以组织，并且也许可能总结分包商的工作，但关键路径法不是这些摘要的总和，而是各分包之间和内部各项活动的相互作用。

在关键路径法计划中实施其他分层设计形式时，便会产生一个相似的观点。每当有一个要求，即每项活动必须正确编码为一个且只有一个的源代码、成本代码、WBS、OBS 或 EPS，将会有根本就不适合的工作和"欺骗"的规定以满足该规范，这将意味着进度表将无法模拟如何正确地提供指导，以及工作在场地的开展情况。活动是关键路径法逻辑网络图中不可分割的基本单元，"一组主管给定的指令"活动不能被断开或组合，以满足报告代码的需要。

记住这些之后，预算代码可能会被分配到活动中，只要你明白它一定是在资源分配、预算、核算部门以及 WBS、OBS 和 EPS 组织所允许范畴的报告产生的；否则，该项目存在失败的风险，所有在第 11 章涉及的内容会被拖延，而不是所有工程完美的在控制下完成。关键是使代码灵活，而不是活动。如果使用（或规定）的软件产品中只允许一项活动使用一个预算或成本代码，必须选择最重要的代码并确认，应该认识到要去除其他在这里配置不当的代码的成本。即使是允许多个成本代码，需要限制一项活动中多少代码是合理的。如果有多个成本代码被分配到一项活动，费用报告将分别列出每个成本代码的费用（图 14.7.1 和图 14.7.2）。

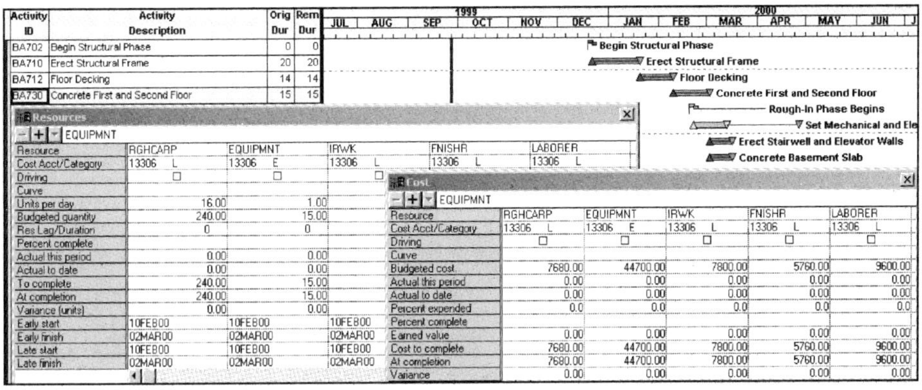

图 14.7.1 P3 多个成本代码

Activity ID	Activity Description	Orig Dur	Rem Dur	Early Start	Early Finish	Total Float	Resource	Budgeted Cost	1999 DEC	2000
Equipment-Crane										
Building Structure										
BA710	Erect Structural Frame	20	20	22DEC99	20JAN00	0	EQUIPMNT	59,600.00		◤══════▽ Erect Structural Frame
BA712	Floor Decking	14	14	21JAN00	09FEB00	0	EQUIPMNT	41,720.00		◤═══▽ Floor Decking
BA730	Concrete First and Second Floor	15	15	10FEB00	02MAR00	0	EQUIPMNT	44,700.00		◤═══▽ Concrete First and Second Floor
BA731	Concrete Basement Slab	10	10	03MAR00	16MAR00	0	EQUIPMNT	29,800.00		◤══▽ Concrete Basement Slab
Finisher										
Building Structure										
BA730	Concrete First and Second Floor	15	15	10FEB00	02MAR00	0	FNISHR	5,760.00		◤═══▽ Concrete First and Second Floor
BA731	Concrete Basement Slab	10	10	03MAR00	16MAR00	0	FNISHR	3,840.00		◤══▽ Concrete Basement Slab
Ironworker										
Building Structure										
BA710	Erect Structural Frame	20	20	22DEC99	20JAN00	0	IRWK	52,000.00		◤══════▽ Erect Structural Frame
BA712	Floor Decking	14	14	21JAN00	09FEB00	0	IRWK	29,120.00		◤═══▽ Floor Decking
BA730	Concrete First and Second Floor	15	15	10FEB00	02MAR00	0	IRWK	7,800.00		◤═══▽ Concrete First and Second Floor
BA731	Concrete Basement Slab	10	10	03MAR00	16MAR00	0	IRWK	5,200.00		◤══▽ Concrete Basement Slab
Laborer-Construction										
Building Structure										
BA730	Concrete First and Second Floor	15	15	10FEB00	02MAR00	0	LABORER	9,600.00		◤═══▽ Concrete First and Second Floor
BA720	Erect Stairwell and Elevator Walls	10	10	03MAR00	16MAR00	0	LABORER	9,600.00		◤══▽ Erect Stairwell and Elevator Walls
BA731	Concrete Basement Slab	10	10	03MAR00	16MAR00	0	LABORER	6,400.00		◤══▽ Concrete Basement Slab
Rough Carpenter										
Building Structure										
BA730	Concrete First and Second Floor	15	15	10FEB00	02MAR00	0	RGHCARP	7,680.00		◤═══▽ Concrete First and Second Floor
BA731	Concrete Basement Slab	10	10	03MAR00	16MAR00	0	RGHCARP	5,120.00		◤══▽ Concrete Basement Slab

图 14.7.2　一项活动多个成本代码意味着在成本报告中这项活动多次列出

14.8　活动代码

　　时刻记住与活动关联的代码的主要目的，即为了允许关键路径法用户更好地查看计划和计算进度，这是非常重要的。代码不是逻辑的一部分，也不是执行计算的软件所使用的。调度的目的是规划，如果任意编码结构与逻辑描述造成冲突，必须按逻辑描述进行。因此，如果一个位置代码表示1层、2层、3层、4层、5层和一个特定的跨越两层的剪力墙时，它必须作为一项活动（而不是两项活动）输进逻辑网络图中。

　　进度规划者将会决定哪一层的代码（第二或第三）用于工作摘要，当然也可能没有摘要这一项内容，但这不能否定关键路径法逻辑的有效性。遇到这种类型的问题时，致力于把信息与活动 ID 放在一起会使问题变得尖锐。时刻牢记，无论是进度规划者还是现场工作人员将被要求手写或牢记在不同情况下的工作 ID，建议该活动 ID 号保持简单并且尽可能短。由于项目人员可能希望在最初的准备当中，通过纯逻辑图可以直接找出特定的活动，因此为他们提供一些相关的活动编码将会是很有帮助的。

　　但是，如果纯逻辑网络图不是按规定引用的，或者逻辑在项目过程中被修改，那么编码的努力也将付诸东流。或许，最好的建议是对活动 ID 进行编码，这可以使现场人员更容易辨识。

14.9　工作别名

　　假设使用两种位置代码。一种可能是按楼层（如第一、第二、第三、第四），而另一种可能是按方位（例如东北、西北、西南、东南）。P3 和 SureTrak，与更复杂的 P3E/C 和 Primavera Contractor 软件相比，不依靠代码或子代码（例如，1NE，1NW，…，4SW，4SE）提供情报。报告必须由楼层到方位，或方位到楼层组织。如果期望该报告列出的所有选择在摘要的同一水平中，那么就有必要使用由 Primavera 提供的一个称为"别名”的交通方式。

在 Primavera P3 软件中，为了避开“建筑‘A’，5 层，西北方向”这样的编码，可以通过使用“别名”来标注（图 14.9.1 和图 14.9.2）。

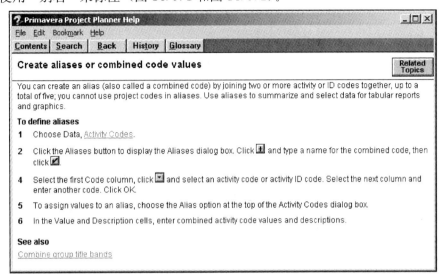

图 14.9.1　Primavera 别名的描述

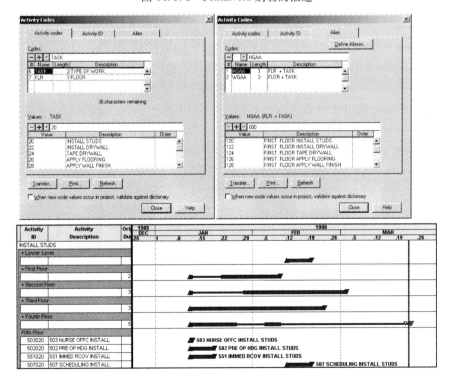

图 14.9.2　Primavera 关于活动别名的图示（一）

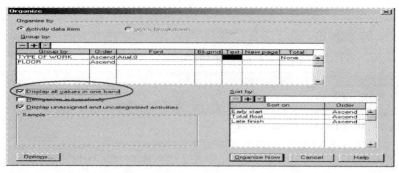

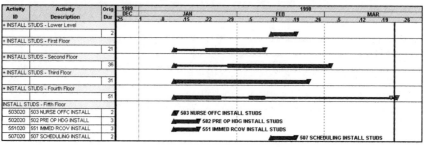

图 14.9.2　Primavera 关于活动别名的图示（二）

14.10　小结

　　关键路径法的准备工作中，数据采集的第一步是选择每项活动所分配的代码。正确的编码选择至关重要，并且会在很大程度上影响关键路径法的有效性。一些代码，如活动类型、日历和责任实体，必须与活动范围、描述和持续时间相协调。其他代码，如关键资源、加班和生产力，可以用来验证所选择的持续时间的合理性。但仍然有一些，如位置和成本，可用于增强关键路径法中的数据流，但必须精确到"传达给能胜任的工长的系列指令"，这可能会超越代码之间的边界。

第 15 章

初始进度信息的获取

初始关键路径法逻辑网络图的信息获取工作过程相对简单，但它实际上是进度规划者，项目经理，以及其他团队成员之间的相互协调。进度规划者必须是一个协助型助理，有点像施工技术领域的"心理学家"。一旦关于编码结构选择的讨论完成，该过程便开始于一个无关痛痒的问题："在接到开工通知后，什么是第一项要开展的活动？"

进度规划者必须对该活动的编码领域进行仔细确定：工程图纸数量、工程规模和工程位置、设备要求、要执行的工作数量、持续时间、对项目的地理及功能位置的最佳估计、源代码、资源单元和成本。然后，第二个问题："在你可以开始第一项活动之前什么是你或其他人必须做的"不变的是，项目经理将跳过开工通知和"第一"项活动间的几个步骤。例如，项目经理可以说明第一项活动是建筑物的基础。但对于挖掘什么样的基础？在开挖之前怎么样清理？怎么样在清理之前控制侵蚀？怎么样满足和控制计划的提交和审批？怎么样……

在被可能的事物烦心半小时或以上，施工队最终将重新回到开工通知处。当进度规划者确保了每项活动都有它的紧前活动（人员、设备、模板、材料、路径等）之后，下一步才能进行。"在开工通知之后才有一个新的工作开始，下一个要执行的工作是什么？"假设答案是肯定的，这必须要追溯到类似开工通知的方式。

这个过程必须被重复，在经过一个漫长而乏味的努力后，直到项目完成；其次，也许在一顿饭的时间之后，这个过程应从第一项活动开始重复："在这项活动开始前其他人要做些什么？在这项活动开始前必须要做些什么？"在此步骤中，一些逻辑链接可以视为是多余的，应予删除。这个过程应反复进行，直到团队的所有成员都满意这个逻辑。这是编排进度计划的实际例子。这种信息的计算机计算仅仅是一个技术细节。

15.1 活动描述—总体的缩写

我们将活动定义为了"一组指令"。该活动的描述或标题通常是用来按要求介绍一项工作，这将会成为总体的缩写。毕竟这取决于所选择的软件，该描述必须符合在 24、36、48 或 64 个字符内。即使软件支持一个扩展的描述，但也只有开始的 48～64 个字符可以在活动表格清单中查看。然而，一整段的内容还是不足以充分告知施工管理人员或执行此工作的负责人即将要进行的活动规模。因此，进度规划者所需的另一个技巧便是能将全部内容减少到 48 个字符。

进度规划者应考虑谁将会阅读这些简介。最重要的当然是让施工管理人员、项目管理者和驻地工程师理解这些描述。因此，范围和地点的缩写应根据这些人的使用情况来进行选择。通常情况下，在合同图纸中使用的缩写可以合成一体。但是，术语的选择（例如，电气安装是否被拆分为"导管"、"线"和"连接"或"管道"、"拉"和"终止"）最好让项目经理或分管工作的人负责。

如果能使承包商、业主和其他有关方面的高层管理人员理解，那么这样的描述则是有用的，但关键路径法是作为一种工具来帮助承包商建设项目，这是它的主要目的，不能忽略。每一个描述都是唯一的，而且在进度计划的其他地方不会出现。虽然所有活动的视野可以组织全部一层的工作，另一种视角则可以通过功能来组织活动。一个"五层结构"有五个以"安装灯具"命名的活动，这样的描述并不完整。

15.2　活动 ID、活动编码和日志

在施工领域，不是每个施工人员都可以直接访问计算机。信息是由施工管理人员通过纸张传递给工长，而不是由电子邮件、笔记本电脑或掌上电脑传递的。因此，虽然活动的号码或 ID 包含一些代码或"信息"，并且额外的代码和日志或笔记本与活动相连，但只有打印在纸上的信息对用户最终是有益的。如前面所述，活动的描述必须能够告诉人们工作的位置以及其他足够多的内容，以使人们区分与其他活动的不同。

但是，明智地使用代码、日志和在已经打印好内容的页面上以可读的方式进行排版更有助于理解对活动的描述。最好的例子是将活动放在特定的页面或规范中。团队领导者希望通过掌上电脑进行立即访问，对其领导的工人，Primavera P3E/C 的创建超链接功能对于他们来说可能是非常有用的，这个超链接将活动与相关工程文件相连。按地理位置编码也是很有帮助的，但这些信息也应在描述中存在。

15.3　通过分配资源进一步明确活动

资源到活动的分配，无论是活动代码还是正确定量的资源代码，进一步定义了该活动所需这些资源的工作范围。如前所述，它要明确该资源是帮助进一步定义活动，而不是扩大或限制活动范围的资源代码 。

15.4　通过紧前工作和紧后工作进一步明确活动

我们注意到，紧前工作和紧后工作也控制着活动的定义。活动的范围仅限于所有的紧前工作完成后，并必须先于任何紧后工作开始。虽然不需要让项目的每一个微小任务都纳入一项活动，但应做出一些努力以保证大规模的工作都包含在活动中。这是因为要是仅仅标题正确，并不意味着该项活动包括这个范围。

15.5　子任务清单

更进一步的采取这一原则，如果任务列表与一项活动相连，那么这个列表中的每项任务都需要该活动的所有紧前工作都完成，并为所有紧后工作做准备。关键路径法中的逻辑本身是该方法的核心，不能模糊到只允许让人们声明每项任务都包含在某项活动之内。

15.6　事件清单

另一方面，如果项目的目的是提供一些成果，而不是简单地完成任务，那么建议为每个完成过程提供一个里程碑事件。例如，如果一个道路工程建设项目要求每座小型水池在受到扰动前做好防护，那么建议设立一个明确的里程碑，用来标明每段道路施工时所有控制侵蚀和沉淀的活动均已完成。

15.7　小结

获取关键路径法逻辑网络图的标注在活动中信息不仅仅是编译活动清单。第一步，总是要确定谁将使用关键路径法并选择合适的代码，以允许可以轻易地传播所收集的一项活动包含信息。分配到活动的资源以及紧前工作和紧后工作也将定义活动的范围。如果一项活动包含许多离散性任务，这些任务可能会列在工作日志或标注在活动中或是作为 P3e/c 的步骤出现。然而，列出这样的任务或子任务是很重要的，因为这可以给予工头或其他线路责任方原本指导的范围。

第 16 章

获 取 工 期

活动范围确定工期的加长。虽然过去有些文献建议首先做一个活动清单，将它们按顺序放置好，然后再确定工期，分配资源和代码，最后汇总计算成本。但显而易见的是，许多确定上述活动范围的工作将用同样的方法执行多次而不仅是一次。等到所有信息收集完成时，活动范围已不像最初设想那样。

因此，在记录所有活动代码、资源代码、成本代码、粗略估计工作量、制作成本核算草稿的时候，在考虑下一项活动时所有上述信息已经进入了项目经理的头脑里。项目经理要有出色的调配技能推导出所有的信息并且将其准确地及时记录。

16.1 根据预计使用的资源估算最佳工期

所以在这一点上，当项目经理提到"下一项"活动时，该团队已快速浏览过工程图纸或规范，基本能够描述该活动的范围。项目经理建议哪些工作人员用哪些设备和其他必需的资源来进行这项工作。虽然我们应该已经知道用物理型约束引导"下一步"工作，我们现在还是可能要记录工作人员、设备、模板以及其他资源的来源。在确定所有这些资源后，项目经理就可以对这一活动工期进行一个最好的预估。

16.2 与绩效评审技术持续时间相比：乐观工期，最可能工期，悲观工期

通常情况下，项目经理可以给出一个工期范围，这是令人鼓舞的。在充分记录高和低的估计值之后（甚至鼓励增加悲观的工期），进度规划者应该问"最可能"的工期。当工作范围更加模糊时，工期存在一定的波动范围，比较它与绩效评审技术做法的实际案例是很有必要的。无论是高还是低的工期被记录到自定义代码字段，或者作为进度规划者笔记的一部分内容，这样的做法有助于减轻项目经理的忧虑，它可以提供更少的准备工作和更准确的信息。

16.3 进度工期与估算工期

虽然进度规划者应该强烈劝阻项目经理，在他编排逻辑网络图时不应去咨询投标预估工期，但是一旦他收集到关键线路的信息，就可以与投标预估工期相比较。无论是使用自定义代码字段或导出到电子表格软件，比如在 Excel 中，关键路径法的持续时间就大致可以转化为工日，并且工日与工时的计算公式为：

$$工期×工作人数×8＝近似工时$$

如果关键线路中的工时总数与预估工时总和相差在5％以内，应该算是"匹配良好"的。请记住，工人数量的编码字段只是相对于一个大致的工人规模（它实际上可能是更大或更小或随着工作的进展变化），辅助用工可能会也可能不会包含在大致工人规模中，计入天（1天为最小单位）或其他计入误差对于精确性关系不大。投标预估工时比关键路径法的工时更多，这很正常，因为它包括需要配合支持的任务，但这在关键路径法中并不存在。按规划分类汇总是可能的，但是可接受的差异级别应该增加。

如果关键路径法的工时和投标预估值之间的差异明显过大，则必须进行仔细审查。这可能是由错误报价而导致实施关键路径法的错误。这样的情况很不受欢迎，最好是在项目初期就了解这些信息而不是等到项目进行了30％之后才发现。

16.4　估算工期与计算工期

在预估工期和规划工期之间，二者对于定义和允许的误差存在差异，但预估工期也可以基于可用资源来预测。在许多领域，特别是施工领域，工人数量的选择是一门艺术，很多时候，一个4人小组并不比一个3人小组生产得更好。虽然纸面上来看一个4人小组预期可能比一个3人小组多完成33％任务，但这是错误的。因此如本书前面所述，不同的偏差使其不太可能从分配资源中精确地计算出工期并在投标预算中确定。

16.5　我们应该在这里加入意外事件吗？

我们鼓励对工期做高和低的估计，但是我们不希望添加意外工作。如果项目经理认为，有显著的可能导致结果与"最可能"工期产生重大偏差，那么这应该被记录下来（也许在一个自定义代码字段，也许可能只在日志或笔记中）。例如，如果项目经理估计开挖工期"最有可能是1周至10天。除非我们挖到石头，这种情况下它可能是3～4周"，进度安排者应该记录所有此评论的代码和日志，但输入为6个工作日或8个日历日的工期。如果统计绩效评审技术型软件是可用的（如Primavera's Monte Carlo或者Pertmaster），单独运行储存的这个信息可以指示出此意外将会影响项目的可能性。例如，这种分析可能表明一条可替换关键路径的可能性，因此需要储备一些时差来应对此类意外。参见图16.5.1。

16.6　估计工期与预期竣工日期："和承诺几乎一样"

在确定工期中，一个特殊的问题是对活动的控制超出了项目经理的掌控。这种情况可能存在，比如其中一个供应商的交货承诺为某一日期（根据约定不得超过出厂日期），但不能提供进一步的细节来检查交付进度直至该项活动完成。显而易见进度规划者可以记录天数或者使用软件计算的工期来进行约束。然而，必须记住的是，只有当承诺完全按时兑现时，预计竣工日期才能按时完成。在编制关键路径法时这看起来并不像一个显著的问题，但在该项目实施过程中，它可能成为一个比较严重的问题，因为进度可能是根据这个最初的承诺而进行的更新，除非在每次更新时通过大量的工作来验证承诺。

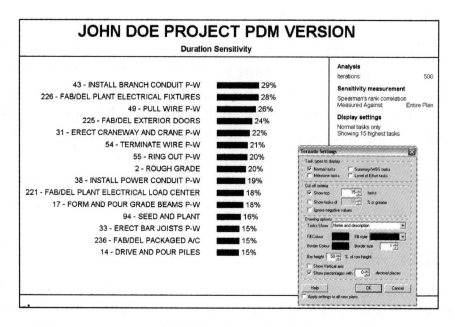

图 16.6.1　Pertmaster 分析测算一项活动工期变化改变关键路线的可能性

16.7　生产力

　　如果要执行的工作量是在活动及其持续时间确定条件下进行记录的，那么将可能会执行另一种交叉检查。再次重申，无论是使用自定义代码字段或导出到 Excel 中，生产率或每天工作量的相关属性都可以通过计算得出。然后，在类似规模的大量活动之后，可以做出快速、直观的比较，并且通过检查那些生产率与其余差距过大的任何活动以核实其所给出的工期。显然，关于生产率的定义（来自于人员规模和其他资源分配）与预算部门所使用的方法不同。

16.8　持续时间和项目日历

　　要确定工期，项目日历是非常重要的。一周的工期是工作 5 天还是 7 天？我们是否应增加节假日所占据的工期？我们是否应增加被季节性天气占据的工期？使用多重日历是复杂的，就像是利用时差来计算，这会导致额外的复杂性。如果只使用一个日历，该方法在一定程度上将会简化。设想在如下情境下：在不合适的季节进行户外工作可以通过进行相应地调整工期来进行处理；但日志或者备忘录应提醒进度规划和其他人，如果该项目被延迟一段时间则可能需要调整。如果使用两个或多个日历，该方法是较为复杂的。如果软件产品的架构提供了一个全局性的日历，通常的（甚至大部分）节假日的日历在这都会涉及。由于软件的复杂性不同，重复性的节假日可能需要或不必逐年输入大量条目。

　　例如，在 SureTrak 软件中，有必要单独录入每个节假日，如 2005 年 1 月 1 日，2006 年 1 月 1 日，2007 年 1 月 1 日。在 Primavera P3，P3E/C 和 Primavera Construction 中，可以输入一个重复的日期，如 1 月 1 日，在毗邻的重复框中选中标记（图 16.8.1）。用户从 P3 和 SureTrak 之间轮换使用经常会有困难，因为 SureTrak 将假期解释为一次性事件，并且它仅发生在第一年。在以前的 MSCS 软件中，在 11 月的第四个星期四会进入假期（美国的感恩节），不过这个功能现在是"失传之艺"，它并没有出现在目前可用的流行软件产品中，替代的是要手动输入 2005 年 11 月 24 日，2006 年 11 月 23 日，2007 年 11 月 22 日这些日期。全球日历将包括所有常见的节假日，而每周 5 个工作日的标准日历则不是。很重要的一点是在大多数软件产品中全局日历和个体日历都没有重复的假期，如 Primavera，记住这一点对我们是有帮助的。假日已经从非工作日移动到下一个非工作日（图 16.8.2）。因此，如果 2006 年 1 月 1 日在全局和标准日历中都被设为假期，并且如果 2006 年 1 月 1 日是星期日，全局日历将表示 2006 年 1 月 2 日是一个非工作日，日历 1 将表示 2006 年 1 月 3 日为非工作日。对于每周工作 7 天的日历，进度规划者应设置另外的全局假期于 1 月 1 日至 12 月 31 日之间的例外情况（图 16.8.3）。

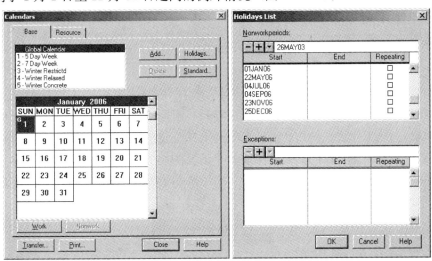

图 16.8.1 全局日历和全局节假日清单

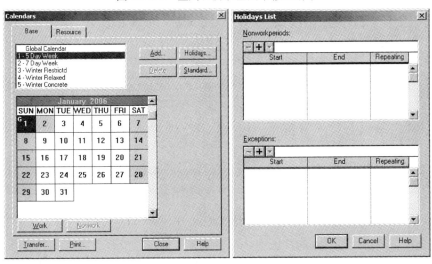

图 16.8.2 每周 5 天工作日的日历和节假日清单。
注意由于 2006 年 1 月 1 日是星期天，则 2006 年 1 月 2 日作为节假日计算

　　因为 2006 年 1 月 1 日是星期日，所以 2006 年 1 月 2 日是一个非工作日。

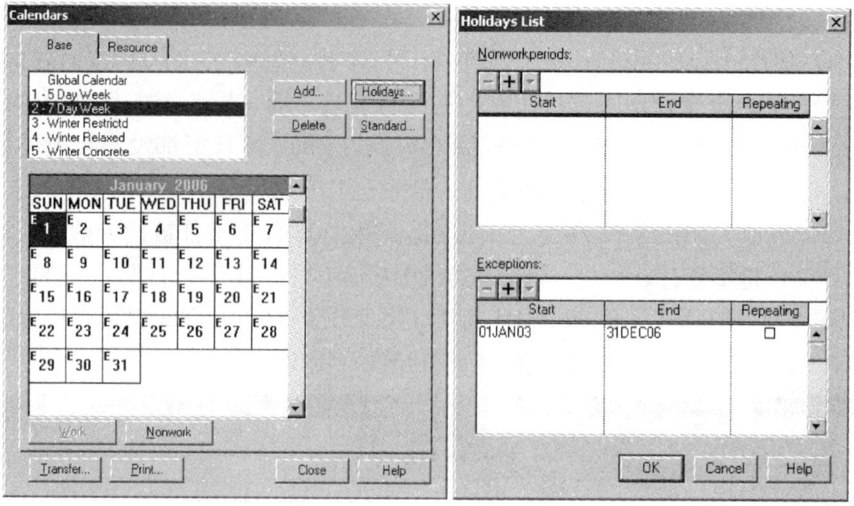

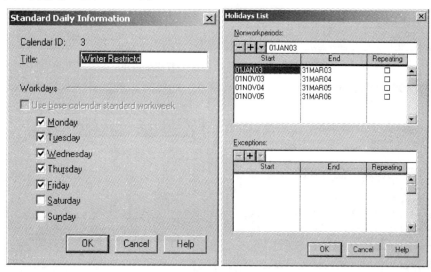

图 16.8.3　每周 7 天工作日的日历和假日清单

　　如果要创建一个天气约束日历，非常重要的一项是列出平均或恶劣天气数量的最低预期，该预期包含非工作日。换句话说，天气约束日历应包括工作日在内，列出可合理预计天气日的最大数量。非工作的天数应该显著少于各公共机构的最大值，从而使该承包商有权延长时间（应当指出这种最大值，视为超出了所期望的合理合同，至少标准差应比该天气天数的平均值大）（图 16.8.4）。

图 16.8.4　冬季约束日历标准和假日清单

　　应注意，在如前所述的全局日历中，不要将非工作日紧接着的之前或之后一个假期列入。同样也要注意不要将意外事件加入。由于日历通常不会在标准表格的打印输出或计划时间表的标准屏幕视图中显示，这是进度计算及其解释的另一个"隐藏"元素。因此，最重要的是谨慎地设置日历，初始事件表述了逻辑网络图，计划进度决定了日历的使用。

16.9 活动间的持续时间

大多数关于持续时间的文章、课程和讨论结束于这一点上，即不考虑活动之间的时间。最多提到滞后可以作为一种手段来使横道图中的两根进度条搭接。然而，所有对于持续时间的讨论，在本章以及全书中，也适用于那些活动之间的时间。

为一个完成到开始的约束提供滞后，这通常代表一些工作正在发生，但是是一个不需要主动注意并且不用进一步考虑的事件。一个例子便是混凝土硬化。即使在这件活动里，一些动作也可能需要或有必要，例如使用麻布覆盖养护和定期浇水来保持混凝土表面潮湿（这种非计划或记录的工作的劳动力成本在哪儿）。

为一个开始到开始的约束提供滞后则需要我们更多的思考，我们不只是把进度条搭接。滞后是否代表前者工作某些部分的完成早于后面部分的开始？以百分之多少计算？为什么？当90%的砌体立起，屋顶防水板在其继续向前穿过女儿墙之前应该放置到位。显然，这是在女儿墙下。其他问题关于为什么的回答，理由可能不那么明显。

也许，我们并不意味着要说前者工作的百分比，更应该设置一个从它开始之后的天数。（请注意，这是流行软件的默认通常定义。开放计划同时支持"完成百分比"和"项目开始的天数"以"开始到开始"的形式开始，很少有其他的软件产品提供给用户此选项。）这种情况可能是，先前活动的内部工作在项目开始时还是未知的，比如一个 IT 项目。

"完成到完成"约束中同样出现类似的问题，我们发现只有当前一项活动100%完成时后面的工作才能继续。如果我们使用大多数软件的默认设置时，我们将只会看到后者的一个不确定部分被推迟，以至于最后无法按时完成，除非在前者之后的几天内完成。在默认（连续工作）的设置中，工作的整个持续时间被推迟，用工作的最早开始时间重新计算 $ES=EF-DUR$。

如果活动之间的间歇时间与之前活动或之后活动的表现无关联，那么没有理由使工期的日程或者其他时间与前面或后面的工作挂钩。在这篇文章提及的软件中，只有 Pertmaster 和 Open Plan 可以将每项滞后活动设置到日历中。本章的其他建议，比如时段（无论是工作还是工作之间）预估的使用需求，也是很恰当的。

16.10 小结

单独活动的持续时间应在工作范围内由工人规模和确定其他资源分配时估计出。工期不应该基于标书中的估算而得出。项目经理应该去用"最可能"工期的方法给出工期的范围。突发事件是可预见但不能预期的，在工期中这些情况不应作为考虑因素，但应该分别记录下来。一旦得到所有工作和其持续的时间，首先进行记录，然后为了验证，工期可以通过标书估算和同样范围的工作工期进行交叉检查。

第 17 章

指　定　约　束

一个"待办事项"列表包含有多项活动。一个有序的"待办事项"列表中包含事项之间某些隐约的关系。很显然，横道图在进度线条排序背后包含着一些思想，但这些信息却很少通过系统的方式进行记录。关键路径法的主要益处在于能够反映活动之间关系的逻辑网络图。

17.1　强制性和任意性的物质约束

关键路径法的基本原则是每项活动（除了网络图中第一项之外）必须紧随其他活动之后进行。作为关键路径法的一种变化形式，箭线图法的基本原则是一项活动只有当其各项紧前活动100％完成时才能开始。同样的规则也适用于前导图法（关键路径法的另一种改进形式）中，它仅要求各项紧前活动的某一可定义的（如果未指定的话）部分全部完成时，才能开始本项活动。

在现实中，这意味着一项活动只有在物质基础建设到位并且所需要资源满足要求的情况下才会开始。每天的计划过程中一部分内容是帮助项目找到并分配必要的资源，并且在资源稀缺的情况下决定"谁优先"；然而，对物质基础的需求是开展活动的先决条件，这个需求通常是不可变的。人们普遍理解的是，每项活动开始前必须至少有一个物质约束。

实际上，这是在拟定关键路径法逻辑而面谈的过程中必需的一部分。当项目经理建议工作队先进行活动1，然后2，然后3，并以此类推时；在另一边，进度规划者必须阻止项目经理赶时间并让其注意所需要的物质逻辑关系（而不是对工作队进行调度）才是主要的考虑因素。因此，在区域1中，对于基础施工的可能顺序是"挖土方、支模板、绑钢筋、浇筑混凝土"等等。

也许这样做的话一些资源逻辑上可能只能停留在笔头上，但所有各方都必须认识到，即使是在筹划阶段，也会发现开挖区域2的土方工作量更大，而项目经理的意图并不打算在这一区域土方开挖完成后停止模板施工，继而撤出工作队。也就是说，更经济的方案可能是1，3，4，5，之后是2。

规则要求每项活动开始前至少要有一项物质约束，此规则经常描述为"只有在墙体建成后才能进行屋面施工"。对此应审慎看待。举例来看，一个大型设备在工厂的滑道上预制（降低安装成本），它交付现场的时间是墙体和屋面完工之后的某一日期。这样的话，项目经理可能会计划在墙上留洞并且（必要的话）配置脚手架，以便在这么晚的交付日期前及时进行屋面施工。这种情况需要根据实际问题事先进行一定程度的筹划，最好是通过关键路径法的拟定过程来提供。

17.2 强制性和任意性的资源约束

只有当所有关键路径法的物质逻辑都记录在面谈过程中，以及通过手算或是软件对项目进行第一次进度运算之后，才有可能检查那些"笔头上"的工作队约束，并且添加其他基于物质逻辑需求的约束。其他资源约束，包括施工设备，模板和材料，可以在此时添加。然而，除非特定的资源预计会出现短缺，那么可能最好放弃这样的决定，直到不久之后该项工作实际将要开始。

另一方面，如果有一种经济计划将模板从一个结构转移到另一个，或最少次数地移动起重机，或使用"A"工作队的工人开展某些活动，现在是时候将这些添加至计划中去。承包方有权按照合同去安排工人以及其他资源，来取得他们最佳的经济效益。这时候应该发出"执行计划"的通知，希望合同各方都给予支持。

17.3 强制性和任意性的时间限制

关键路径法最早实施时，没有足够的能力来"锁定"具体日期是必须开始还是必须完成。因此，除了一些例外，"限制"可以通过使用标准的逻辑或约束来提供，如开工通知和供应商交货之间的天数部分应是"定时活动"。这种旧方法确实存在每次更新时要求手工计算剩余持续时间的缺点，问题的解决应该通过使用"限制"，而不是"约束"完成。然而，由于关键路径法的特点是使用逻辑网络图来计算日期的进度，任何使用限制时不利用逻辑以"锁定"这些日期的行为，都要受到一定程度的怀疑。

一个"不早于开始（SNET）"的约束可能会强制性地将项目的开始设置为开工通知。在某些软件中，这可通过当启动一个新的项目时设定开始时间，并且假设开工通知是第一项活动来完成。

如果进展到项目某一阶段的时间发生延误，但在合同中约定保证某一日期前完成的话，那么"不早于开始"约束同样也是适宜的。

对于某些事件，希望其只在约定的日期发生，并且导致这样事件的更深入的活动细节超出了项目经理的控制范围。如供应商交货，"不早于开始"的约束可作为将此逻辑输入关键路径法的一种手段。但是，如果进度规划者打算使用更新策略去合并前瞻性报告，它可以理解为，这种类型约束的使用将隐藏交付状态，直到它按预期到达。项目经理则完全任由做出承诺的供应商摆布。对于这种应用，建议针对制作和交付这项活动使用预期的完成约束（假设软件支持这种约束）。这样做的好处是在每份前瞻性报告中都添加持续性的制作情况内容，以便提醒项目经理（或下属），每月应至少联系一次供应商以确认一切进展顺利。

一个"不迟于完成（FNLT）"的约束可能强制性设定为项目完成的最晚期限，同时也可以作为合同中要求完成的项目里程碑。承包商同样也乐于将"不迟于完成"的约束设置为内部的最后期限。

其他的定时约束，如"不迟于开始"（SNLT），"不早于完成"（FNET），以及那些需要在特定日期开始或完成而不考虑逻辑是否存疑的活动，应仔细审查，以确定它们是否真正合适。

17.4　约束和限制的误用："将进度条固定在其应属的位置"

必须强调的是，约束（对于活动之间）和限制（对于一项活动）的目的不是为了产生进度，而是为了产生一种关键路径法软件算法能够执行进度运算的逻辑。使用约束来安排活动发生在特定日期或附近是不合适的。对此有一个例子：几年前提交的一份关键路径法计划中，将电梯安装与大楼另一端水冷却器安装进行捆绑施工。当承包商被问及这种约束的逻辑时，得到的答复是："我们要在 11 月中旬开始使用电梯，这是其周围唯一完成的活动。"

使用"不早于开始"和"不迟于完成"的限制仅仅是为了"在横道图中将活动的进度条固定住正确的位置"也同样存在缺陷。必须有一个连贯的原因解释，为什么将活动限制于在指定日期不能开始或必须完成，而该日期与其他紧前或紧后活动的状态是无关的。同样地，使用预期完成的约束清晰表明了项目经理缺乏到达"约定日期"过程的知识，同时还应引起随后使用或审查该关键路径法的人的重视。

17.5　记录每项约束和限制的基础的需求

进度规划者应记录由项目经理和团队提供的逻辑，而不是自己创建逻辑。因此，对于规划者来说，重要的不仅是记录约束和限制，还有它们背后的原因。在工作进行之中，到底是由于物质需求，还是仅仅为了允许模板的重复利用，亦或是建议首选的施工队分配顺序而产生的约束？该软件可能没有合适的位置来记录这些信息（如描述，记录和笔记字段通常分配至活动，而不是分配至活动之间的关系），但该数据可能会记录在进度规划者的笔记或以电子格式存在关键路径法软件外部数据库中（例如，在扩展的表格中有关于活动，紧后活动，关系，滞后和原因的区域，如第 2 章所述）。

17.6　在活动之间选择关系类型

当只有一种关系类型时，一切都是那么简单。那是关键路径法的原始箭线图法版本提供的"完成至开始"关系。在 50 年代末和 60 年代初由范德尔等人提出理论，60 年代末和 70 年代初则由不同学者、私营公司和计算机服务机构研制出软件，其中提出了通过对工具的扩展以阐明其他类型的关系，尤其是两项活动搭接的情况。支持显示活动搭接的附加方式的软件在 20 世纪 80 年代为大众市场（在个人电脑上，而不是在主机）进行了开发。然而，使用非传统的关系不仅仅可以显示两项活动的搭接。该理论还涉及搭接的"方式和原因"。

17.7　传统无滞后的"完成至开始（FS）"约束关系的情况

可悲的是，关键路径法的变化形式—箭线图法的局限意味着用户不必了解或领会背后的关键路径法理论。另一方面，由关键路径法的另一种变形—前导图法产生的新型非传统关系类型则需要掌握并领会这方面的知识。关键路径法的公理依然存在，那就是，一项活动只有当其每一项紧前活动的某一可定义（如果未指定的话）部分全部完成时才可能开始，且只有当工作的某些指定范围100％完成时，活动才能结束。

如果项目经理指出，"活动B可能会在活动A完成90％时开始"，软件并不关心项目经理能否衔接活动A剩余的10％，因为这对于活动B来说不是必需的，但进度规划者必须要求提供这些信息。由于规划者为项目经理工作，项目经理不希望在思考所需的细节时被打扰，所以这样的需求往往得不到满足，而且毕竟软件也不需要这个细节，因此何须打扰。

因为缺乏理解而导致的弊端，以及那些因为故意滥用前导图法的能量而产生的弊端，导致很多业主和工程师把约束条件加在他们的合同文件和说明中。

例如，在21世纪初，PADOT颁布了新的指导规范来强制要求使用只运行前导图法的软件，但软件中将关系类型限定为传统的无滞后的"完成至开始"类型。这不完全是对于那些不当行为进行惩罚的一个例子，但接近于这种效果。通常情况下，PADOT的专业工程师会在工程允许的情况下酌情限量使用非传统的关系，当然这需要进度规划者能够阐释隐藏于活动搭接背后的实际逻辑关系。

17.8　非传统关系的需求

在20世纪的50年代末、60年代、70年代和80年代使用的箭线图法往往需要编造和变通的方法来使得数学的逻辑网络图模型准确符合真实的世界。前导图法的额外效能往往是这些问题的最佳解决方案。进度规划者编制关键路径法不仅要正确地模拟现实世界，更必须要让使用和更新关键路径法变得足够简单，这样才能得到行业领域的认可。

注意图17.8.1，一个1000英尺长的高速公路项目的箭线图法实例。三个独立的工作队（可能是三个独立的分包商）参与此高速公路的建设。工作队1负责开挖第一段50英尺，之后工作队2继续在此处进行垫层施工。当工作队2完成了第一段50英尺垫层后，工作队3便可开始进行铺路工作。（即使在该假设例子中，认为工作队3可以但不必立即开始施工。）请注意，为防止产生错误的逻辑，大量的"虚拟活动"或逻辑限制是必需的。

在20世纪60年代，为防止关键路径法产生大量的毫无意义的细节，各种从业者编造了各种谎言，其中最常用的是在图17.8.1侧面详细描述细节之后创建了一项"挖、垫、铺"的活动。然而这种编造会显著阻碍工人或者分包商进行选择、排序或正确加载网络图。这样的每一种情况都必须以其自身的特殊方式来解决。

相同的信息可以记录在前导图法中，见图17.8.2。请注意，其中只使用了传统的无滞后的"完成至开始"逻辑，但移除了对"虚活动"的需求。然而，活动的数量仍然是相同的，并且更新关键路径法的工作（记录每一项活动的实际开始和完成时间）也很重要。

现在我们可以开始通过压缩网络图来展示工作队之间的依赖关系。见图19.8.3，请注意如何将大型活动中所含任务数量的最少值讲清楚，以充分描述工作队之间的关系。

然而，既然搭接是可能的，它们就可能被误用。图17.8.4显示了使用非传统的逻辑和滞后从而导致完全崩溃的逻辑。再参照本书第二章，当工作队的数量较多时，软件如何正确计算应当减少的工期？由于条件比预期糟糕而开挖进度放缓时，该软件将如何对待这种更新的情况？前导图法理论和软件的进一步拓展，正如关系图法建议的那样，见图

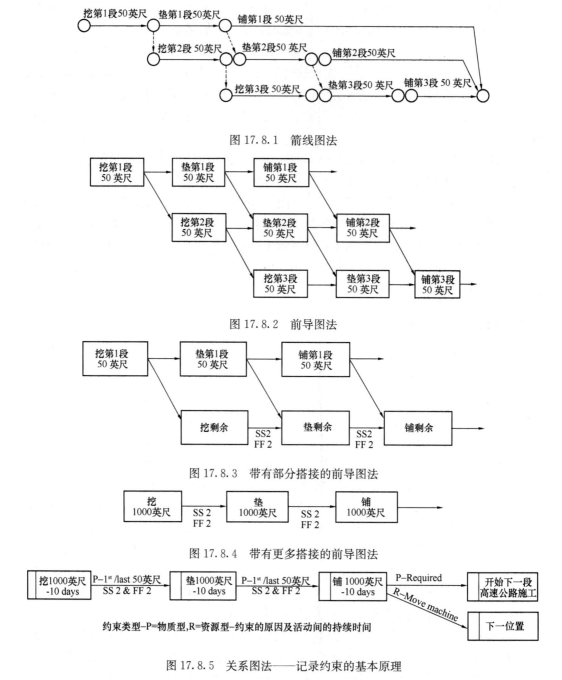

图 17.8.1 箭线图法

图 17.8.2 前导图法

图 17.8.3 带有部分搭接的前导图法

图 17.8.4 带有更多搭接的前导图法

约束类型-P=物质型,R=资源型-约束的原因及活动间的持续时间

图 17.8.5 关系图法——记录约束的基本原理

17.8.5,可以允许网络图被类似地压缩，但仍保留隐含在原始箭线图法模型中的信息。

17.9 非传统关系的期望及由此造成的误用

如 17.8.3 和图 17.8.4，尽管对前导图法非传统关系和滞后的使用，也许比图 17.8.1 中箭线图法的逻辑更容易"编造"，但其可用的快捷性，再加上工具设置在那些只了解软件而不懂关键路径法理论的人手中，这些都导致了误用的发生。"混凝土工程完成了

30%，之后我们将开始机械设备的安装，当机械设备安装完成 30% 之后，我们将开始电气工作”，说出这段话很容易，但为执行这些工作编制一张合适的关键路径法逻辑网络图却很困难。

17.10　流行软件支持的非传统关系

Primavera 软件支持的非传统关系包括以下内容：

■ 开始至开始，从记录的实际开始日期（或者当 PCT＞0 且没有日期记录时的数据日期）计算滞后的天数。

■ 完成至完成，从记录的实际完成日期（或者当 PCT＝100 且没有日期记录时的数据日期）计算滞后的天数。

■ 开始至完成，从记录的实际开始日期（或者当 PCT＞0 且没有日期记录时的数据日期）计算滞后的天数。

■ 通过匹配的或非匹配的滞后，来匹配开始至开始和完成至完成的约束。

■ 匹配开始至开始和完成至开始、完成至完成和完成至开始及其他关系组合，既不拒绝这些匹配，也不标记可能的错误。

■ P3 的滞后是基于紧前活动的日程表，P3E/C 的滞后是基于紧前或者紧后活动的日程表，日程表的选择是基于工程范围的用户选项设置。

Microsoft Project 软件支持的非传统关系包括以下内容：

■开始至开始，从记录的实际开始日期计算滞后的天数。

■完成至完成，从记录的实际完成日期计算滞后的天数。

■开始至完成，从记录的实际开始日期计算滞后的天数。

■一种关系的最大值可被置于任意两项活动之间。

■滞后时间是基于紧后活动的日程表。

17.11　满足正确使用前导图法的最小约束值

将锯通电以后使得作业更容易，但或许造成切割更加困难。不仅在切割前进行测量和标记更加重要，而且电锯的框架造成更难以看到做好的标记。现代的软件使用前导图法产生的效能会导致类似的问题，即关联活动之间或活动总结的逻辑更容易添加，但却很难看到什么将要添加以及什么已经添加。

17.12　审视箭线图法的优势：扩展定义

关于前导图法的一套最少数量的准则应该始自：记住虽然该软件允许用户精简两项活动总结（或两项活动具有相互关联的任务组成）之间的细节，但进度规划者应该认识到，在一定程度上有些事情在别的事情可以开始之前就应该已经 100% 完成了。因此，进度规划者可以理解一个 SS5 的约束表示活动 A 的一些可定义的部分必须在活动 B 开始前完成。他（她）应该记录这方面的知识，即使只是记在本人的笔记上。有了这个备份，进度规划者应该能够说服一个知识渊博的工程师接受这种非传统的关系，即使这是规范所禁止的。

17.13 每项活动的开始都必须有紧前活动

第二个最低标准或不可改变的准则是，每一项活动（第一项除外）的开始都必须有一项物质的紧前活动。换句话说，在该活动可以执行之前有些东西必须就位。即使显而易见该活动应该等到其他活动临近结束时方可进行，但有一些东西一定要到位后才可以启动这项活动。

17.14 每项活动的完成都必须有紧后活动

第三个最低标准是，每一项活动（最后一项除外）的完成都必须有一项物质的紧后活动，而这项活动必须 100% 完成之后别的工作才能进行，即使是像将钥匙交给业主这样的活动。紧后活动可能是另一项活动的开始（完成至开始）或其他活动某些可定义部分的开始（完成至完成）。

17.15 真实世界中活动之间的关系

鉴于流行的软件可能不支持所有项目团队所传达的现实世界的关系，进度规划者的工作不仅是提供必要的"编造"以使得信息输入到电脑，还要提供关键路径法对不同用户相应的所有的解释。规划者必须为其他项目管理人员设置提醒以调整更新后的相应信息。

项目经理可能会说，对于一项为期 10 天的活动而言，一个特定的紧后活动可能会在其工作完成 30% 时开始。如果使用 Primavera 产品，规划者必须选择输入一种 SS3 关系，规定活动 B 可在 A 开始 3 天后进行，并且不必考虑 A 的进度；或者采用一种 FS-7 关系，规定当 A 的剩余时间减少 3 天（由 10 天减少到 7 天）时，B 才可以开始。

关于这两个选项，建议规划者不要使用那种需要滞后值为负的情况，如果这样使用的话可能会创建一个"隐藏"的起始端（如第 11 章讨论），并且通常会加重审查者对关键路径法的批评。如果改变原来的持续时间且每次更新都涉及这项活动的话，规划者必须在此后始终对调整滞后量保持警惕，甚至要保留活动编码来标记活动之间具有这样滞后时间的所有活动。

同样，如果项目经理声明，在活动 B 没有完成之前，为期 20 天的活动 C 的最后 5 天的工作将不能进行。如果 C 剩余的持续时间出乎意料地低于 5 天，那么随后必须警惕地使用一种"编造"的 FF5 关系以满足所需的调整。但是，如果项目经理指出，直到活动 A 已经完成 30% 后，活动 C 方可进行最后 5 天的工作，那么规划者利用现有工具能做的最好事情是使用一种 SF8 关系，并以活动日志或笔记的形式中对其做出适当的解释，因为笔记的内容不能附加至关系中。

17.16 最后的顺向前进路径

检查过程应从第一项活动开始重复进行，要求对每项活动检查其所有必需的紧前逻辑、物质基础、工作队、模板、设备、材料、路径等等，看这些是否已经明确就位。邀请项目团队的所有主要成员如分包商、供应商、业主和工程师们参与其中是非常有用的。

17.17 最后的逆向后退路径

应该确定最终的路径，从最后一项活动开始逆向后退，并删除那些意外混入的逻辑。例如，一个常见的错误是：项目经理可能分配一个工作队进行活动 A，然后是 B、C，直到活动 X，之后项目经理可以指定另一个工作队从事活动 D，然后 E、F，然后到 X。显然，活动 X 只使用这两个班组之一，且来自活动 C 或 F 中的任一个（或两者都有）约束应该被消除。如果打算安排第一个可用的工作队执行这项活动，则任一个工作队都不应被列为硬性约束。请记住，关键路径法的目的是安排工作计划，而不是安排资源以充分利用。这些工作由其他软件工具完成。

17.18 为初始进度选择算法

初始进度的算法选择比算法更新要少。然而，做出这些决定仍然要保持谨慎。而且，这可能是选择将来进度更新使用何种方式的最佳时机。如果是想要那些服从 FF 关系的个体活动不间断地进行，而且不告诉现场人员它们比计划开始时间更早进行（但随后被中断），应该选择临近的进度时间开关。但是，如果工长被提前告知活动可能开始，即使它会中断，也将活动到底何时开始这样操作性的决策交给工长，应选择可中断的进度时间开关。

除非期望计算机关闭进度规划者错误离开的网络图起始端，应使用"显示开口端作为关键"的开关。最后，如果使用非传统的关系，可能会导致 $LF-EF=TF$ 不等于 $LS-ES=TF$，所以一般建议将两者中较为关键者作为总时差进行打印。

对于未来的规划，保留的逻辑提供了更为保守（经常过于保守）的结果，但由于关键路径法的作用是指导，而不是给现场人员做出明确的指示，所以通常会给出更加保守的提醒。最后，除非为了在几种不同的软件系统间进行协调，如 P3 和 SureTrak（不支持该选项），最好是利用从实际开始的日期计算开始至开始的滞后。如果要在办公室和工地现场之间共享文件，运行 P3 或 SureTrak（或 P3 和 Microsoft Project 之间）软件，最好使用最早开始时间选项。这些开关如图 17.18.1 所示。

如果使用的是最新的 Primavera 旗舰软件，P3E/C 或 Primavera Construction，必须指出其他的选项，如图 17.18.2 所示。选择忽略关系，并从其他项目引出一个问题，那就是为什么这样应用。如果 HQ 需要这样来显示，而不是在计算项目中上述内容的影响中使用，则该选项可能被检查。一种可能的用途是用于运行各种"如果……怎么样？"的方案。

同样，如果预期的完成约束使用得当的话，应该没有理由在进度计算中不包括这些约束的使用。

如果它们现在已经过时，最好是把它们删除，而不是显示一种逻辑文件，该文件说的是一件事，而结果却基于另一件事情。在这里，该选项对于编制"如果……怎么样？"的计划有很好的效果。最后，当指定活动之间或滞后之间的持续时间时，进度规划者必须指明使用哪些惯用的日程表，要么用紧前活动日程表（如 P3 和 SureTrak），要么使用紧后活动日程表（如 Microsoft Project 和 Open Plan），或一个全年的日历（无节假日或非工作

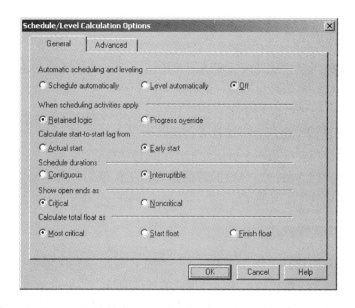

图 17.18.1 进度计算算法开关

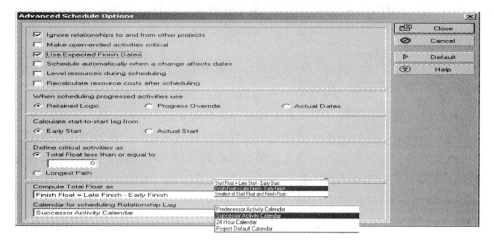

图 17.18.2 P3E/C 高级调度选项

时期），或默认的工程日历（但由规划员设置）。

在可更新的选项中，新的选项可用于计算无序开展的活动的完成日期，实际的日期选项允许规划员输入，作为实际日期。若达到当前期望的日期，那么该活动将会完成。

因此，并非要求项目经理规定活动 A 完成 70%，或者还有 3 天的剩余时间，规划者现在可以接受"我打算下周二把它做完"。

因为这是不佳的进度安排实践，所以并不推荐。

17.19 小结

设置和记录活动之间的关系是区分关键路径法中"待办事项"列表和横道图的一个步骤。重要的是，每项活动（第一项除外）开始前都存在一种表示与其他活动关系的物质约束。同样，重要的是每项活动（最后一项除外）之后都引导着另一种与其他活动的关系，这也反映出物质上的依赖性。假定无限的资源足够使用；但为了说明资源有限，活动之间可以设置额外的关系，以用来传达这些资源优先的流动方向。限制或锁定日期，应谨慎使用，并应按照需求正确地进行记录。

建议使用非传统的关系和滞后时间应保持最少的必要性，这并不仅是为了让关键路径法的编制工作更简单，而是为了保证关键路径法在现场更容易使用。如果使用的话，则必须进行检查，以确保每项活动的开始有一项紧前活动，每项活动完成后有一项紧后活动。进度规划者必须用软件工具进行工作，并且能够将那些关系之间的描述转译成软件可以接收的语言，但随后应该警惕地记住它们并解释由此导致的不准确问题。

最后从项目开始至结束走一遍，再从终点到开始，这是检查关键路径法逻辑是否正确的好方法。规划者必须小心地选择用来计算关键路径法的算法，以使其努力没有白费。

第 18 章

项目案例：约翰·多伊工程

在本章中，为一家小型的工业公司—约翰·多伊公司，编制了厂房、办公室和仓库组合一起的施工计划，并绘制了基本的网络图。

该工程总平面图如图 18.0.1 所示，还有建筑外立面图和透视图，如图 18.0.2 所示。图 18.0.3 展示了电气和下水道区域的场地布置，厂房平面布置见图 18.0.4，办公室平面布置见图 18.0.5；仓库平面布置见图 18.0.6。室内建筑剖面如图18.0.7 和图 18.0.8。

该网络图最初是以原始的箭线图格式绘制的，之后通过前导图法和关系图法进行了分段描述。其原因是，在逻辑网络图的教学中时常强调这些表示活动汇合的时间点，或者事件，或者 i 与 j 节点，非常重要。

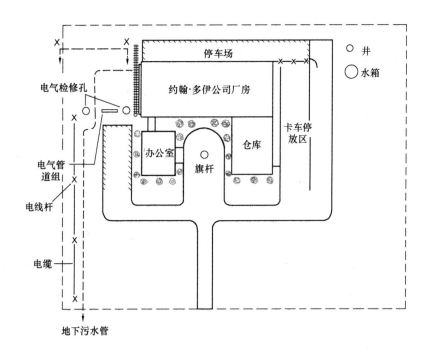

图 18.0.1 总平面布置图（约翰·多伊工程）

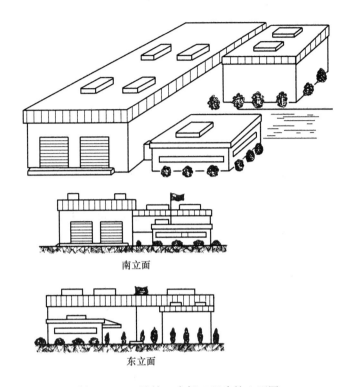

南立面

东立面

图 18.0.2　约翰·多伊工程建筑立面图

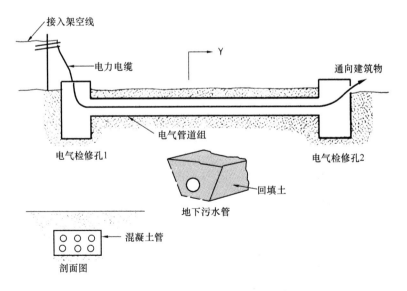

接入架空线

电力电缆

Y

通向建筑物

电气管道组

电气检修孔1

电气检修孔2

回填土

地下污水管

混凝土管

剖面图

图18.0.3　电气管道组××剖面图（基于图 18.3.1）

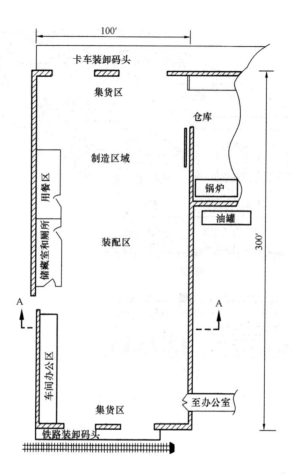

图 18.0.4　厂房平面图

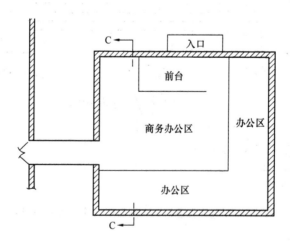

图 18.0.5　办公室平面图

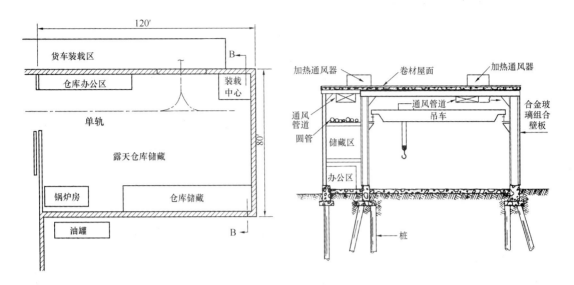

图 18.0.6 仓库平面图　　　　图 18.0.7 AA 剖面图（基于图 18.0.4）

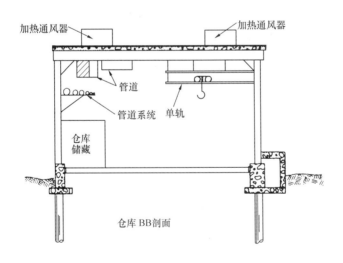

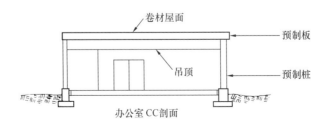

图 18.0.8 BB 和 CC 剖面（基于图 18.0.5 和图 18.0.6）

18.1　获取信息以安排初始进度

本章中讨论的创建逻辑网络图，稍具非典型性，因为并没有提供采访过程的副本，而是直接提供了采访结果。此外，由于读者可能不熟悉所讨论的施工技术，所以首先列出有关活动的几份清单，之后才按照逻辑排序。在现实中专业的进度规划者通常不会如此操作。

采访过程的基础内容包括本章描述的设计图、附加绘图和规范，以及只有项目经理和其他团队成员所知的一些事实和观点。例如，项目的资金来自于业主的当前收入，我们将会看到这一事实对逻辑网络图的影响。

18.2　选择合适代码

我们希望从完整的关键路径法中获得什么样的信息？规定计算日期（ES、EF、LS、LF）以及总时差（TF）是算法的属性，不需要额外的编码。该项目包括若干座建筑和其他结构类型，因此，也许我们需要一种位置代码。这里有几张图纸，我们当然要注意哪张图最能代表所讨论的工作范围。实施过程中将会雇用一些分包商，并且业主已经表示，希望由其他承包商履行部分的工作。由于资金是一个问题，因此为每项活动进行成本估算非常有用；然而，不考虑从关键路径法中产生的支出，所以精确的成本是不必要的。

持续时间的多少将部分取决于作业人员规模，并且应记录这些假设。此外，如果该项目当地的劳动力市场很紧张，那么了解总的人力要求是否超过可供应量十分重要。本章出于描述的目的，这些代码可以在不同的时间添加到逻辑网络图中。然而在现实中，几乎不可能使团队再次集合来为每项活动添加一个或更多的代码，因此，在切实可行范围内，每项活动的所有这些信息将立即予以收集。

18.3　活动清单

该工程场地位于地势低洼区域，长满灌木树丛；土质为砂砾混合上覆黏土层。厂房和仓库的基础约为 30 英尺长的灌注桩。办公楼则采用扩展基础。由于缺水，所以现场将打一口井并安设一座 50000 加仑的水塔，污水和电力管线均远在 2000 英尺之外。电力供应采用架空电线，距办公楼 200 英尺高。从这一点来看，电线将敷设于地面以下。下水道将从部分电线下方通过。上述这些活动为：

测量定线
打井孔
场地清理
安装井泵
粗平场地
安装地下输水管线
灌注桩施工
下水道土方开挖
厂房和仓库土方开挖

安装下水道

灌注桩承台混凝土

设置架空电线

办公楼土方开挖

电气检修孔土方开挖

浇筑扩展基础混凝土

安装电气检修孔

浇筑基础梁混凝土

接通电路

安装电力馈线

厂房和仓库采用钢结构，高强度螺栓连接。厂房内沿全长设置了高空吊车，仓库设置了单轨系统。屋面系统采用轻钢搁架，预制混凝土板上覆卷材防水层。这两栋建筑的壁板采用绝缘金属板，面层为隔热透光玻璃板；两栋建筑的地面均采用现浇混凝土板，板下为压实的砂层。上述这些活动包括：

安装钢结构

螺栓连接

压实板底土层

安装吊车轨道

安装板下水管

安装单轨轨道

浇筑楼板混凝土

安装板下电管

轻钢搁架

安装屋面板

安装壁板

当厂房和仓库的骨架搭设起来以后，用混凝土砌块进行室内隔断（办公室、卫生间等）。室内吊顶安装集成了暖通空调和荧光灯支架；装卸码头采用钢筋混凝土。铁路岔线必须从1英里外的延线引入。这些活动具体为：

砌筑隔墙

场地粗平及铺设铁路道砟

办公室吊顶施工

铁路岔线施工

管道系统施工

货车装卸码头支模与浇筑混凝土

电力管道施工

铁路装卸码头支模与浇筑混凝土

安装支管

安装锅炉

设置电力负荷中心

安装油箱

安装电源板线盒

安装卫生器具

安装电源板内线

安装起重机

安装单轨轨道

安装暖气和通风装置（屋面）

室内涂料施工

卫生间、餐厅瓷砖施工

接电线

户外门施工

安装电气装置

安装室内门

铺地砖（办公室）

管道系统施工

办公楼采用预制混凝土结构形式，外墙砌筑。屋面系统设计为预制板外贴单层防水卷材。室内隔墙采用金属龙骨纸面石膏板，吊顶悬挂。该建筑设有独立的空调装置。这些活动包括：

组装预制结构

安装屋面板

砌筑外墙（空心墙）

安装窗框及玻璃

室内门施工

室内涂料施工

安装卫生器具

室外涂料施工

瓷砖施工（卫生间）

安装照明面板

架设金属龙骨

接电线

木饰处理

地面板施工

吊顶施工

户外门施工

安装石膏板墙

该工程的室外工作包括：

精平场地

种植绿化

安设旗杆

铺设停车区

开通场地道路

场地照明施工

围墙施工

18.4 可以编制一张横道图吗？

此时此刻，已经具有详细的活动列表以及各自持续时间（来自投标估算），就可以很容易地编制出一张横道图，根据每一项活动的时间长短绘制横道线条，并按照开展顺序逐项排列。当然，当向下移动包含几百项活动的列表时，想要检查每一项新活动可能对之前排布的活动线条产生的影响，以及需要随后确定所有必须移动的线条，完成这些的希望将变得渺茫。如果被告知，"好消息，我们的分包商说活动将在预计的一半时间内完成"，那么受益于这一消息，我们可以简单地选择不重新回去校准所有横道线条。也许有更好的方式来实现这些，或许我们应该尝试使用关键路径法逻辑箭线图。

18.5 箭线图法的网络逻辑

第一张粗略的箭线图通常会成为活动列表。出于一些原因，该业主选择采用确定的样式继续进行。为加快工程进度，场地布置和设施安装工作独立打包安排其进度，使之在基础承包商进场之前完成。

该工程基础施工合同内容包括桩基础施工、土方开挖以及所有关于厂房、仓库和办公楼的混凝土施工。由于业主希望从目前的收入中融资，所以仓库和厂房必须在办公楼所有工作开工前完成。混凝土板浇筑后开始进行钢结构安装。在办公楼建造过程中，办公室将暂时设在仓库内。

图 18.5.1 表示该工程现场布置与设施安装工作。

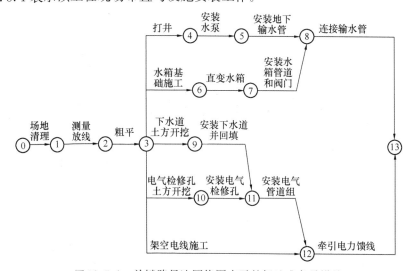

图 18.5.1 关键路径法网络图表示的场地准备及设施

请注意，图中事件已依据传统的 j>i 规则和水平排列的方法进行编号。

事件 0 工程开工。

0-1　场地清理。有必要先于任何勘测工作开始。

1-2　测量定线。不可在场地清理前开始；否则，在清理过程中会丢失许多勘测标杆。

2-3　粗平场地。直到场地布局完成后方可开始。这项活动与整个场地运土设备密切联系。

3-4　打井孔。直到粗平场地完成后才能开始。

4-5　安装井泵。直到井孔成型并安放套管后才能完成。

5-8　安设地下输水管。虽然此工作可能更早开始，但承包商更愿意用泵抽水送至办公地点。

3-6　水箱基础施工。粗平场地后，可以安装这些简单的基础。

6-7　安装水箱。基础浇筑混凝土后方可安装水箱。

7-8　安装水箱管道和阀门。当水箱安装完成后方可进行焊接作业。

8-13　连接输水管。当两部分都完成后方可进行水管连接。

3-9　下水道土方开挖。可以在粗平场地后开始施工。

9-11　安装下水道并回填。紧跟在下水道土方开挖之后，顺序从低到高进行。

3-10　电气检修孔土方开挖。可在粗平场地后进行。

10-11　安装电气检修孔。土方开挖完成后才能开始。

11-12　安装电气管道组。在电气检修孔完成后开始，且还要等到下水管道安装完成，因为下水管道比电气管道埋得更深。

3-12　架空电线施工。可以在粗平场地后开始。

12-13　牵引电力馈线。可以在电力管道和架空线路都准备好接引电缆后开始。

事件 13. 场地布置和设施安装完毕。图 18.5.2 表示约翰·多伊工程的基础和混凝土工作。

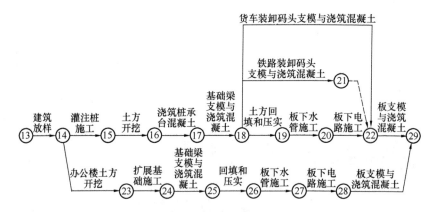

图 18.5.2　约翰·多伊工程的基础和混凝土工作

13-14　建筑放样。需要在基础工程施工开始前进行。

14-15　灌注桩施工。在放样之后进行，这是厂房和仓库基础工程施工的第一步。

15-16　土方开挖。在管道施工之后进行，包括场地精平至终平。

16-17　浇筑桩承台混凝土。在场地精平后开始。

17-18　基础梁支模与浇筑混凝土。本工程基础梁浇筑时贯穿外部桩承台。

18-21　铁路装卸码头支模与浇筑混凝土。该码头实质上是延伸的基础梁。

18-22　货车装卸码头支模与浇筑混凝土。该码头位于办公楼的另外一端，在铁路码头对面，也属基础梁的后部。

18-19　土方回填和压实。在基础梁满足回填要求后才能开始。

19-20　板下水管施工。直到回填完成后才能安装。

20-22　板下电路施工。在水管安装完成后才能安装，因为前者埋深更大。

22-29　板支模与浇筑混凝土。装卸码头和板下准备工作必须在浇筑混凝土前完成。

14-23　办公楼土方开挖。可以在建筑放样工作完成后开始。

23-24　扩展基础施工。可以在土方开挖完成后进行。

24-25　基础梁支模与浇筑混凝土。浇筑在扩展基础的上部。

25-26　回填和压实。在基础梁完成之后进行。

26-27　板下水管施工。安装在回填土中。

27-28　板下电路施工。安装在水管线路的顶部。

28-29　板支模与浇筑混凝土。可以在板下准备工作完成后进行。

事件29. 基础和混凝土合同已完成。图18.5.3表示厂房和仓库的框架安装以及围护结构施工。

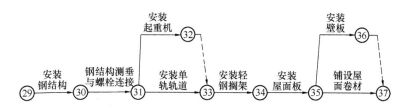

图18.5.3　关键路径法网络图表示的厂房-仓库联合施工

29-30　钢结构安装。跟随基础完成后进行。

30-31　钢结构测垂与螺栓连接。钢结构安装后才可完成。

31-32　安装轨道和起重机。可以在钢结构螺栓连接后完成。为使操作更容易，计划在轻钢搁架安装前进行。

31-33　安装单轨轨道。难度低于起重机轨道，在轻钢搁架施工前安装很方便。

33-34　安装轻钢搁架。可在钢结构安装主要操作完成后开始进行。

34-35　安装屋面板。直到轻钢搁架系统安完后才可完成。

35-37　铺设单层卷材。铺在屋面板顶部。

35-36　安装壁板。由于安全原因在安装屋面板之后进行，且由于金属闪光效果使其更为实用。

事件37. 结构封闭之后，可以开始室内施工。图18.5.4表示厂房和仓库的内部工作。此时，总承包商和机电分包商可以开始进行这些活动。

37-38　设置电力负荷中心。位于仓库的地面板，是成套的装置。

37-43　安装电源板线盒。可安装在砌体墙和钢结构之上。

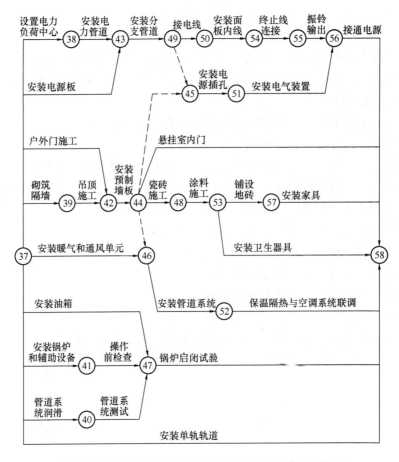

图 18.5.4　关键路径法网络图表示的厂房-仓库室内施工

38-43　安装电力管道。在电气负载中心设置就位后启动运行。

43-49　安装分支电路。遵循主管安装走向以及电源板背盒的安装方式。

49-50　拉电线。跟随电路系统完成后进行。

50-54　终止线连接。这些都是在面板内部接线到位后终止。

55-56　振铃输出。在电路接通后，检查通电情况。

45-51　安装室内电源插座。在支管和石膏板墙完成后开始。

逻辑约束 49-45 和 44-45 的作用好比是传播者。如果 44-45 不存在，"瓷砖施工"将取决于"分支电路"；如果 49-45 不存在，"接电线"将取决于"安装石膏板墙"。

51-56　安装电气装置。在房间插座完成后进行。

37-39　砌筑隔墙。结构一旦封闭就开始。

39-42　悬挂吊顶。砌筑隔墙作为支撑。

37-42　户外门施工。结构封闭后可以悬挂，但必须在安装石膏板墙前进行。

42-44　安装石膏墙板。直到建筑不透风雨且隔墙分区后方可开始。

44-58　悬挂室内门。可在石膏板安装后进行。

44-48　瓷砖施工。可在石膏板安装后进行。

48-53　室内涂料施工。在石膏板安装和铺贴瓷砖后进行。

53-57　铺设地砖。应在房间涂料完成后进行。

57-58　安装家具安装。最后进行家具安装。

53-58　安装卫生器具。在涂料施工后安装。

37-46　安装暖气和通风装置。位于屋顶，可在屋面卷材施工后安装。

46-52　管道系统。可在暖气和通风装置及房间石膏板墙完成后安装。

52-58　隔热和通风管道。管道就位后方可完成。

37-41　安装锅炉和辅助设备。设备位于仓库中，其最好在仓库封闭后安装。该设备尺寸不大，可直接通过房门运进室内。

41-47　操作前检查。锅炉安装后的常规检查。

37-40　管道系统润滑。可在结构封闭后完成。

40-47　管道测试。管道系统完成后进行。

37-47　安装油箱。计划在建筑壁板安装就位后开始，这样土方开挖就不会妨碍壁板施工。

47-58　锅炉启闭测试。在管道系统测试完成、锅炉检查完毕、油料箱备好之后方可进行。

37-58　安装单轨铁路。可以在结构封闭和工程完工之间的任何时间进行。

图 18.5.5 表示办公楼的结构和内部施工。在业主的要求下，这些工作待厂房和仓库完成后进行，其发生时点位于事件 58。

58-59　组装预制结构。这是办公楼施工的第一道工序，因为基础是预先准备好的。

59-60　安装屋面板。必须跟随结构安装后进行，因为使用的是相同的起重机。

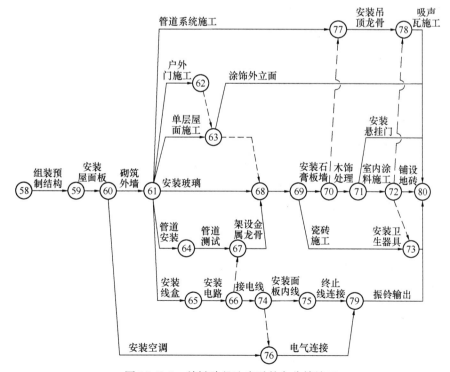

图 18.5.5　关键路径法表示的办公楼施工

60-61　砌筑外墙。紧随屋顶安装。

60-76　安装空调。可在屋面结构完成后尽快进行。

61-77　管道系统施工。在结构封闭后可以开始。如果更早一些开始，其操作会干扰砌筑脚手架。

61-63　屋面卷材施工。跟随砌筑之后进行，这样作业工人就不必在擦拭砌体表面的沥青，这可称为优先逻辑—该操作实际上可以从事件 60 处开始。

61-62　户外门施工。必须等门框安装后进行，门框又与砌筑墙体相关。

61-68　安装玻璃。在窗户内侧安装，窗框与砌体外墙有关。

61-64　管道安装。可在砌体外墙封闭后开始。

61-65　安装电源板线盒。由于盒子置于砌体结构内部，所以其安装可在砌体完成后开始。

63-80　外墙涂料施工。在屋面施工开始后以及门安装完成后开始。

64-67　管道测试。跟随管道安装后进行。

65-66　安装电路。跟随线盒安装之后，因为这是较小的支路电线，而不是主馈线。

66-74　接电线。在电管就位后完成。

67-68　架设金属龙骨。跟随管道试验和电路安装后进行，因为这些管线系统一部分是嵌入石膏板墙或设在墙后。

68-69　安装石膏板墙。直到建筑不透风雨（"玻璃"、"屋面"和"外门"施工完成）且金属龙骨安装完毕后才可开始。

69-70　约束。

69-73　瓷砖施工。也跟随石膏板墙之后进行。

70-71　木饰处理。在石膏板墙安装后进行。

71-72　室内涂料施工。在木装饰作业之后进行。

72-80　铺设地砖。在涂料施工之后，目的是保护地砖。

73-80　安装卫生器具。在室内涂料和瓷砖完成后进行，以保护这些器具。

74-75　安装面板内线。跟随拉电线之后进行。

75-79　终止线连接。跟随面板内线安装之后进行。

76-79　电气连接（空调）。跟随空调设备安装和电气安装之后进行。

77-78　安装吊顶龙骨。在管道安装和石膏板墙之后进行。

78-80　吸声瓦施工。可在吊顶龙骨安装和室内涂料完成后进行。

79-80　振铃输出。电气系统完成后进行。

图 18.5.6 表示场地工作，当结构施工完成（事件 37）时开始。请注意，该图中使用了随机编号，因为到 80 的所有数字在之前的各部分网络图中已经使用过了。当结构承包商离开现场时，以下所有的内容可以开始：

37-93　场地照明施工。

37-92　开通场地道路。

37-91　场地粗平及铺设铁路道砟。

37-90　铺设停车区。

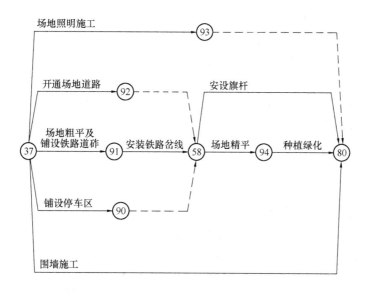

图 18.5.6　关键路径法网络图表示的场地工作

37-80　围墙施工。

91-58　安装铁路岔线。跟随在场地粗平及铺设铁路道砟后进行。

当厂房和仓库完成（事件 58）时，开通场地道路、停车场施工和安装铁路岔线都已准备好。办公楼施工的最后活动包括：

58-80　安设旗杆。

58-94　场地精平。

94-80　种植绿化。

考虑了项目整体应遵循的标准程序，通过编制 6 部分不同阶段内容的关键路径法网络图描述了约翰·多伊工程。每张网络图都是非常有效的。如果图纸空间有限的话，可以将完整的网络图分为 6 页显示。

18.6　逻辑变化实例

如果初始逻辑有误或情况发生改变，则需要通过添加、删除或修正逻辑来修改网络图。例如：

实例 1. 如何修改约翰·多伊工程网络图，实现办公楼与厂房和仓库平行施工？

解决方法：实现办公楼与厂房和仓库平行施工，只需改变 2 项活动：

28-29　直接与办公楼的开始进行连接，要做到这一点，将 28-29 改为 28-99；

58-59　必须与仓库的完成解除关联，将 68-59 改为 99-59。

实例 2. 如果下水道途径水箱的位置，需要如何改变活动展开顺序？

解决方法：如果下水道从水箱基础之下通过，那么活动 9-11 "安装下水道"，必须先于活动 3-6 "水箱基础施工"进行。不要采用约束 11-3 的方式进行操作，否则将会产生一个循环。首先，在事件 3 和水箱基础开始之间添加一个延展约束。

实例 3. 如果厂房的板下水管埋深超过办公楼下水道，那么该如何显示这种限制？

解决方法：如果厂房的水管系统比办公室下水道埋得更深，那么一项限制活动 20-

26，可能需按恰当程序来安排。

实例 4. 如果电力负载中心外围采用的是砌体结构，将需要的变化显示出来。

解决方法：为了显示电力负载中心的封闭情况，有必要从事件 38 到砌筑分区的开始之间添加一个约束。活动 37-39 必须通过一个约束提前进行，以避免形成循环。

实例 5. 如果锅炉对于楼门来说尺寸太大，如何显示必要的逻辑变化？

解决方法：如果锅炉对于楼门来说太大，那么活动 35-36 "安装墙板"，必须修改为在仓库部分预留一个锅炉开口。那么，则必须在楼内安装预制墙板前再添加一项活动 47-42 以封闭开口。

实例 6. 如果牵引主电力馈线是由承包商负责实施，需要做出那些必要改变？

解决方法：如果电力馈线是由承包商接引，那么活动 12-13 必须由约束 12-13 替换。同时，还必须添加一项活动 37-66，牵引电力馈线。

实例 7. 如果"锅炉试验"依靠常规电能进行，在图中所需的变化是什么？

解决方法：如果"锅炉试验"（活动 47-58）取决于电力供应能力，有必要设置一个从活动 56-58 完成到事件 47 的约束；活动 56-58 之后必须紧跟一个约束，以避免产生循环。

在这些例子中，改变的逻辑总是通过是否形成循环来测试，尤其是当修正后的逻辑需要从一个较低的 j 节点连接至一个较高的 i 节点时更是如此。在必要的时候允许违反 j>i 规则，但这样做会增加产生循环的可能性。

18.7　前导图法的网络逻辑

图 18.7.1～图 18.7.4 显示了采用前导图法格式与之前相同的网络图。图 18.7.1 描述的是两栋建筑依次或者同时建造的逻辑关系，图 18.7.2 描述了仓库施工情况，图 18.7.4 则描述了办公室情况。至于这种活动之间直接进行转换的逻辑关系相对于箭线图法是更难还是更易理解，这是留给学生的个人意见。

图 18.7.2 详细描述了一种放大的视图，视图中的两项活动汇合于项目进程中一个未命名但很重要的里程碑上，该里程碑随后开启了大量的额外工作。这在箭线图法的纯逻辑图里面清楚的标注为节点或事件 37。通过观察箭线图法（图 18.5.3、图 18.5.4 和

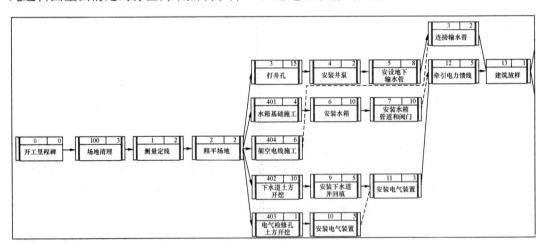

图 18.7.1　前导图法表示的约翰·多伊工程初始场地工作

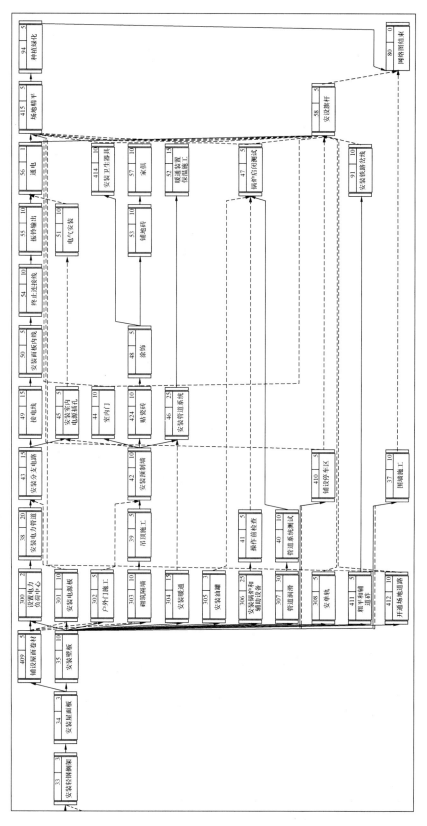

图 18.7.2 前导图法表示的约翰·多伊工程厂房和仓库施工

199

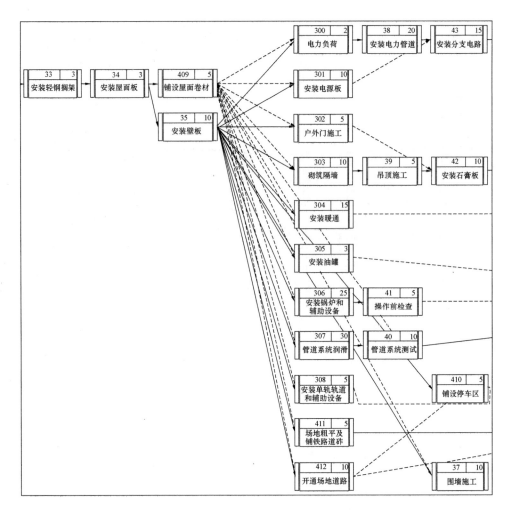

图 18.7.3　约翰·多伊工程网络图汇合节点处施工细节展示

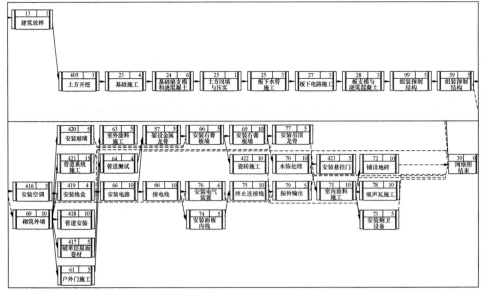

图 18.7.4　前导图法表示的约翰·多伊工程的办公楼施工

图 18.5.6）和图 18.7.2 或图 18.7.3 中的节点 37，来比较该关键点在项目中的影响。若想在前导图法中提供类似的视觉功能，则需要创建一个"虚拟活动"里程碑，就像图 18.7.5 设想的这样。然后，这项新的"活动"必须与其他任何活动同等对待，包括注明开始日期或结束日期，完成百分比等有可能引起进度更新计算中其他问题的内容。

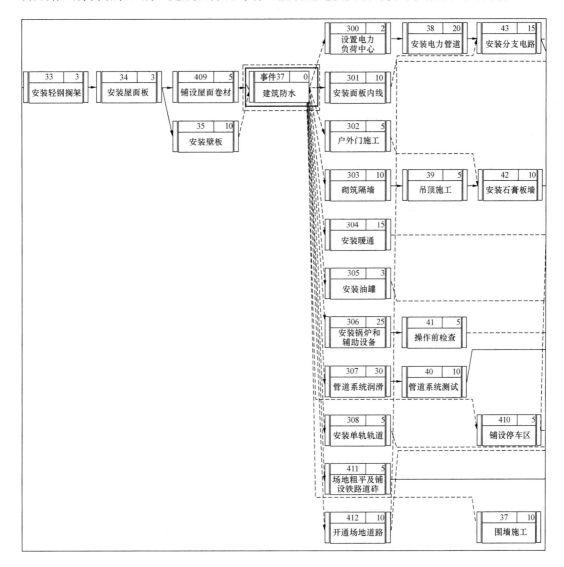

图 18.7.5 约翰·多伊工程节点汇合处里程碑细节的展示

但是，前导图法确实能够描述更为广义的活动，并且还可以通过利用非传统的"开始至开始 SS3"和"完成至完成"超前或滞后的约束将这两项活动进行搭接。在图 18.7.6 中，屋面工程分包商有两项活动：为期 3 天的"安装厂房—仓库屋面板"和为期 5 天的"铺设厂房—仓库屋面卷材"，二者已被组合为一项为期 8 天的"厂房—仓库屋面板安装及卷材施工"活动，并且将活动 409 合并至活动 37 中。随后通过 SS3 约束与活动 35"厂房—仓库壁板安装"相连。虽然这种做法可能会减少活动数量并容易更新进度计划，但在组合这两项活动时可能会有信息的遗失。

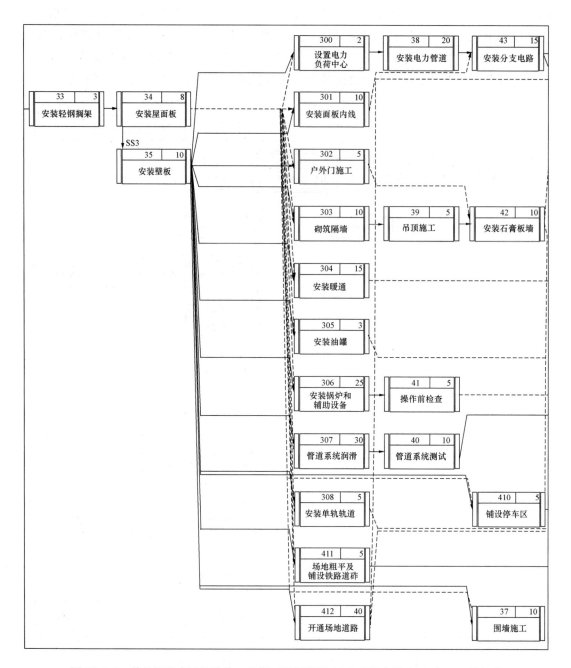

图 18.7.6　前导图法表示的约翰·多伊工程网络图 18.7.2 组合活动 35 和 409 的细节

18.8　关系图法的网络逻辑

　　如前面所述，使用关系图格式编制纯逻辑网络图在获取信息时不应要求付出额外努力，但却需要记录已经获取的数据。如此少的付出所得到的回报应该是一种更易于更新和修改的关键路径法。对图 18.8.1 下部和图 18.5.3，图 18.5.4 和图 18.5.6（箭线图格式）以及图 18.7.2（前导图格式）进行比较。

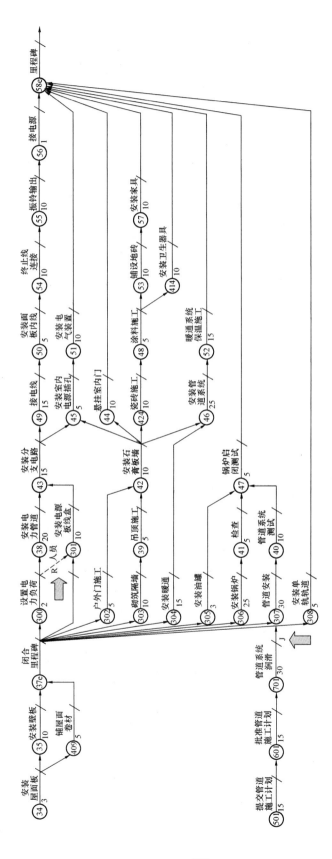

图 18.8.1 关系图法表示的约翰·多伊工程，与图 18.5.4（箭线图形式）和图 18.7.2（前导图形式）形成对比

注意从活动 300 至 301（R=资源，使用相同的施工队）以及 701 至 307（J=及时时间）出现的特殊约束（链接）类别，并注意在事件 37e 和 58e 处使用的专用里程碑

18.9　填充代码

假设项目团队希望只有两种代码，其中包括合同/类别和贸易/分包合同。可以创建一个编码字典，见图 18.9.1 和图 18.9.2。然后就能够将纯关键路径法的计算结果进行输出，见图 18.9.3。

交易/分包合同		
1.土方开挖与回填	10.水箱施工	19.石膏板墙施工
2.测量定线	11.桩基础施工	20.瓷砖施工
3.混凝土施工	12.壁板施工	21.户门施工
4.电气施工	13.屋面施工	22.涂料施工
5.管道施工	14.砌筑施工	23.地砖施工
6.结构安装	15.围墙施工	24.安装家具
7.预制构件施工	16.停车场路面施工	25.安装玻璃
8.暖通空调施工	17.单轨施工	26.木工作业
9.打井施工	18.吊顶施工	27.场地工作

合同/种类

1.场地工作
2.基础施工
3.厂房—仓库结构封闭
4.办公楼施工
5.采购

图 18.9.1　合同
种类代码

图 18.9.2　分包合同编码

I	J	周期			描述	开始		完成		总时差
						最早	最晚	最早	最晚	
0	1	3	1	1	场地清理			3	3	0
1	2	2	1	2	测量定线	3	3	5	5	0
2	3	2	1	1	粗平场地	5	5	7	7	0
3	4	15	1	9	打井孔	7	7	22	22	0
3	6	4	1	3	水箱基础施工	7	8	11	12	1
3	9	10	1	1	下水道土方开挖	7	11	17	21	4
3	10	1	1	1	电气检修孔土方开挖	7	20	8	21	13
3	12	6	1	4	架空电线施工	7	23	13	29	16
4	5	2	1	9	安装井泵	22	22	24	24	0
5	8	8	1	5	安设地下输水管	24	24	32	32	0
6	7	10	1	10	安装水箱	11	12	21	22	1
7	8	10	1	10	安装水箱管道和阀门	21	22	31	32	1
8	13	2	1	10	连接输水管	32	32	34	34	0
9	11	5	1	5	安装下水道并回填	17	21	22	26	4
10	11	5	1	4	安装电气检修孔	8	21	13	26	13
11	12	3	1	4	安装电气管道组	22	26	25	29	4
12	13	5	1	4	牵动引电路支线	25	29	30	34	4
13	14	1	2	2	建筑放样	34	34	35	35	0
14	15	10	2	11	灌注桩施工	35	35	45	45	0
14	23	3	2	1	办公楼土方开挖	35	65	38	68	30
15	16	5	2	1	厂房与仓库土方开挖	45	45	50	50	0

图 18.9.3　约翰·多伊工程顺序输出的日期（一）

I	J	周期			描述	开始		完成		总时差
						最早	最晚	最早	最晚	
16	17	5	2	3	浇筑桩承台混凝土	50	50	55	55	0
17	18	10	2	3	厂房和仓库基础梁支模与浇筑混凝土	55	55	65	65	0
18	19	3	2	1	厂房和仓库土方回填与压实	65	65	68	68	0
18	21	5	2	3	厂房和仓库铁路装卸码头支模与浇筑混凝土	65	73	70	78	8
18	22	5	2	3	厂房和仓库货车装卸码头支模与浇筑混凝土	65	73	70	78	8
19	20	5	2	5	厂房和仓库板下水管施工	68	68	73	73	0
20	22	5	2	4	厂房和仓库板下电路施工	73	73	78	78	0
21	22	0			约束	70	78	70	78	8
22	29	10	2	3	厂房和仓库板支模与浇筑混凝土	78	78	88	88	0
23	24	4	2	3	办公室扩展基础施工	38	68	42	72	30
24	25	6	2	3	办公室基础梁支模与浇筑混凝土	42	72	48	78	30
25	26	1	2	1	办公室土方回填与压实	48	78	49	79	30
26	27	3	2	5	办公室板下水管施工	49	79	52	82	30
27	28	3	2	4	办公室板下电路施工	52	82	55	85	30
28	29	3	2	3	办公室板支模与浇筑混凝土	55	85	58	88	30
29	30	10	3	6	厂房和仓库钢结构安装	88	88	98	98	0
30	31	5	3	6	厂房和仓库钢结构测垂与螺栓连接	98	98	103	103	0
31	32	5	3	6	厂房和仓库安装起重机	103	103	108	108	0
31	33	3	3	6	厂房和仓库安装单轨轨道	103	105	106	108	2
32	33	0			约束	108	108	108	108	0
33	34	3	3	6	厂房和仓库安装轻钢搁架	108	108	111	111	0
34	35	3	3	7	厂房和仓库安装屋面板	111	111	114	114	0
35	36	10	3	12	厂房和仓库安装壁板	114	114	124	124	0
35	37	5	3	13	厂房和仓库铺设卷材屋面	114	119	119	124	5
36	37	0			约束	124	124	124	124	0
37	38	2	3	4	厂房和仓库设置电力负荷中心	124	124	126	126	0
37	42	5	3	6	厂房和仓库户外门施工	124	147	129	152	23
37	43	10	3	4	厂房和仓库安装电源板线盒	124	136	134	146	12
37	39	10	3	14	厂房和仓库砌筑隔墙	124	137	134	147	13
37	46	15	3	8	安装厂房和仓库暖通装置	124	147	139	162	23
37	40	30	3	8	厂房和仓库管道系统润滑	124	157	154	187	33
37	41	25	3	8	厂房和仓库安装锅炉和辅助设备	124	167	149	192	43
37	47	3	3	8	厂房和仓库安装油箱	124	194	127	197	70
37	58	5	3	6	安装仓库单轨轨道	124	197	129	202	73
37	80	10	5	15	围墙施工	124	276	134	286	152

图 18.9.3 约翰·多伊工程顺序输出的日期（二）

I	J	周期			描述	开始		完成		总时差
						最早	最晚	最早	最晚	
37	90	5	5	16	铺设停车区	124	197	129	202	73
37	91	5	5	17	场地粗平及铺设铁路道砟	124	187	129	192	63
37	92	10	5	16	开通场地道路	124	192	134	202	68
37	93	20	5	4	场地照明施工	124	266	144	286	142
38	43	20	3	4	厂房和仓库安装动力管道	126	126	146	146	0
39	42	5	3	18	厂房和仓库吊顶施工	134	147	139	152	13
40	47	10	3	8	厂房和仓库管道系统测试	154	187	164	197	33
41	47	5	3	8	操作前检查	149	192	154	197	43
42	44	10	3	19	厂房和仓库安装预制墙板	139	152	149	162	13
43	49	15	3	4	厂房和仓库安装电路	146	146	161	161	0
44	45	0			约束	149	186	149	186	37
44	46	0			约束	149	162	149	162	13
44	48	10	3	20	厂房和仓库瓷砖施工	149	167	159	177	18
44	58	10	3	21	厂房和仓库悬挂室内门	149	192	159	202	43
45	51	5	3	4	厂房和仓库安装室内电源插孔	161	186	166	191	25
46	52	25	3	8	厂房和仓库安装管道系统	149	162	174	187	13
47	58	5	3	8	锅炉启闭测试	164	197	169	202	33
48	53	5	3	22	厂房和仓库涂饰施工	159	177	164	182	18
49	45	0			约束	161	186	161	186	25
49	50	15	3	4	厂房和仓库接电线	161	161	176	176	0
50	54	5	3	4	厂房和仓库安装面板内线	176	176	181	181	0
51	56	10	3	4	安装电气装置	166	191	176	201	25
52	58	15	3	8	厂房和仓库暖通系统保温施工	174	187	189	202	13
53	57	10	3	22	厂房和仓库铺设地砖	164	182	174	192	18
53	58	10	3	5	厂房和仓库管道安装	164	192	174	202	28
54	55	10	3	4	厂房和仓库终止线连接	181	181	191	191	0
55	56	10	3	4	厂房和仓库振铃输出	191	191	201	201	0
56	58	1	3	4	接通电源	201	201	202	202	0
57	58	10	3	24	厂房和仓库安装家具	174	192	184	202	18
58	59	5	4	7	办公楼安装预制结构	202	202	207	207	0
58	94	5	5	1	精平场地	202	276	207	281	74
58	80	5	5	29	安装旗杆	202	281	207	286	79
59	60	5	4	7	安装办公楼预制屋面板	207	207	212	212	0
60	61	10	4	14	办公楼砌筑外墙	212	212	222	222	0
60	76	5	4	8	安装空调	212	272	217	277	60
61	62	5	4	21	办公楼户外门施工	222	236	227	241	14
61	63	5	4	17	办公楼屋面施工	222	236	227	241	14

图 18.9.3　约翰·多伊工程顺序输出的日期（三）

I	J	周期			描述	开始		完成		总时差
						最早	最晚	最早	最晚	
61	77	15	4	8	办公楼管道系统施工	222	256	237	271	34
61	68	5	4	25	办公楼安装玻璃	222	236	227	241	14
61	64	10	4	8	办公楼安装管道	222	222	232	232	0
61	65	4	4	4	安装电源板线盒	222	222	226	226	0
62	63	0			约束	227	241	227	241	14
63	68	0			约束	227	241	227	241	14
63	80	5	4	22	办公楼外涂料施工	227	281	232	286	54
64	67	4	4	8	办公楼管道测试	232	232	236	236	0
65	66	10	4	4	办公楼安装电路	226	226	236	236	0
66	67	0			约束	236	236	236	236	0
66	74	10	4	4	办公楼接电线	236	256	246	266	20
67	68	5	4	19	办公楼隔墙施工	236	236	241	241	0
68	69	5	4	19	办公楼安装石膏板墙	241	241	246	246	0
69	70	10	4	19	办公楼安装石膏板墙	246	246	256	256	0
69	73	10	4	20	办公楼瓷砖施工	246	271	256	281	25
70	77	0			约束	256	271	256	271	15
70	71	10	4	26	办公楼木饰处理	256	256	266	266	0
71	72	10	4	22	办公楼室内涂料施工	266	266	276	276	0
71	80	5	4	21	办公楼安装悬挂门	266	281	271	286	15
72	80	10	4	20	办公楼铺设地砖	276	276	286	286	0
72	78	0			约束	276	276	276	276	0
72	73	0			约束	276	281	276	281	5
73	80	5	4	5	办公楼安装卫生器具	276	281	281	286	5
74	76	0			约束	246	277	246	277	31
74	75	5	5	4	办公楼安装面板内线	246	266	251	271	20
75	79	10	4	4	办公楼终止线连接	251	271	261	281	20
76	79	4	4	4	空调连接	246	277	250	281	31
77	78	5	4	18	办公楼吊顶龙骨施工	256	271	261	276	15
78	80	10	4	18	办公楼吸声瓦施工	276	276	286	286	0
79	80	5	4	4	振铃输出	261	281	266	286	20
90	58	0			约束	129	202	129	202	73
91	58	10	5	17	安装单轨轨道	129	192	139	202	63
92	58	0			约束	134	202	134	202	68
93	80	0			约束	144	286	144	286	142
94	80	5	5	27	种植绿化	207	281	212	286	74
					结束					

图 18.9.3 约翰·多伊工程顺序输出的日期（四）

18.10　检查输出结果

应该检查计算机输出的错误，这非常重要，因为关键路径法的数据从网络图转移到电脑时很容易出现错误。

未能检查计算机的输出结果已经造成不止一次的失误。有一次，某学校董事会的领导收到一封标明为"好消息"的电报，通知其项目结束日期已经提前了 3 周。但是几个小时之后又发来另一封电报，指出忽视了运行中的一个错误，最终该项目结束日期竟推迟了1周。

计算机可以通过编程定位许多机械错误，但是它不会对诸如"月亮由绿色奶酪制成的"这种观点提出反对，也不能传递关键路径法结果的实用性。

人的因素不可或缺，这是手工计算的一个优势。尽管人们可能会犯许多小错误，但他们不太可能出现大的过失。例如，在手工计算时不会忽略出现的循环问题，但电脑却总被循环所愚弄。

在关键路径法网络图中，这也是一个追踪关键路径的好主意。为了协助对其进行检查，一份按照总时差排序的活动清单非常有用。首先列出关键活动，然后将其总时差按升序排列。该清单对快速审查该项目的管理也是有用的。图 18.10.1 显示约翰·多伊工程按总时差排序的列表。

I	J	持续时间			活动描述	开始时间		完成时间		总时差
						最早	最迟	最早	最迟	
0	1	3	1	1	场地清理			3	3	0
1	2	2	1	2	测量定线	3	3	5	5	0
2	3	1	1	1	粗平场地	5	5	7	7	0
3	4	15	1	7	打井孔	7	7	22	22	0
4	5	2	1	5	安装井泵	22	22	24	24	0
5	8	8	1	5	安设地下输水管	24	24	32	32	0
8	13	2	1	5	连接输水管	32	32	34	34	0
13	14	1	2	2	建筑放样	34	34	35	35	0
14	15	10	2	7	灌注桩施工	35	35	45	45	0
15	16	5	2	1	厂房与仓库土方开挖	45	45	50	50	0
16	17	5	2	3	浇筑桩承台混凝土	50	50	55	55	0
17	18	10	2	2	厂房和仓库基础梁支模与浇筑混凝土	55	55	65	65	0
18	19	3	2	1	厂房和仓库土方回填与压实	65	65	68	68	0
19	20	5	2	5	厂房和仓库板下水管施工	68	68	73	73	0
20	22	5	2	4	厂房和仓库板下电路施工	73	73	78	78	0
22	29	10	2	3	厂房和仓库板支模与浇筑混凝土	78	78	88	88	0
29	30	10	3	6	厂房和仓库安装钢结构	88	88	98	98	0
30	31	5	3	6	厂房和仓库钢结构测垂与螺栓连接	98	98	103	103	0

图 18.10.1　约翰·多伊工程依照总时差进行的局部排序（一）

I	J	持续时间			活动描述	开始时间		完成时间		总时差
						最早	最迟	最早	最迟	
31	32	5	3	6	厂房和仓库安装起重机	103	103	108	108	0
32	33	0			约束	108	108	108	108	0
33	34	3	3	6	厂房和仓库安装轻钢搁架	108	108	111	111	0
34	35	3	3	6	厂房和仓库安装屋面板	111	111	114	114	0
35	36	10	3	7	厂房和仓库安装壁板	114	114	124	124	0
36	37	0			约束	124	124	124	124	0
37	38	2	3	4	厂房和仓库设置电力负荷中心	124	124	126	126	0
38	43	20	3	4	厂房和仓库安装电力管道	126	126	146	146	0
43	49	15	3	4	厂房和仓库安装分支电路	146	146	161	161	0
49	50	15	3	4	厂房和仓库接电线	161	161	176	176	0
50	54	5	3	4	厂房和仓库安装面板内线	176	176	181	181	0
54	55	10	3	4	厂房和仓库终止线连接	181	181	191	191	0
55	56	4	2	3	厂房和仓库振铃输出	191	191	201	201	0
56	58	6	2	3	接通电源	201	201	202	202	0
58	59	5	4	6	办公楼安装预制结构	202	202	207	207	0
59	60	5	4	6	办公楼安装屋面板	207	207	212	212	0
60	61	10	4	7	办公楼砌筑外墙	212	212	222	222	0
61	64	10	4	5	办公楼安装管道	222	222	232	232	0
61	65	4	4	4	安装电源板线盒	222	222	226	226	0
64	67	4	4	5	办公楼管道测试	232	232	236	236	0
65	66	10	4	4	办公楼安装电路	226	226	236	236	0
66	67	0			约束	236	236	236	236	0
67	68	5	4	7	办公楼板条隔断施工	236	236	241	241	0
68	69	5	4	7	打底抹灰	241	241	246	246	0
69	70	10	4	7	罩面抹灰	246	246	256	256	0
70	71	10	4	8	办公楼木饰处理	256	256	266	266	0
71	72	10	4	7	办公楼室内涂料施工	266	266	276	276	0
72	80	10	4	7	办公室铺设地砖	276	276	286	286	0
72	78	0			约束	276	276	276	276	0
78	80	10	4	7	办公室吸声瓦施工	276	276	286	286	0
3	6	4	1	3	水箱基础施工	7	8	11	12	1
6	7	10	1	6	安装水箱	11	12	21	22	1
7	8	10	1	5	安装水箱管道和阀门	21	22	31	32	1
31	33	3	3	6	厂房和仓库安装单轨轨道	103	105	106	108	2
3	9	10	1	1	下水道土方开挖	7	11	17	21	4
9	11	5	1	5	安装下水道并回填	17	21	22	26	4
11	12	3	1	4	安装电气管道组	22	26	25	29	4

图 18.10.1 约翰·多伊工程依照总时差进行的局部排序（二）

I	J	持续时间			活动描述	开始时间		完成时间		总时差
						最早	最迟	最早	最迟	
12	13	5	1	4	牵引电力馈线	25	29	30	34	4
35	37	5	3	7	厂房和仓库铺设卷材屋面	114	119	119	124	5
72	73	0			约束	276	281	276	281	5
73	80	5	4	5	办公楼安装卫生器具	276	281	281	286	5
18	21	5	2	3	厂房和仓库铁路装卸码头支模与浇筑混凝土	65	73	70	78	8
18	22	5	2	3	厂房和仓库货车装卸码头支模与浇筑混凝土	65	73	70	78	8
21	22	0			约束	70	78	70	78	8
37	43	10	3	4	厂房和仓库安装电源板线盒	124	136	134	146	12
3	10	1	1	1	电气检修孔土方开挖	7	20	8	21	13
10	11	5	1	4	安装电气检修孔	8	21	13	26	13
37	39	10	3	7	厂房和仓库砌筑隔墙	124	137	134	147	13
39	42	5	3	8	厂房和仓库吊顶施工	134	147	139	152	13
42	44	10	3	8	厂房和仓库安装石膏板墙	139	152	149	162	13
44	46	0			约束	149	162	149	162	13
46	52	25	3	7	厂房和仓库安装管道系统	149	162	174	187	13
52	58	15	3	7	厂房和仓库暖通系统保温施工	174	187	189	202	13
61	62	5	4	8	办公楼户外门施工	222	236	227	241	14
61	63	5	4	7	办公楼铺设卷材屋面	222	236	227	241	14
61	68	5	4	7	办公楼安装玻璃	222	236	227	241	14
62	63	0			约束	227	241	227	241	14
63	68	0			约束	227	241	227	241	14
70	77	0			约束	256	271	256	271	15
71	80	5	4	8	办公楼安装悬挂门	266	281	271	286	15
77	78	5	4	8	办公楼安装吊顶龙骨	256	271	261	276	15
3	12	6	1	4	架空电线施工	7	23	13	29	16
44	48	10	3	7	瓷砖施工	149	167	159	177	18

图 18.10.1 约翰·多伊工程依照总时差进行的局部排序（三）

另一种流行的列表是按照活动的最早开始时间进行排序。每一天的活动内容都被列出，从关键活动和时差少的活动开始。图 18.10.2 显示了约翰·多伊工程按照最早开始时间的活动排序，图 18.10.3 显示了其依照工作类别的排序，图 18.10.4 则显示了该工程依照合同先后的排序。

虽然这些及其他排序方式是有用的，但重要的是不要陷入生成大量数据的困境中。

大量的数据更容易疏远工地现场的人员，而不是给他们留下深刻的印象。如果现场人员不积极地参与到信息的编制和使用中，那么关键路径法也只能发挥出它一半的效果。

围绕现场人员有效地开展工作，寻找到什么是他们想要的信息以及他们想要的形式。一位现场负责人问道："关键路径法会缩短我的工作进度吗？"我们坚定地回答："是"。然

I	J	持续时间			活动描述	开始时间		完成时间		总时差
						最早	最迟	最早	最迟	
0	1	3	1	1	场地清理			3	3	0
11	2	2	1	2	测量定线	3	3	5	5	0
2	3	2	1	1	粗平场地	5	5	7	7	0
3	4	15	1	7	打井孔	7	7	22	22	0
3	6	4	1	3	水箱基础施工	7	8	11	12	1
3	9	10	1	1	下水道土方开挖	7	11	17	21	4
3	10	1	1	1	电气检修孔土方开挖	7	20	8	21	13
3	12	6	1	4	架空电线施工	7	23	13	29	16
10	11	5	1	4	安装电气检修孔	8	21	13	26	13
6	7	10	1	6	安装水箱	11	12	21	22	1
9	11	5	1	5	安装下水道并回填	17	21	22	26	4
7	8	10	1	5	安装水箱管道和阀门	21	22	31	32	1
4	5	2	1	5	安装井泵	22	22	24	24	0
11	12	3	1	4	安装电气管道组	22	26	25	29	4
5	8	8	1	5	安设地下输水管	24	24	32	32	0
12	13	5	1	4	牵引电力馈线	25	29	30	34	4
8	13	2	1	5	连接输水管	32	32	34	34	0
13	14	1	2	2	建筑放样	34	34	35	35	0
14	15	10	2	7	灌注桩施工	35	35	45	45	0
14	23	3	2	1	办公楼土方开挖	35	65	38	68	30
23	24	4	2	3	办公楼扩展基础施工	38	68	42	72	30
24	25	6	2	3	办公楼基础梁支模与浇筑混凝土	42	72	48	78	30
15	16	5	2	1	厂房与仓库土方开挖	45	45	50	50	0
25	26	1	2	1	办公楼土方回填与压实	48	78	49	79	30
26	27	3	2	5	办公楼板下水管施工	49	79	52	82	30
16	17	5	2	3	浇筑桩承台混凝土	50	50	55	55	0
27	28	3	2	4	办公楼板下电路施工	52	82	55	85	30

图 18.10.2 约翰·多伊工程依照最早开始时间进行的局部排序

后他指出,仅仅翻阅这 2 英寸厚的纸张将花费他相当长的时间,这些纸张是他项目的最早开始时间的排序。

这些建设性批评的结果是,我们为他提供了未来 2 个月最早开始和最迟开始时间的列表。没有必要提供明年的关键路径法信息,届时我们配置一台新电脑,每月均进行运算。

对于管理而言,最早开始时间的排序通常过于细化,造成"只见树木,不见森林"。

I	J	持续时间			活动描述	开始时间		完成时间		总时差
						最早	最迟	最早	最迟	
13	14	1	2	2	建筑放样	34	34	35	35	0
3	6	4	1	3	水箱基础施工	7	8	11	12	1
16	17	5	2	3	厂房和仓库浇筑桩承台混凝土	50	50	55	55	0
17	18	10	2	3	厂房和仓库基础梁支模与浇筑混凝土	55	55	65	65	0
18	21	5	2	3	厂房和仓库铁路装卸码头支模与浇筑混凝土	65	73	70	78	8
18	22	5	2	3	厂房和仓库货车装卸码头支模与浇筑混凝土	65	73	70	78	8
22	29	10	2	3	厂房和仓库板支模与浇筑混凝土	78	78	88	88	0
23	24	4	2	3	办公楼扩展基础施工	38	68	42	72	30
28	29	3	2	3	办公楼板支模与浇筑混凝土	55	85	58	88	30
3	12	6	1	4	架空电线施工	7	23	13	29	16
10	11	5	1	4	安装电气检修孔	8	21	13	26	13
11	12	3	1	4	安装电气管道组	22	26	25	29	4
12	13	5	1	4	牵引电力馈线	25	29	30	34	4
20	22	5	2	4	厂房和仓库板下电路施工	73	73	78	78	0
27	28	3	2	4	办公楼板下电路施工	52	82	55	85	30
37	38	2	3	4	厂房和仓库设置电力负荷中心	124	124	126	126	0
37	43	10	3	4	厂房和仓库安装电源板线盒	124	136	134	146	12
37	93	20	5	4	场地照明施工	124	266	144	286	142
38	43	20	3	4	厂房和仓库安装电力管道	126	126	146	146	0
43	49	15	3	4	厂房和仓库安装分支电路	146	146	161	161	0
45	51	5	3	4	安装室内电源插座	161	186	166	191	25
49	50	15	3	4	厂房和仓库接电线	161	161	176	176	0
50	54	5	3	4	厂房和仓库安装面板内线	176	176	181	181	0
51	56	10	3	4	安装电气装置	166	191	176	201	25
54	55	10	3	4	厂房和仓库终止线连接	181	181	191	191	0
55	56	10	3	4	厂房和仓库振铃输出	191	191	201	201	0

图 18.10.3 约翰·多伊工程依照工作类别的输出结果（局部）

通过简洁的术语，以关键活动和近似关键活动排序方式足以对项目进展的状态进行报告。

在关键路径法信息计算中，另一个需要注意的地方是：它实际上和网络图信息的输入一样。一位土力学教授在有关土的强度计算公式上也提出类似警告。他反对使用微积分公式，将现场信息推导至第 n 个自由度。其前提是把粗略的现场数据隐匿于精练的数学公式中存在固有的风险。

I	J	持续时间			活动描述	开始时间		完成时间		总时差
						最早	最迟	最早	最迟	
57	58	10	3	24	厂房和仓库安装家具	174	192	184	202	18
56	58	1	3	4	接通电源	201	201	202	202	0
58	59	5	4	7	办公楼组装预制结构	202	202	207	207	0
59	60	5	4	7	办公楼安装屋面板	207	207	212	212	0
60	61	10	4	14	办公室砌筑外墙	212	212	222	222	0
60	76	5	4	8	安装空调	212	272	217	277	60
61	62	5	4	21	办公楼户外门施工	222	236	227	241	14
61	63	5	4	17	办公楼铺设卷材屋面	222	236	227	241	14
61	68	5	4	25	办公楼安装玻璃	222	236	227	241	14
61	64	10	4	8	办公楼管道安装	222	222	232	232	0
61	65	4	4	4	安装电源板线盒	222	222	226	226	0
65	66	10	4	4	办公楼安装电路	226	226	236	236	0
63	80	5	4	22	办公楼外墙涂料施工	227	281	232	286	54
64	67	4	4	8	办公楼管道测试	232	232	236	236	0
66	74	10	4	4	办公楼接电线	236	256	246	266	20
67	68	5	4	19	办公楼架设金属龙骨	236	236	241	241	0
68	69	5	4	19	办公楼安装石膏板墙	241	241	246	246	0
69	70	10	4	19	办公楼安装石膏板墙	246	246	256	256	0
69	73	10	4	20	办公楼瓷砖施工	246	271	256	281	25
76	79	4	4	4	空调电气连接	246	277	250	281	31
70	71	10	4	26	办公楼木饰处理	256	256	266	266	0
77	78	5	4	18	办公楼安装吊顶龙骨	256	271	261	276	15
71	72	10	4	22	办公楼室内涂料施工	266	266	276	276	0
71	80	5	4	21	办公楼安装悬挂门	266	281	271	286	15
72	80	10	4	20	办公楼铺设地砖	276	276	286	286	0
78	80	10	4	18	办公楼吸声瓦施工	276	276	286	286	0

图 18.10.4 约翰·多伊工程依照合同顺序的输出结果

在一个化工厂的工程应用中，即便是依照简明的最早开始时间排序，现场人员也是毫无反应。该工厂的一位工程师灵机一动，并拿出剪刀，将活动描述列表进行裁剪（剪掉所有计算活动时间以及 I-J 编号）。一旦以简单的列表形式展示出来，现场的人都愿意用它来工作。

任何与计算机相关的事情通常都会产生心理障碍。在某些情况下这是合理的。并且计算机专家都会定期在网络图分析中取得突破。

例如，至少三个不同的面向计算机的团队提出了类似于关键路径法的输出电脑结果的方法，并且不需要绘制图表。这样的计算结果自然是值得怀疑的。第一，如果现场人员对箭线图的计算结果有强烈的保留意见，那么他们对得出的计算进度没有基于图表或切实的计划会作何反应？第二，如果关键路径法的计算必须仔细检查是否有错误，那么缺少图表的计算机输出结果依据什么来进行检查？

没有图表的支持同样也可以生成输出结果。比如高层建筑项目中采用的一种权益方法，我们已经编制了一个楼层的基本关键路径法的进度计划，然后重新生成计划以适应其他的类似楼层。同样的方法也适用于某宿舍的改造项目，该项目包含 8 个类似的侧厅。

然而在这两种情况下，我们都准备了一种"完成的"关键路径图来支持计算。"少图表形式的进度计划"的支持者认为编制箭线图是苦差事。当然，这也是单调乏味的，但使用它的价值远超证明其功效的努力，因为它提供了对计划编制者思想的图形表达。

采用计算机方法的支持者认为，编制者必须脱离图纸和铅笔的帮助实现箭线图可视化，同时摆脱图表提供记录的优势。该编制者也很可能错过许多箭线图显示的微妙连接。尽管去图表化做法的功效对于那些支持者来说非常明显，但其应用似乎仍有局限。

少图表形式的计算机输出最终呈现的是一张基于关键路径法计算结果的图表，这将在后面的章节中再次提及。

18.11 日历日期

到目前为止，本章中出现的活动列表已按照工程的天数给出。工程日历有必要使用输出么？不，在电脑上用一个相对简单的步骤，可以使用日历日期进行输出。图 18.11.1 是约翰·多伊工程的日历，它假定 6 月 1 日为开始日期，并跳过周末和节假日。对于活动 4－5（安装井泵）的最早开始时间是 22 天，最迟完成时间是 24 天。从工程日历中看出，最早开始时间是 2000 年 7 月 5 日，最迟完成时间是 2000 年 7 月 7 日。活动时间列表等同于日历时间列表，如表 18.11.1 所示。

| 日历天数取代工程天数 | | | | | | | 表 18.11.1 |
活动	持续时间（天）	描述	最早开始时间*	最早结束时间*	最迟开始时间*	最迟结束时间*	时差（天）
0-1	3	场地清理	7-1	7-3	7-1	7-3	0
1-2	2	测量定线	7-3	7-8	7-3	7-8	0
2-3	2	粗平场地	7-8	7-10	7-8	7-10	0
3-4	15	打井孔	7-10	7-31	7-10	7-31	0
3-6	4	水箱基础施工	7-10	7-16	7-13	7-17	1
3-9	10	下水道土方开挖	7-10	7-24	7-16	7-30	4
3-10	1	电气检修孔土方开挖	7-10	7-13	7-29	7-30	13
3-12	6	设置架空电线	7-10	7-20	8-3	8-11	16
4-5	2	安装井泵	7-31	8-4	7-31	8-4	0

* 代表日期，例如，7-1 表示 7 月 1 日。

虽然日历制的信息更加有用，但每行多出来的 8 位数字使阅读活动列表变得更加困难。由于最早开始时间和最迟完成时间是通常所提及的时间，因此最早完成时间和最迟开

6月　　　　　　　　　　　2000

星期日	星期一	星期二	星期三	星期四	星期五	星期六
				1 WP-1	2 WP-6	3
4	5 WP-1	6 WP-2	7 WP-3	8 WP-4	9 WP-5	10
11	12 WP-6	13 WP-7	14 WP-8	15 WP-9	16 WP-10	17
18	19 WP-11	20 WP-12	21 WP-13	22 WP-14	23 WP-15	24
25	26 WP-16	27 WP-17	28 WP-18	29 WP-19	30 WP-20	

7月　　　　　　　　　　　2000

星期日	星期一	星期二	星期三	星期四	星期五	星期六
						1
2	3 WP-21	4	5 WP-22	6 WP-23	7 WP-24	8
9	10 WP-25	11 WP-26	12 WP-27	13 WP-28	14 WP-29	15
16	17 WP-30	18 WP-31	19 WP-32	20 WP-33	21 WP-34	22
23	24 WP-35	25 WP-36	26 WP-37	27 WP-38	28 WP-39	29
30	31 WP-40					

8月　　　　　　　　　　　2000

星期日	星期一	星期二	星期三	星期四	星期五	星期六
		1 WP-41	2 WP-42	3 WP-43	4 WP-44	5
6	7 WP-45	8 WP-46	9 WP-47	10 WP-48	11 WP-49	12
13	14 WP-50	15 WP-51	16 WP-52	17 WP-53	18 WP-54	19
20	21 WP-55	22 WP-54	23 WP-57	24 WP-58	25 WP-59	26
27	28 WP-40	29 WP-41	30 WP-42	31 WP-43		

9月　　　　　　　　　　　2000

星期日	星期一	星期二	星期三	星期四	星期五	星期六
					1 WP-64	2
3	4	5 WP-65	6 WP-66	7 WP-67	8 WP-68	9
10	11 WP-69	12 WP-70	13 WP-71	14 WP-72	15 WP-73	16
17	18 WP-74	19 WP-75	20 WP-76	21 WP-77	22 WP-78	23
24	25 WP-79	26 WP-80	27 WP-81	28 WP-82	29 WP-83	30

10月　　　　　　　　　　　2000

星期日	星期一	星期二	星期三	星期四	星期五	星期六
1	2 WP-84	3 WP-85	4 WP-86	5 WP-87	6 WP-88	7
8	9 WP-89	10 WP-90	11 WP-91	12 WP-92	13 WP-93	14
15	16 WP-94	17 WP-95	18 WP-96	19 WP-97	20 WP-98	21
22	23 WP-99	24 WP-100	25 WP-101	26 WP-102	27 WP-103	28
29	30 WP-104	31 WP-105				

11月　　　　　　　　　　　2000

星期日	星期一	星期二	星期三	星期四	星期五	星期六
			1 WP-106	2 WP-107	3 WP-108	4
5	6 WP-109	7 WP-110	8 WP-111	9 WP-112	10 WP-113	11
12	13 WP-114	14 WP-115	15 WP-116	16 WP-117	17 WP-118	18
19	20 WP-119	21 WP-120	22 WP-111	23	24 WP-122	25
26	27 WP-123	28 WP-124	29 WP-125	30 WP-126		

12月　　　　　　　　　　　2000

星期日	星期一	星期二	星期三	星期四	星期五	星期六
					1 WP-127	2
3	4 WP-128	5 WP-129	6 WP-130	7 WP-131	8 WP-132	9
10	11 WP-133	12 WP-134	13 WP-135	14 WP-136	15 WP-137	16
17	18 WP-138	19 WP-139	20 WP-140	21 WP-141	22 WP-142	23
24	25	26 WP-143	27 WP-144	28 WP-145	29 WP-146	30
31						

1月　　　　　　　　　　　2001

星期日	星期一	星期二	星期三	星期四	星期五	星期六
	1	2 WP-147	3 WP-148	4 WP-149	5 WP-150	6
7	8 WP-151	9 WP-152	10 WP-153	11 WP-154	12 WP-155	13
14	15 WP-156	16 WP-157	17 WP-158	18 WP-159	19 WP-160	20
21	22 WP-161	23 WP-162	24 WP-163	25 WP-164	26 WP-165	27
28	29 WP-166	30 WP-167	31 WP-168			

2月　　　　　　　　　　　2000

星期日	星期一	星期二	星期三	星期四	星期五	星期六
				1 WP-169	2 WP-170	3
4	5 WP-171	6 WP-172	7 WP-173	8 WP-174	9 WP-175	10
11	12 WP-176	13 WP-177	14 WP-178	15 WP-179	16 WP-180	17
18	19 WP-181	20 WP-182	21 WP-183	22 WP-184	23 WP-185	24
25	26 WP-186	27 WP-187	28 WP-188			

3月　　　　　　　　　　　2001

星期日	星期一	星期二	星期三	星期四	星期五	星期六
				1 WP-189	2 WP-190	3
4	5 WP-191	6 WP-192	7 WP-193	8 WP-194	9 WP-195	10
11	12 WP-196	13 WP-197	14 WP-198	15 WP-199	16 WP-200	17
18	19 WP-201	20 WP-202	21 WP-203	22 WP-204	23 WP-205	24
25	26 WP-206	27 WP-207	28 WP-208	29 WP-209	30 WP-210	31

4月　　　　　　　　　　　2001

星期日	星期一	星期二	星期三	星期四	星期五	星期六
1	2 WP-211	3 WP-212	4 WP-213	5 WP-214	6 WP-215	7
8	9 WP-216	10 WP-217	11 WP-218	12 WP-219	13 WP-220	14
15	16 WP-221	17 WP-222	18 WP-223	19 WP-224	20 WP-225	21
22	23 WP-226	24 WP-227	25 WP-228	26 WP-229	27 WP-230	28
29	30 WP-231					

5月　　　　　　　　　　　2001

星期日	星期一	星期二	星期三	星期四	星期五	星期六
		1 WP-232	2 WP-233	3 WP-234	4 WP-235	5
6	7 WP-236	8 WP-237	9 WP-238	10 WP-239	11 WP-240	12
13	14 WP-241	15 WP-242	16 WP-243	17 WP-244	18 WP-245	19
20	21 WP-246	22 WP-247	23 WP-248	24 WP-249	25 WP-250	26
27	28	29 WP-251	30 WP-252	31 WP-253		

图 18.11.1　约翰·多伊工程日历

始时间则经常隐藏在活动时间的日历中，时差栏是挑选关键路径的最快方式。

　　如果一项工程开始于 7 月 29 日而不是 7 月 1 日，您是否将需要建立一个新的日历？在工程天数中，7 月 1 日与 7 月 29 日开工的差距是 20－1，或者 19 天。从 19＋10 或者 29 日起查找工程第 10 天所对应的日期为 8 月 11 日。因此，一个工程日历可用于多个项目。

　　为使用日历来确定两个日期之间的工程天数，在每一个日期输入表格，同时减去参考数字来获得净工程天数。反过来，该表格也可以在任何日期输入，并且可以加上或减去日历天数，来区分通过一组天数与其他日期相分离的日期。工程日历也可以按逐日方式生成，结果将导致周末及假期时间也纳入进度安排。虽然看似不合逻辑，但这种日历对于以日历天来表示进度的项目合同却很有效。

18.12 小结

在本章中，使用关键路径法对一个轻工业项目安排了进度计划。对该工程每一部分涉及的活动均进行了定义，并绘制了各部分的关键路径法网络图。在描述网络图施工过程中，使用了一种索引或字典的方法。虽然这对于关键路径法非常有用，但是由于需要额外的工作，此法并不常用。

第3部分

关键路径法进度计划的实践

第 19 章

劳 动 力 的 均 衡

前面章节的讨论都集中在使用关键路径法编制工程项目进度计划的理论和数学基础上。其假设劳动力和设备等资源能满足使用需要。当然，现实中这一假设通常并非总是成立。负责项目的计划编制者、现场主管和工程师们通过调整活动的时差以均衡开展工作。在这样的情况下，他们必须先进行关键活动和时差值小的活动；而时差值大的活动则作为替补性的工作来完成。随着项目进程的深入，时差值也发生改变，这使得安排活动进度中的日常更新变得非常重要。

假设约翰·多伊工程的第一阶段要由海军修建营队员越洋完成，然后对每一项活动均分配一种劳动力类型（例如多面手型施工人员）将直接分配给每项活动。同时假定，设备是足够用的。见表 19.1.1。

约翰·多伊工程所需资源 表 19.1.1

i-j	活动	劳动人数
0-1	场地清理	4
1-2	测量定线	5
2-3	粗平场地	4
3-4	打井孔	3
3-6	水箱基础施工	4
3-9	下水道土方开挖	6
3-10	电气检修孔土方开挖	2
3-12	架空电线施工	6
4-5	安装井泵	2
5-8	安设地下输水管	8
6-7	安装水箱	10
7-8	安装水箱管道	6
8-13	连接输水管	4
9-11	安装下水道	8
10-11	安装电气检修孔	6
11-12	安装电气管道组	10
12-13	牵引电力馈线	5

　　为确定该工程劳动力要求，通过箭线图来测量和绘制劳动力与时间关系图。首先画出关键路径，0-2-3-4-5-8-13，并且绘出关键劳动力。这必然是初始的步序，因为这一部分，劳动力的需求是固定的。图 19.1.1 显示的是关键路径以及相关的劳动力。在时差路径中，可灵活绘制劳动力。为获得计划需要的最大值，首先从最早开始时间开始，绘制所有时差路径。第一条路径 3-6-7-8 时差值很小。由于劳动力已经按照最早时间绘出，因此会导致过早的劳动力需求高峰。如果所有活动都以最早时间开始的话，则高峰需求是 31 名工人，并且它将发生在 11 日。

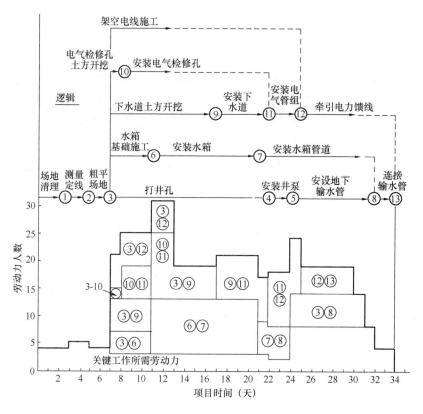

图 19.1.1　最早开始所需劳动力的最大值

　　图 19.1.2 展示了基于开始的时差活动及其最迟开始日期绘制的类似劳动力曲线图。此时劳动力高峰是 34 名工人，并且直到 24 日才出现。图 19.1.3 展示了包括最早开始时间（细线）和最迟开始时间（粗线）的劳动力曲线。A 区域为两曲线所共有，而区域 B 和 C 仅在最早开始曲线覆盖之下，D 和 E 则仅在最迟开始曲线覆盖之下。曲线覆盖的面积表示劳动量（工人数×项目时间）。由于曲线下的劳动量必须相等，则最早开始时间与最迟开始时间曲线面积的差值必须相等。即

因为　　　　　　　　　　　　A＋B＋C＝A＋D＋E

那么　　　　　　　　　　　　B＋C＝D＋E

在这种情况下　　　　　B＋C＝108 个工作日＝D＋E

　　当预估到有高峰出现，或最坏的情况下，怎样平衡劳动力需求？在这个简单的例子中，它相对来说比较容易。看图 19.1.3，最低水平至少要求 20 多名工人。由于最早开始

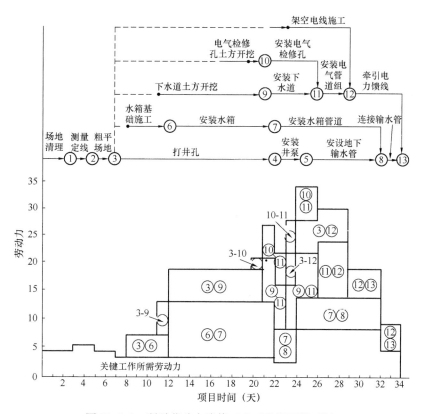

图 19.1.2 所需劳动力峰值（基于最迟开始时间）

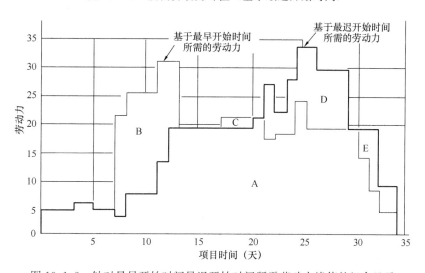

图 19.1.3 针对最早开始时间最迟开始时间所需劳动力峰值的组合显示

曲线在两条曲线中较为平缓，就从它开始调整。将活动 3-12 的开始时间从 7 日调整为 13 日，劳动力数量就可以得到缩减，且保持在低于 25 人的水平，如图 19.1.4 所示。由于预计的工人人数是固定的，现场主管只能通过进一步改变工人数量规模，超出图 19.1.4 之外进行平衡。

当依据劳动力条件转变活动时，切记不可违反逻辑顺序。

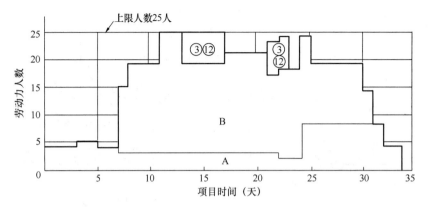

图 19.1.4 均衡处理后的劳动力

制订出海军修建营队员劳动力均衡计划之后，假设分配给该项目的工作人员数量只有20名。图 19.1.5 绘制出了解决此问题的一种方案（正确的解决方案并非唯一），其工期40天，这是在只有20名工作人员条件下，完成该项目所需的最短时间。

在方案实施过程中，需要注意一些因素。首先，不再有关键路径。网络图中每一条路径都因劳动力不可用而产生中断。由于没有关键路径，关键的活动就不必立即陆续开展。

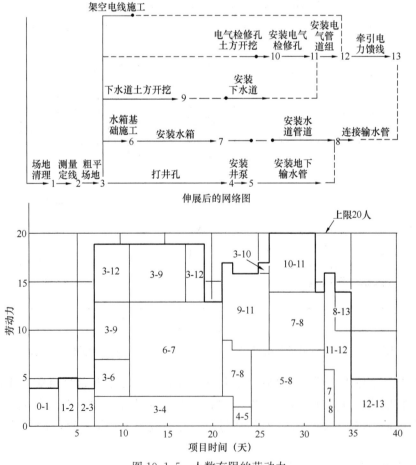

图 19.1.5 人数有限的劳动力

但关键路径是安排活动的一个很好的起点，因为不能在少于 34 天时间内完成该项目。如果按照"旧的"关键路径执行的话，那么就不可能在 34 天内完成。即使没有关键路径，也没有活动能比最早开始时间开始得更早，因为这些活动必须仍然按照相同的逻辑顺序来完成。

在遇到劳动力受限的情况下，活动分割是允许的。也就是说，可以先开始一项活动，然后暂时离开，接着再回来把它完成。这发生在活动 3-12，即架空电线施工。还要注意往往会发生某些不切实际的进度安排，例如活动 9-11 "安装下水道"，紧随活动 3-9 "下水道土方开挖"，工期 2 天。除非气候非常干燥，否则现场负责人不太可能严格按照这种安排去执行。该负责人可能会安排 7 名能用得上的施工人员而不是特定的 8 名工作队人员在第 17 天安装下水道。如果这么做的话，活动 3-12，即架空电线施工就有可能推迟到 27 日，这将使全体作业人员工作放缓直至第 40 天项目结束。

尽管安排海军修建营"多面手"队员作为工人具有一定优势，但仍然有些小问题。保持相同的工作人员总数，则必须为每项活动指定指挥人员和施工人员的具体数量，见表 19.1.2。图 19.1.6 和图 19.1.1 相似，只是其中劳动力分解成两种不同的类别，即指挥人员和施工人员。将两条曲线相加得到所需劳动力总数，其结果与图 19.1.1 相同（例如在第 11 天有 10 名指挥人员另加 21 名施工人员，共计 31 人）。

约翰·多伊工程所需的多重资源

表 19.1.2

i-j	活动	指挥人员数量	施工人员数量
0-1	场地清理	4	0
1-2	测量定线	2	3
2-3	粗平场地	4	0
3-4	打井孔	1	2
3-6	水箱基础施工	1	3
3-9	下水道土方开挖	2	4
3-10	电气检修孔土方开挖	1	1
3-12	架空电线施工	2	4
4-5	安装井泵	1	1
5-8	安设地下输水管	1	7
6-7	安装水箱	3	7
7-8	安装水箱管道	2	4
8-13	连接输水管	2	2
9-11	安装下水道	1	7
10-11	安装电气检修孔	2	4

续表

$i\text{-}j$	事件	管理人员	施工人员
11-12	安装电气管道组	2	8
12-13	牵引电力馈线	1	4

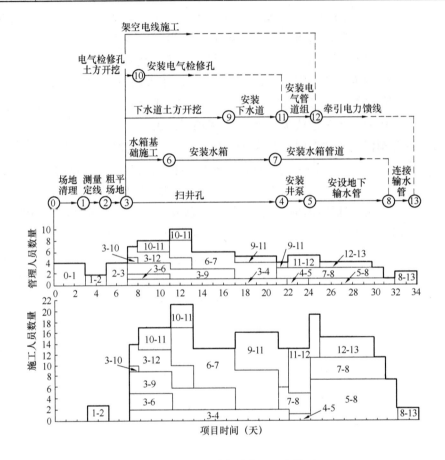

图 19.1.6　最大劳动力需求（两个类型）

　　如果 20 名海军修建营成员的作业队由 5 名指挥人员和 15 名施工人员组成，对进度的影响会怎么样？当处理多种类型劳动力的问题时，这种图表显得过于笨拙；采用另一种图形化的方法是进行资源均衡。

　　这种方法的第一步是将全部活动按照其各自结束节点 J 进行升序排列，以活动 j 结尾。结果如图 19.0.7 所示的第一列（必须按照传统的 j>i 规则进行事件编号）。表中的第一项是活动 0-1，最后是两项收尾活动，8-13 和 12-13。其余活动则根据其结束节点按照恰当的逻辑顺序进行布置。

　　如果劳动力按照这种顺序安排进度，可以观察到网络图的逻辑顺序。第二列是活动的持续时间。第三列和第四列列出了劳动力需求。有了这些信息，使用者就不用借助于更多的网络图资源来安排工程进度。

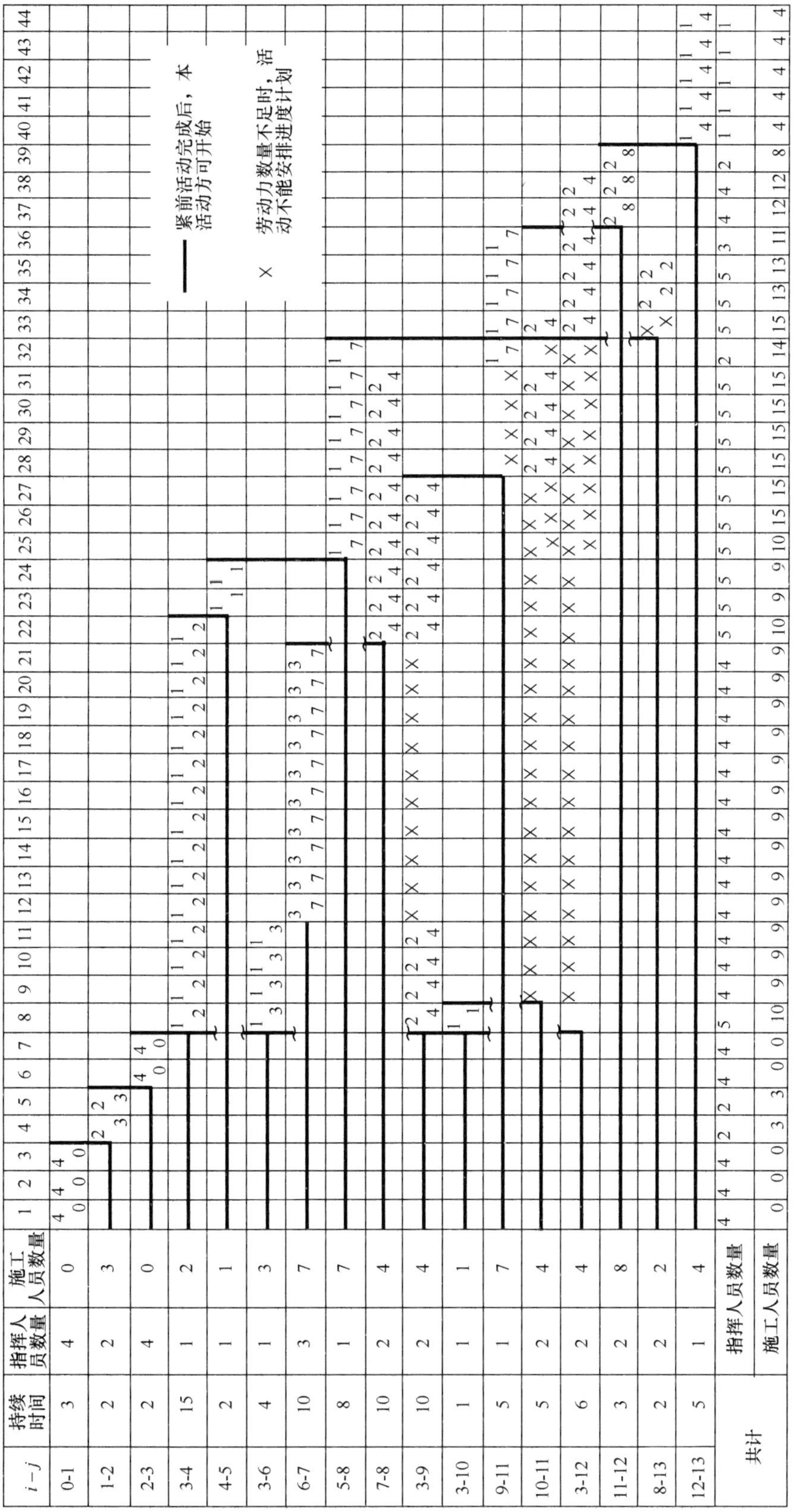

图例：
—— 紧前活动完成后，本活动方可开始
× 劳动力数量不足时，活动不能安排进度计划

$i-j$	持续时间	指挥人员数量	施工人员数量
0-1	3	4	0
1-2	2	2	3
2-3	2	4	0
3-4	15	1	2
4-5	2	1	1
3-6	4	1	3
6-7	10	3	7
5-8	8	1	7
7-8	10	2	4
3-9	10	2	4
3-10	1	1	1
9-11	5	1	7
10-11	5	2	4
3-12	6	2	4
11-12	3	2	8
8-13	2	2	2
12-13	5	4	4
共计		指挥人员数量	施工人员数量

图 19.1.7　劳动力计算：数量限定为指挥人员 5 人、施工人员 15 人

225

最后需要说明的是，包括劳动力、设备、资金等在内的各种资源，均能够分配至关键路径法的活动中去。对于简单的网络图而言，可以通过手工方法预测最大劳动力需求并进行均衡处理。当资源受到限制时，项目工期将被拉长。而面临大型网络图的问题时手工方法难以应对，更适宜采用计算机解决。（译者注：本段内容为新加，取自原著 P391 最后一段小结部分内容）

第20章

采　购

材料供应是工程项目建设的重要环节。如果材料交付超前，特定的活动通常并不能加快进度，这是由于其他活动的进程控制着该活动的最早开始时间。然而，如果不能及时交付所需材料，则必然延误活动的进度。因而，这加大了项目采购代理和协调人员的工作难度。如果材料延期交付，项目工期延迟；若提前交付，会使得项目增加额外的费用，如材料的管理和存储等。这个问题在城市地区尤为突出，项目管理者通常情况下都希望立刻把材料从货车或火车卸下来放置其最终的位置。

20.1　材料采购进度安排

对于材料供给问题，大多数分包商抱怨，总承包商总是忽略他们的实际情况，而大多数采购代理商抱怨施工单位不能够准确地提供材料需求。显然这个问题可以用关键路径法合理解决。因为几乎每一项活动都需要某种形式的材料，会有专人检查全部活动以控制所有材料的交付。

一种减少工作量的实用方法是将材料分成两大类：商品和关键材料。商品的定义为订购时缺货但允许延后一周或更少时间交付的材料；关键材料则为那些交货时间较长和涉及定制的材料。

通过计算机运算审查网络图可以提供必要的材料信息，特别是关键材料的征用顺序。如果在图表中将每次的关键交付均添加至活动中，将会产生必要的交付关联信息。图 20.1.1 显示了约翰·多伊工程的场地布置网络图，其中各项交付活动详见表 20.1.2。如果假定所有材料都是随手可用（例如业主负责供应）的话，那么这些活动的持续时间均为 0。表 20.1.2 展示了计算的交付信息。由于通常情况下，工程开工初期材料大多尚未进场，则将合理的估算交付时间赋予各项交付活动，如表 20.1.3 所示。这些时间被添加至图 20.1.2 中，再在图中计算事件的时间，交付活动的时间见表 20.1.4。增加了交付时间后导致项目这一部分的工期由 34 天增加到 52 天。关键路径也发生了改变，即变为 0-6-7-8-13。表 20.1.5 展示了新、旧事件时间。28 个事件时间中，21 个发生改变。通过使用新的最迟开始时间信息，采购部门可以按照表 20.1.6 和表 20.1.7 所示顺序交付材料。

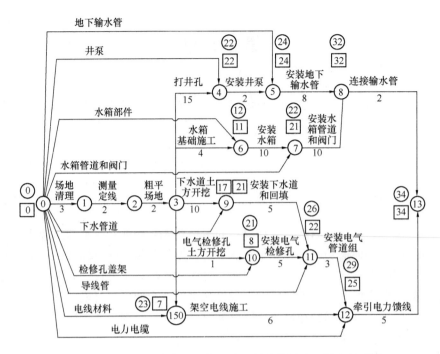

图 20.1.1 约翰·多伊工程场地布置的交付活动，零交付时间

约翰·多伊工程的材料交付活动 表 20.1.1

活动	交 付
0-4	井泵
0-5	地下输水管
0-6	水箱部件
0-7	水箱阀门和管道
0-9	下水管道
0-10	检修孔盖架
0-11	导线管
0-12	电力电缆
0-150	电线杆、横杆、拉线、绝缘子

所有材料可用时的计算 表 20.1.2

i-j	持续时间（天）	描述	最早开始时间	最早完成时间	最迟开始时间	最迟完成时间	时差（天）
0-4	0	井泵	0	0	22	22	22
0-5	0	地下输水管	0	0	24	24	24
0-6	0	水箱部件	0	0	12	12	12
0-7	0	水箱阀门和管道	0	0	22	22	22
0-9	0	下水管道	0	0	21	21	21
0-10	0	检修孔盖架	0	0	21	21	21
0-11	0	导线管	0	0	26	26	26
0-12	0	电力馈线	0	0	29	29	29
0-150	0	电线材料	0	0	23	23	23

材料采购的持续时间   表 20.1.3

i-j	活动	假设持续时间	天
0-4	井泵	库存交付 4 周	20
0-5	地下输水管	机械连接 6 周	30
0-6	水箱部件	标准尺寸 6 周	30
0-7	水箱阀门和管道	标准阀门 4 周	20
0-9	下水管道	陶制管材 1 周	5
0-10	检修孔盖架	库存 1 周	5
0-11	导线管	库存 1 周	5
0-12	电力馈线	特殊订购 8 周	40
0-150	电线材料	库存订购 8 周	10

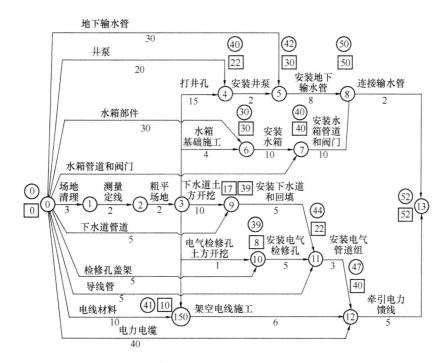

图 20.1.2　约翰·多伊工程场地布置的交付时间

材料采购时间的计算   表 20.1.4

i-j	持续时间（天）	描述	最早开始	最早结束	最迟开始	最迟结束	时差（天）
0-4	20	井泵	0	20	20	40	20
0-5	30	地下输水管	0	30	12	42	12
0-6	30	水箱部件	0	30	0	30	0
0-7	20	水箱阀门和管道	0	20	20	40	20
0-9	5	下水管道	0	5	34	39	34

i-j	持续时间（天）	工作描述	最早开始	最早结束	最迟开始	最迟结束	时差（天）
0-10	5	检修孔盖架	0	5	34	39	34
0-11	5	导线管	0	5	39	44	39
0-12	40	电力馈线	0	40	7	47	7
0-150	10	电线材料	0	10	31	41	31

采购时间的影响　　　　　　　　　　　　　　表 20.1.5

事件最早时间		事件	事件最迟时间	
旧	新		旧	新
3	3	1	3	21
5	5	2	5	23
7	7	3	7	25
22	22	4	22	40
24	30	5	24	42
11	30	6	12	30
21	40	7	22	40
32	50	8	32	50
17	17	9	21	39
8	8	10	21	39
22	22	11	26	44
25	40	12	29	47
34	52	13	34	52
—	10	150	—	41
变化时间 7 天			变化时间性 14 天	

最关键的采购活动　　　　　　　　　　　　　表 20.1.6

活动	工作描述	最迟开始时间
0-6	水箱部件	0
0-12	电力馈线	7
0-5	地下输水管	12

次关键的采购活动　　　　　　　　　　　　　表 20.1.7

活动	描述	最迟开始时间
0-4	井泵	20
0-7	水箱阀门和管道	20
0-150	电线材料	31
0-9	下水管道	34
0-10	检修孔盖架	34
0-11	导线管	39

虽然表 20.1.6 和表 20.1.7 中列出了材料订购的顺序，但其中存在两处明显的弱点。首先，尽管订购材料的最迟日期非常重要，但却极端化了。如果订购时间如此之晚，那么材料交付之后所有活动都将成为关键活动。另外，最早开始时间的意义微乎其微。在这个例子中，采购部门可以在工程开工第一天启动 9 项采购。假如一个心急的买家在第一天就订购了下水管道和导线管会怎么样？导线管将会距其需用时间提前 8 周运至现场，下水管道将提前 7 周到场。项目部由此将面临材料存储问题和后续工作进度安排问题。

这些问题往往能够通过使用关键路径法合理的解决以协调材料采购工作。而该系统中真正的缺陷在于，最早开始时间与现场工作无关。舍弃用交付箭线表示交付时间，而添加另外一系列的箭线表示材料从存储到达作业现场的实际运动。"现场材料"箭线并没有持续时间，并且与交付时间箭线具有相同的最迟完成时间。图 20.1.3 显示了 9 条新的箭线。因为它们的持续时间为零，所以最早开始时间等于最早完成时间，且最迟完成时间等于最迟开始时间。其最早开始时间、最迟完成时间和时差如表 20.1.8 所示。请注意，这些活动的最迟完成时间和那些交付箭线的最迟完成时间是一样的。而此时最早开始时间和时差则与现场工作进程有关。在此基础上，材料采购的优先级如表 20.1.9 所示。请注意，其中第二列中有两项处于优先级的不同位置。

除了按顺序确定材料交付的时间外，材料采购其余大量环节也非常耗时，不能忽略。

这些内容包括如下几项：批准施工图、建筑师审查施工图、施工图修正后再次提交的时间和其他机构的审查等。这些步骤可能会加速关键活动（有些进程会因为它们的参与而变成关键环节）。然而，人们倾向于减少常规步骤的影响，因此需要认真谨慎地在图中将这些步骤准确地反映。

图 20.1.4 显示了材料到达现场之前两种材料采购之间的相互关系（五金器材和门窗）。请注意在这个案例中门窗交付活动有 5 天的时差，因为由于准备五金器材需要时间，较大的设备可能需要额外的时间进行投标采购等前期准备工作。在图 20.1.1 之中额外添加的 9 条简单的交付箭线几乎使网络图的体量增加了一倍。在这张网络图中，显示全部材料采购的箭线数量很容易地超出现场工作箭线数量的两倍多。因为一般的工程项目需要分成单独的几张来表示其网络图，因此建议材料采购工作能够放在同一张图中以避免出现不必要的混乱。当然，"在场材料"箭线必须留在网络图的现场那一部分图中。图 20.1.5 显示的是约翰·多伊工程的材料部分，表 20.1.10 显示了厂房项目进程中一些典型的材料超前时间。

计算现场交付时间　　　　　　　　　　　　　　　　　　　　　　表 20.1.8

活动	描述	最早开始时间	最迟完成时间	浮动（天）
4-104	井泵到场	22	40	18
5-105	地下输水管到场	30	42	12
6-106	水箱到场	30	30	0
7-107	水箱阀门和管道到场	40	40	0
9-109	下水管到场	17	39	22
10-110	检修孔盖架到场	8	39	31
11-111	导线管到场	22	44	22
12-112	电力馈线到场	40	47	7
150-152	电线材料到场	10	41	31

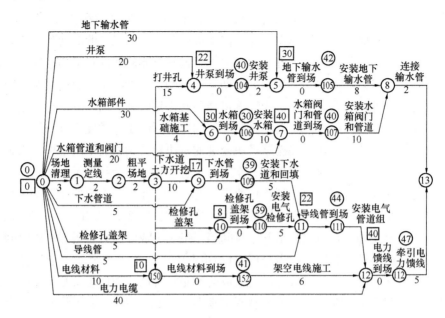

图 20.1.3　现场交付时间

	材料采购的优先顺序			表 20.1.9
优先级	第一个订单列表上的立场	最早交付时间	最迟交付时间	时差（天）
水箱	1	30	30	0
水箱阀门和管道	5	40	40	0
电力馈线	2	40	47	7
地下输水管	3	30	42	12
井泵	4	22	40	18
下水管道	7	17	39	22
导线管	9	22	44	22
检修孔盖架	8	8	39	31
电线材料	6	10	41	31

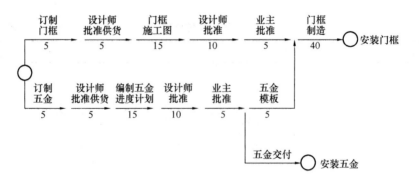

图 20.1.4　典型的材料采购循环模式

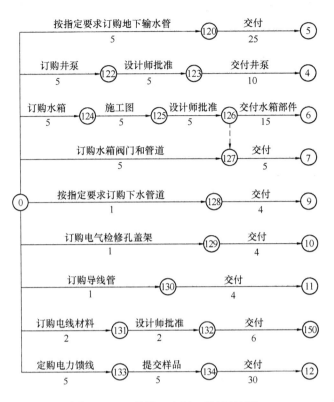

图 20.1.5　约翰·多伊工程材料采购

一个制炼厂的材料订货至交货时间　　　　　　　　表 20.1.10

	施工图批准 （周）	预期交付（在批准和发布之后） （周）
建筑工程		
建筑结构		
钢结构	4～6	8～13
轻钢搁架	2～4	8～10
护墙板	3～4	13～26
机械设备		
HVAC-加热装置	2～4	13～18
HVAC-冷却装置	4～6	18～26
搅拌器/混合器	6～8	26～32
离心式鼓风机	4～6	20～26
压缩器（离心装载）	8～10	26～39
压缩器（往复装载）	6～8	26～30
电气设备		
电动机控制中心	8～10	26～40
开关（低电压）	8～10	36～40

续表

	施工图批准 （周）	预期交付（在批准和发布之后） （周）
建筑物		
开关（高电压）	8～10	40～52
变压器（低电压）	6～8	30～39
变压器（高电压）	6～8	40～52
电动机（150hp）	6～8	16～26
电动机（高于150hp）	6～8	26～39（取决于功率）
水轮机	8～10	40～50
电力电缆（600V）	N/R	30～52（取决于数量）
母线管道	6～8	26～36
电缆槽	6～8	18～26
管道（半硬铝线）	N/R	库存－28
管道（E.M.T.）	N/R	库存－26
紧急发动机	10～12	26～30
建筑材质		
中空的金属框架	8～10	12～18
五金	10～12	18～26
工艺设备		
压力容器（碳素钢）		
小型（未编码）	4～6	18～26 *
小型（高于 200 000lb）	4～6	26～36 *
大型（编码高于 20 000lb）	6～8	36～40
塔式（无内部构件）	6～8	46～50
塔式（有内部构件）	8～10	52～60
夹套容器	8～10	52～60
现场安装水箱	8～10	40～52（包括安装）
热交换器		
管式（小）	4～6	18～20
管式（大）	6～8	36～46
散热管	4～6	18～26
板式	4～6	36～40
风冷热交换器	4～6	26～36

一个制炼厂的材料订货至交货日期

表 20.1.11

	施工图批准 (周)	预期交付 * (在批准和发布之后) (周)
工艺设备		
运输机		
风动式	6～8	26～30
旋转式	6～8	24～30
传动辊道	6～8	24～28
振动式	6～8	26～30
斗式提升机	6～8	26～30
绑带式	6～8	30～34
水泵		
离心式	4～6	20～26
离心式(横向)	6～8	26～32
离心式(涡轮)	6～8	24～30
测量	4～6	20～34
容积式	4～6	20～24
真空式	6～8	26～30
往复式	6～8	26～30
催干剂、过滤器、空洗涤器		
空气干燥剂	8～10	24～30
过滤器	6～8	20～26
集尘器	6～8	30～40
烟雾洗涤剂	6～8	20～30
调节阀	3～4	20～24
仪器仪表		
位移式流量计	3～4	18～26
D.P. 传送器	4～5	16～22
液位指示计	3～4	18～20
转换器	3～4	14～28
电平开关	3～4	12～16
压力开关	3～4	16～18
控制器	4～5	18～20
记录仪	4～5	18～20
温度计	3～4	14～16
压力计	3～4	16～20
管道，阀门，法兰，装置	N/A	52
物料搬运设备		
单轨吊车	4～6	18～26(取决于起重能力)
移动式架空起重机	4～6	30～42(取决于起重能力)
铲车	4～6	26～30

* 因防锈处理增加 4 周。

20.2　约翰·多伊工程案例

　　正如前面提到的，通常在关键路径法网络图中并不包含商品或库存货物。许多项目都有 3～9 个月的工期进行土方、桩基和混凝土基础结构施工。在这种典型的情况下，场地和基础工作的进度受采购时间的影响而波动。

　　在约翰·多伊工程案例的网络图中，可以由业主提供水箱和水泵。另一种评估需求的办法是在事件 34 之前提供所有的现场服务。如果能够合理安排进程使得现场活动与基础施工平行开展，则将为现场设备采购环节提供更充足的时间。

　　之前已经考虑了现场设备采购环节。为使约翰·多伊工程采购工作更加均衡，应该对网络图做出修改，创建更多明确的交付节点。例如，事件 37 是所有厂房活动的一个共同的起点，因此这不是最佳的交付节点。在事件 37 和关键交付节点之间添加逻辑关系能够建立更加详细的交货信息。这些内容在图 20.2.1 中予以显示。表 20.2.1 中列出了 14 项采购活动顺序（即提交和批准的施工图纸、制造及供货）。这 14 项内容被添加至计算机主文件中并经过重新计算。约翰·多伊工程采购部分的工作根据最迟开始时间（按照时差优先的顺序）在图 20.2.0 中列出。如果采购的时间，特别是采购开关齿轮，取自典型的优先采购时间表中，那么这项采购工作将会控制工程进度。假设这种情况无法接受的话，业

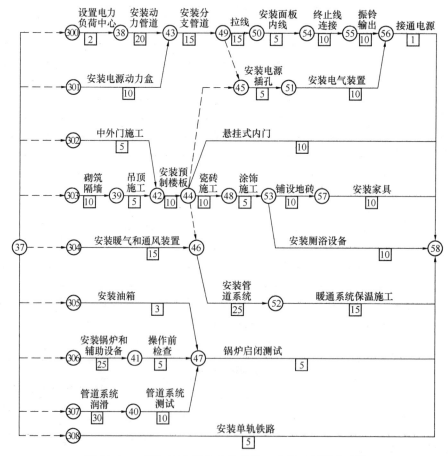

图 20.2.1　添加了交付节点的约翰·多伊工程厂房项目

主有两种选择：要么加快（即缩短）采购周期，要么预订关键设备（也就是在选择承包商之前订购），这些设备诸如井泵、水箱、电器开关等。在图 20.2.3 展示了约翰·多伊工程按照技术规格分类的部分内容，可为采购部门选择分包商或依据工作范围确定采购顺序提供帮助。

```
O'BRIEN KREITZBERG & ASSOC., INC.          PRIMAVERA PROJECT PLANNER              JOHN DOE PROJECT ADM VERSION
   O'BRIEN
REPORT DATE                         CPM IN CONSTRUCTION MANAGEMENT - 6TH EDITION   START DATE  5JUN00  FIN DATE 20JUL01

PROCUREMENT                                                                        DATA DATE  5JUN00  PAGE NO.    1


---- ----    ORIG REM
                                                                                  EARLY     EARLY    LATE      LATE    TOTAL
PRED SUCC    DUR  DUR   %   CODE              ACTIVITY DESCRIPTION                 START     FINISH   START     FINISH  FLOAT
---- ----    ---- ---  ---  ----  -------------------------------------------      ------    ------   -----     ------  -----
   0  212    20   20    0         SUBMIT STRUCTURAL STEEL                         5JUN00    30JUN00  5JUN00    30JUN00    0
   0  220    20   20    0         SUBMIT PLANT ELECTRICAL LOAD CENTER             5JUN00    30JUN00  13JUN00   11JUL00    6
 212  213    10   10    0         APPROVE STRUCTURAL STEEL                        3JUL00    17JUL00  3JUL00    17JUL00    0
   0  210    10   10    0         SUBMIT FOUNDATION REBAR                         5JUN00    16JUN00  6JUL00    19JUL00   22
   0  214    20   20    0         SUBMIT CRANE                                    5JUN00    30JUN00  11JUL00   7AUG00    25
 220  221    10   10    0         APPROVE PLANT ELECTRICAL LOAD CENTER            3JUL00    17JUL00  12JUL00   25JUL00    6
   0  224    20   20    0         SUBMIT EXTERIOR DOORS                           5JUN00    30JUN00  17JUL00   11AUG00   29
   0  225    30   30    0         SUBMIT PLANT ELECTRICAL FIXTURES                5JUN00    17JUL00  17JUL00   25AUG00   29
 210  211    10   10    0         APPROVE FOUNDATION REBAR                        19JUN00   30JUN00  20JUL00   2AUG00    22
   0  222    20   20    0         SUBMIT POWER PANELS - PLANT                     5JUN00    30JUN00  21JUL00   17AUG00   33
   0  227    20   20    0         SUBMIT PLANT HEATING AND VENTILATING FANS       5JUN00    30JUN00  7AUG00    1SEP00    44
 214  215    10   10    0         APPROVE CRANE                                   3JUL00    17JUL00  8AUG00    21AUG00   25
   0  218    20   20    0         SUBMIT SIDING                                   5JUN00    30JUN00  9AUG00    6SEP00    46
 224  225    10   10    0         APPROVE EXTERIOR DOORS                          3JUL00    17JUL00  14AUG00   25AUG00   29
   0  216    20   20    0         SUBMIT BAR JOISTS                               5JUN00    30JUN00  15AUG00   12SEP00   50
 222  223    10   10    0         APPROVE POWER PANELS - PLANT                    3JUL00    17JUL00  18AUG00   31AUG00   33
 227  228    10   10    0         APPROVE PLANT HEATING AND VENTILATING FANS      3JUL00    17JUL00  5SEP00    18SEP00   44
 218  219    10   10    0         APPROVE SIDING                                  3JUL00    17JUL00  7SEP00    20SEP00   46
 216  217    10   10    0         APPROVE BAR JOISTS                              3JUL00    17JUL00  13SEP00   26SEP00   50
   0  229    20   20    0         SUBMIT BOILER                                   5JUN00    30JUN00  26SEP00   23OCT00   79
   0  235    30   30    0         SUBMIT PACKAGED A/C                             5JUN00    17JUL00  3OCT00    13NOV00   84
 229  230    10   10    0         APPROVE BOILER                                  3JUL00    17JUL00  24OCT00   6NOV00    79
 225  226    15   15    0         APPROVE PLANT ELECTRICAL FIXTURES               18JUL00   7AUG00   30OCT00   17NOV00   73
 235  236    10   10    0         APPROVE PACKAGED A/C                            18JUL00   31JUL00  14NOV00   28NOV00   84
   0  231    20   20    0         SUBMIT OIL TANK                                 5JUN00    30JUN00  16NOV00   14DEC00  116
   0  233    40   40    0         SUBMIT PRECAST                                  5JUN00    31JUL00  29NOV00   25JAN01  124
 231  232    10   10    0         APPROVE OIL TANK                                3JUL00    17JUL00  15DEC00   29DEC00  116
 307   40    30   30    0         FABRICATE PIPING SYSTEMS                        1DEC00    15JAN01  19JAN01   1MAR01    33
 233  234    10   10    0         APPROVE PRECAST                                 1AUG00    14AUG00  26JAN01   8FEB01   124
```

图 20.2.2　按最迟开始时间分类的采购活动

约翰·多伊工程采购工作　　　　　　　　　　　　　　表 20.2.1

项目	开始事件	提交施工图工作天数	批准	提交施工图工作天数	事件	制造和交付工作天数	事件
基础钢筋	0	10	210	10	211	10	16
钢结构	0	20	212	10	213	40	23
起重机	0	20	214	10	215	50	31
轻钢搁架	0	20	216	10	217	30	33
壁板	0	20	218	10	219	40	35
厂房电力负荷中心							
装载中心	0	20	220	10	221	90	300
厂房电源板	0	20	222	10	223	75	301
户外门	0	20	224	10	225	80	303

续表

项目	开始事件	提交施工图工作天数	批准	提交施工图工作天数	事件	制造和交付工作天数	事件
厂房电气装置							
固定装置	0	30	225	15	226	75	51
厂房暖通装置	0	20	227	10	228	75	304
锅炉	0	20	229	10	230	60	306
油箱	0	20	231	10	232	50	305
预制构件	0	40	223	10	234	30	58
空调包装	0	30	235	10	236	90	60

```
O'BRIEN KREITZBERG & ASSOC., INC        PRIMAVERA PROJECT PLANNER              JOHN DOE PROJECT ADM VERSION

REPORT DATE                         CPM IN CONSTRUCTION MANAGEMENT - 6TH EDITION      START DATE  5JUN00  FIN DATE 20JUL01

SUB-TRADE REPORT                                                          DATA DATE  5JUN00  PAGE NO.    1


---- ----    ---- ---  - ---  ------                                        ------   ------    -----    -----    ----
               ORIG REM                                                     EARLY    EARLY     LATE     LATE     TOTAL
PRED  SUCC    DUR  DUR   %  CODE           ACTIVITY DESCRIPTION              START    FINISH    START    FINISH   FLOAT
---- ----    ---- ---  - ---  ------                                        ------   ------    -----    -----    ----
    0    1     3   3    0   1 1  CLEAR SITE                                 5JUN00   7JUN00    7JUN00   9JUN00      2
    2    3     2   2    0   1 1  ROUGH GRADE                                12JUN00  13JUN00   14JUN00  15JUN00     2
    3    9    10  10    0   1 1  EXCAVATE FOR SEWER                         14JUN00  27JUN00   22JUN00  6JUL00      6
    3   10     1   1    0   1 1  EXCAVATE ELECTRIC MANHOLES                 14JUN00  14JUN00   6JUL00   6JUL00     15
   14   23     3   3    0   2 1  EXCAVATE FOR OFFICE BUILDING               25JUL00  27JUL00   8SEP00   12SEP00    32
   15   16     5   5    0   2 1  EXCAVATE PLANT WAREHOUSE                   8AUG00   14AUG00   10AUG00  16AUG00     2
   18   19     3   3    0   2 1  BACKFILL AND COMPACT P-W                   6SEP00   8SEP00    8SEP00   12SEP00     2
   25   26     1   1    0   2 1  BACKFILL AND COMPACT OFFICE                27SEP00  27SEP00   27SEP00  27SEP00     0
   58   94     5   5    0   5 1  FINE GRADE                                 23MAR01  29MAR01   9JUL01   13JUL01    74
    1    2     2   2    0   1 2  SURVEY AND LAYOUT                          8JUN00   9JUN00    12JUN00  13JUN00     2
   13   14     1   1    0   2 2  BUILDING LAYOUT                            24JUL00  24JUL00   26JUL00  26JUL00     2
    3    6     4   4    0   1 3  WATER TANK FOUNDATIONS                     14JUN00  19JUN00   19JUN00  22JUN00     3
   16   17     5   5    0   2 3  POUR PILE CAPS P-W                         15AUG00  21AUG00   17AUG00  23AUG00     2
   17   18    10  10    0   2 3  FORM AND POUR GRADE BEAMS P-W              22AUG00  5SEP00    24AUG00  7SEP00      2
   18   21     5   5    0   2 3  FORM AND POUR RAILROAD LOADING DOCK P-W    6SEP00   12SEP00   20SEP00  26SEP00    10
   18   22     5   5    0   2 3  FORM AND POUR TRUCK LOADING DOCK P-W       6SEP00   12SEP00   20SEP00  26SEP00    10
   23   24     4   4    0   2 3  SPREAD FOOTINGS OFFICE                     13SEP00  18SEP00   13SEP00  18SEP00     0
   24   25     6   6    0   2 3  FORM AND POUR GRADE BEAMS OFFICE           19SEP00  26SEP00   19SEP00  26SEP00     0
   22   29    10  10    0   2 3  FORM AND POUR SLABS P-W                    25SEP00  6OCT00    27SEP00  10OCT00     2
   28   29     3   3    0   2 3  FORM AND POUR SLABS OFFICE                 6OCT00   10OCT00   6OCT00   10OCT00     0
    3   12     6   6    0   1 4  OVERHEAD POLE LINE                         14JUN00  21JUN00   11JUL00  18JUL00    18
   10   11     5   5    0   1 4  INSTALL ELECTRICAL MANHOLES                15JUN00  21JUN00   7JUL00   13JUL00    15
   11   12     3   3    0   1 4  INSTALL ELECTRICAL DUCT BANK               6JUL00   10JUL00   14JUL00  18JUL00     6
   12   13     5   5    0   1 4  PULL IN FEEDER                             11JUL00  17JUL00   19JUL00  25JUL00     6
   20   22     5   5    0   2 4  UNDERSLAB CONDUIT P-W                      18SEP00  22SEP00   20SEP00  26SEP00     2
   27   28     3   3    0   2 4  UNDERSLAB CONDUIT OFFICE                   3OCT00   5OCT00    3OCT00   5OCT00      0
  300   38     2   2    0   3 4  SET ELECTRICAL LOAD CENTER                 1DEC00   4DEC00    1DEC00   4DEC00      0
  301   43    10  10    0   3 4  INSTALL POWER PANEL BACKING BOXES          1DEC00   14DEC00   19DEC00  3JAN01     12
   37   93    20  20    0   5 4  AREA LIGHTING                              1DEC00   29DEC00   23FEB01  2MAR01     58
   38   43    20  20    0   3 4  INSTALL POWER CONDUIT P-W                  5DEC00   3JAN01    5DEC00   3JAN01      0
   43   49    15  15    0   3 4  INSTALL BRANCH CONDUIT P-W                 4JAN01   24JAN01   4JAN01   24JAN01     0
   49   50    15  15    0   3 4  PULL WIRE P-W                             25JAN01   14FEB01   25JAN01  14FEB01     0
   45   51     5   5    0   3 4  ROOM OUTLETS P-W                          25JAN01   31JAN01   1MAR01   7MAR01     25
   51   56    10  10    0   3 4  INSTALL ELECTRICAL FIXTURES                1FEB01   14FEB01   8MAR01   21MAR01    25
   50   54     5   5    0   3 4  INSTALL PANEL INTERNALS P-W               15FEB01   21FEB01   15FEB01  21FEB01     0
   54   55    10  10    0   3 4  TERMINATE WIRE P-W                        22FEB01   7MAR01    22FEB01  7MAR01      0
   55   56    10  10    0   3 4  RING OUT P-W                              8MAR01    21MAR01   8MAR01   21MAR01     0
   56   58     1   1    0   3 4  ENERGIZE POWER                           22MAR01   22MAR01   22MAR01  22MAR01     0
   61   65     4   4    0   4 4  INSTALL BACKING BOXES                     20APR01   25APR01   20APR01  25APR01     0
   65   66    10  10    0   4 4  INSTALL CONDUIT OFFICE                    26APR01   9MAY01    26APR01  9MAY01      0
   66   74    10  10    0   4 4  PULL WIRE OFFICE                          10MAY01   23MAY01   8JUN01   21JUN01    20
   74   75     5   5    0   5 4  INSTALL PANEL INTERNALS OFFICE            24MAY01   31MAY01   22JUN01  28JUN01    20
   76   79     4   4    0   4 4  A/C ELECTRICAL CONNECTIONS                24MAY01   31MAY01   10JUL01  13JUL01    31
   75   79    10  10    0   4 4  TERMINATE WIRES OFFICE                    1JUN01    14JUN01   29JUN01  13JUL01    20
   79   80     5   5    0   4 4  RING OUT                                  15JUN01   21JUN01   16JUL01  20JUL01    20
    9   11     5   5    0   1 5  INSTALL SEWER AND BACKFILL                28JUN00   5JUL00    7JUL00   13JUL00     6
    5    8     8   8    0   1 5  UNDERGROUND WATER PIPING                  10JUL00   19JUL00   12JUL00  21JUL00     2
   19   20     5   5    0   2 5  UNDERSLAB PLUMBING P-W                    11SEP00   15SEP00   13SEP00  19SEP00     2
   26   27     3   3    0   2 5  UNDERSLAB PLUMBING OFFICE                 28SEP00   2OCT00    28SEP00  2OCT00      0
   53   58    10  10    0   3 5  INSTALL PLUMBING FIXTURES P-W             30JAN01   12FEB01   9MAR01   22MAR01    28
```

图 20.2.3　约翰·多伊工程按技术规格分类的部分内容列表

20.3　小结

如果忽视了项目进度中的采购环节，那么材料和设备的交付将默认成为该工程进度的控制因素。在大多数主要项目的前期工作中，有太多琐碎的材料要与各种供应商洽谈协商。然而在某些特定的情况下（例如，改造项目，海外工程等），业主可能有必要预定一些设备或材料。

第 21 章

施 工 前 阶 段

不论是在工程实践还是在本书的介绍中，都强调关键路径法的使用在施工计划和实施中的重要性。如果一个项目进行到施工阶段时，应用关键路径法可以合理地节省时间和费用。不仅在施工阶段，关键路径法在项目早期建设阶段的活动中也能给管理者带来许多意想不到的收益。

到了施工阶段，工程项目的全貌即得以展现，相应的问题或具体的活动也趋于明朗。然而在现今大多数的工程项目中，施工建造的时间通常等同于其在施工前设计阶段花费的时间。此外，在公共项目中，行政部门的审查周期往往不少于之前设计和施工耗费的时间之和。因此，在公共或者准公共项目中，其施工前的时间（从明确项目预算之后算起）通常是其实际建造工期的两倍。

显然，如果在项目的早期对其进行严格、合理的控制，就可以节省大量的时间，从而进一步节约成本。实际上，工程项目施工之前的阶段最适宜进行成本优化控制。若在此阶段增加额外的投资，则能够为项目节省非常可观的时间。

图 21.0.1 展示了一所小学从批准预算到开学典礼之间超过 62 个月的典型现金流情况。虽然在预算审批过程中校方可能觉得自己在前期的花费非常合理，但其实际上在后

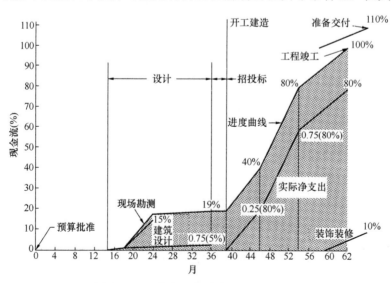

图 21.0.1 某典型小学项目的现金流量

40 个月的工程只花费了不足 20% 的全部预算。

在这个例子中，内部员工的成本是不包含的，但它们本应体现出来，因为这些费用将使工程项目的总成本额外增加 10% 左右。同时，这些费用在项目最初的 20 个月支出更明显，随后逐步递减直至项目完成。该示例完美阐释了为什么即便做出决策也很难把钱花出去的道理。

典型的建设项目实施包含 4 个主要的阶段：

1. 初步设计阶段：该阶段位于预算编制和批准与启动正式设计之间，通常情况下业主对控制进度负有首要责任，包括编制项目规划等。

2. 设计阶段：该阶段主要是由建筑师、工程师或者室内设计人员对项目进度负主要责任。

3. 施工阶段：该阶段主要是由承包商或室内施工作业人员对项目进度负责。

4. 配置家具和入住阶段：主要是由业主或承包商对项目进度负责。

21.1　初步设计阶段

初步设计阶段是工程项目实施中定义模糊、难以确定且耗费时间的阶段之一。在此期间、业主、技术人员和（或）工程顾问的工作量相当大，且各种因素会影响到以后的工程进度，造成后期大量的违约和工程变更等突出问题。

尤其在多数大型的项目中，由于个人因素或者政治因素的介入，会使得上述问题进一步凸显。最重要的就是团队协作和分工，各部门分工明确，意见统一才能使得工程能够顺利开展。在这个阶段中，项目主要经历以下过程：确定具体目标、制定完成方法、决策继续实施、明确资金来源和预算获得批准。

继续实施的决策需要识别特定的项目及其初步概算的进一步发展情况，通常在估算指标的基础上展开，如每平方米或每平方英尺上的成本。一旦确定项目成本预算及落实相关资金来源，便进入下一个阶段。

关于选址问题，例如某医院或学校将要扩建或者新建区域，在这种情况下其场地选择往往成为项目决策的主要问题，然而在许多情况下，应该或者必须考虑选择新的建造场地。通常情况下，选择场地要先于选择设计单位进行，因为方案设计应当成为场地的一项功能。若干非技术性的因素可能将场地选择限制在特定的方向，例如下列因素：

1. 产权负担。是否存在必须重新安置的住户以及需要迁移的结构？

2. 土地成本。土地的经济价值和影响因素是什么？

3. 交通运输。材料的运输能否满足工程建设的需要？

4. 基础设施。公共基础设施是否健全，是否对工程建设有潜在影响？

5. 周边环境。周边环境能否与工程建设相互协调？

6. 场地区划。场地区划是否能够满足工程施工需要？

7. 社区反应。周边社区居民对工程建设的反应如何？

8. 土质条件。场地的土质能否满足基础施工要求？

此外还有其他的一些因素。但显然，在进行场地选择时，必须仔细评估和考虑众多因素。然而，许多时候这方面人们往往都是"事后诸葛亮"，没有事先及时考虑周详。

初步设计阶段的最后一项任务是明确业主对于工程功能性需求的意图，这一任务对于设计师而言很重要，需要设计师和业主进行大量的沟通和交流，但这一过程往往都被有意或无意地忽略。大量的设计师往往通过自身的经验来进行设计，并确定方案。但业主往往对这种方案并不买账，这显然不都是设计师的责任，作为业主也具有不可逃避的责任。

编制功能设计要求获取或集成与工程相关的信息。这些信息应该妥善安置并存储，以便于将未来的项目和当前项目进行对比。若信息存储在计算机数据库中，便能够很快地建模模拟各种方案，以测试采用不同方法的结果。

功能设计任务应与编制工程预算紧密结合，并对预算进行确认或修正。由于功能设计包含了关于任何项目的政策，因此它应得到业主或产权部门的批准。

在完成功能设计之后便是建筑方案设计，二者之间存在密不可分的联系，建筑师可将功能设计并入方案设计阶段。

一般情况下，工程项目没有正式的程序文件，导致设计阶段之初具有不确定性。由于设计师并不负责对这种不确定性进行补偿，因此他们所能做的只是放慢设计初期的工作进度，并编写程序类型说明以便日后客户可对其进行确认或修改。但不幸的是，客户经常不断地改变他们的想法。

从设计的角度来看，这种情况不仅费时，而且费钱。事实上，设计师唯一能做的防范措施就是仔细控制项目的设计进度，拖延每项活动的时间，直至取得高水平的定义。这对于业主和设计师而言都是花费不菲，因为实际上出于经济目的留给设计任务的时间总是太少。

对于计划编制者而言，初步设计阶段是令人沮丧的，许多因素会影响项目的可行性。在大多数情况下时间并不是控制因素，而在某些时候，时间却变成了最重要的因素。比如奥运工程，就是具有固定竣工日期的典型项目。

21.2 设计阶段

对工程项目进行设计包含相对复杂的一系列活动，这些活动随着工程按照方案设计、初步设计、施工图设计等阶段逐步推进而逐渐细化。

方案设计阶段：也叫草图阶段，在此期间建筑师完善"概念"计划并设计基本的工程系统。此外还将指定设计标准，并绘制设计草图（通常是一系列的透视效果图）。该阶段还将以非常宽泛的术语确定基本的概算成本。

初步设计阶段：此阶段也称为设计发展阶段，出现在草图或方案设计阶段批准后。对设计图纸进一步细化，以满足空间布局尺寸进一步落实后的需要。该阶段将明确暖通系统、主通风管道、电气主馈线和结构框架的最优尺寸等内容。还要确定所需设施和具体的使用要求。此外，该阶段编制的初步设计概算，内容更加明确。

施工图设计阶段：这一阶段也被称为合同文件或最终设计阶段，包括约三分之二工作量但决策内容较少的设计工作，以及不成比例的设计周期（通常占约一半的设计时间）。施工图设计完全针对工程中的细节问题，包括尺寸等，以便承包商据此编制相应的合同文件，包括图纸和说明。

在工程项目的设计工作不断推进过程中，发生的每一项变更都会使得工期和造价受到较大影响。因此每次变动都需要对相关内容进行多次审查。随着设计进程的深入，可接受的变动范围愈加收窄，且增加的费用会越来越多，如图 21.2.1 所示。

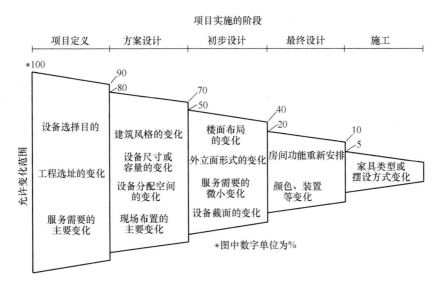

图 21.2.1　设计变化漏斗形图

大多数情况下，在设计阶段实质上无法安排进度且难以协调，即便是设计人员也无能为力。这是可以理解的，因为结构、机械、电气和管道等不同阶段的特定联系和规则难以表达。然而，在设计阶段应密切协同，各个阶段相互之间紧密连接，使现场工作得以顺利进行。否则的话，可能会造成一个极其庞大的进度计划网络图。对此，通常的解决办法是将并行的活动按照一种较为宽泛的术语安排进度，该术语隐含着人们对活动间相互联系的理解。

图 21.2.2 展示了约翰·多伊工程方案设计阶段的关键路径法网络图，图 21.2.3 展示

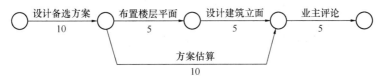

图 21.2.2　约翰·多伊项目方案设计

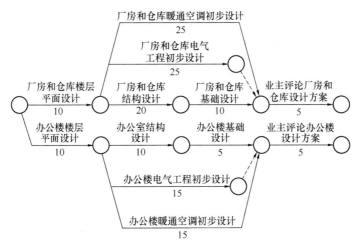

图 21.2.3　约翰·多伊工程初步设计

了随后初步设计阶段的网络图。请注意，该工程设计方案分成两部分：厂房—仓库设计和办公楼设计。图21.2.4展示了为厂房—仓库编制合同文件各项活动的关键路径法网络图，而图21.2.5则展示了为办公楼编制合同文件相关活动的关键路径法网络图。

在图21.2.6～图21.2.9中，分别在图21.2.2～图21.2.5中添加了关键路径法的计算结果。图21.2.10为汇总后的关键路径法网络图，展示了约翰·多伊工程设计阶段完整的施工前工作计划。

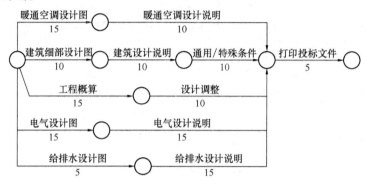

图21.2.4 合同文件：厂房和仓库

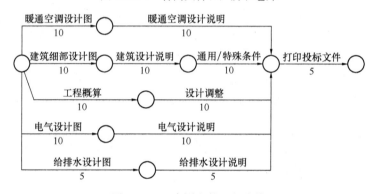

图21.2.5 合同文件：办公楼

图21.2.11显示了某城市学校建设项目设计阶段的网络图。由于该工程位于市区范围内，因此需获得要相应地行政审批。注意"拒绝周期"，这是一个循环，无法通过计算机运算，它通过速记的方式表明了完整的方案设计周期的顺序。因为诸如约翰·多伊工程这样的项目设置在工业园区，相应的审批较少，并且大多都经由州而不是镇或村来审批。

然而，一块工业园区的场地开发费用却价值不菲，其计划安排应按照图21.2.12所示。

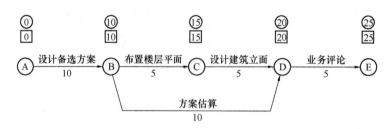

图21.2.6 约翰·多伊工程方案设计

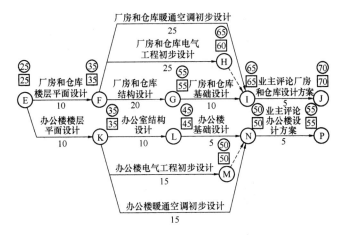

图 21.2.7 约翰·多伊工程初步设计

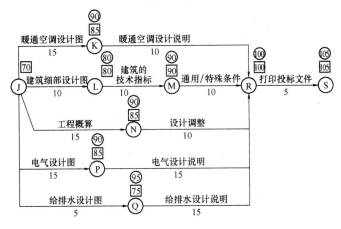

图 21.2.8 合同文件：工厂和仓库

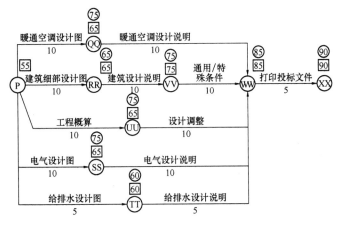

图 21.2.9 合同文件：办公楼

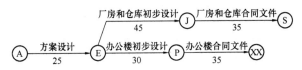

图 21.2.10 关键路径法表示的约翰·多伊工程设计阶段工作汇总

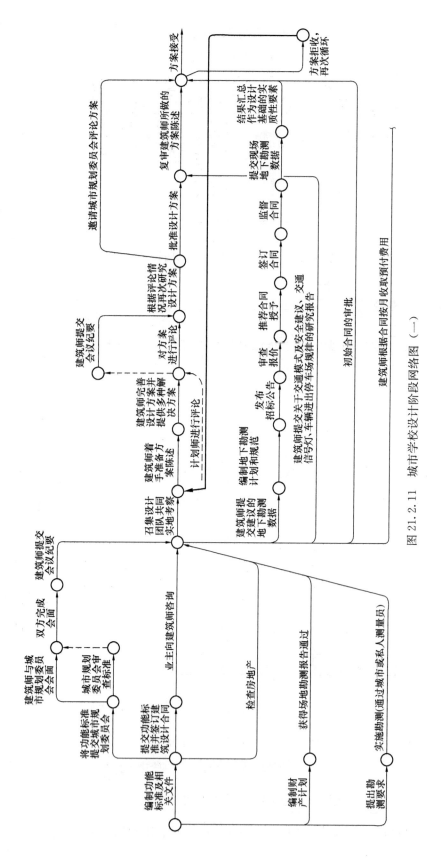

图 21.2.11 城市学校设计阶段网络图（一）

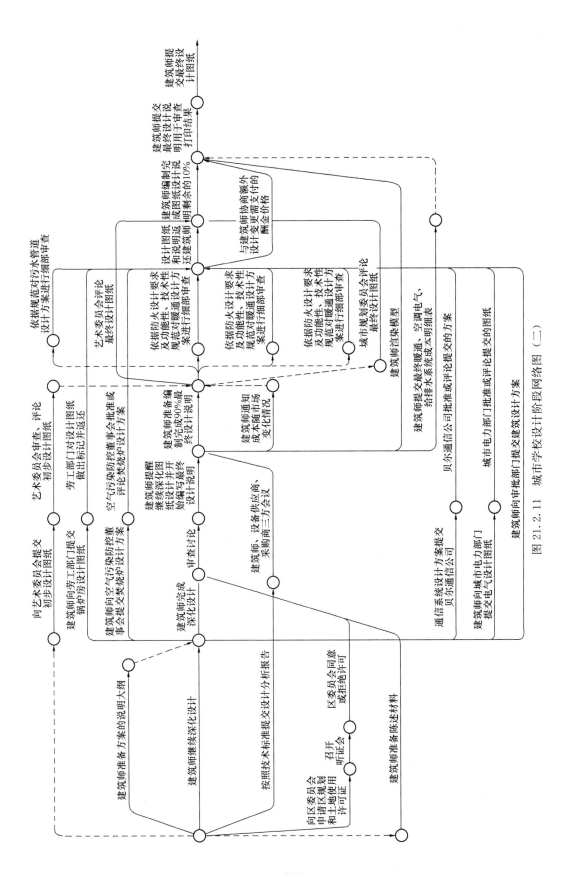

图 21.2.11 城市学校设计阶段网络图（二）

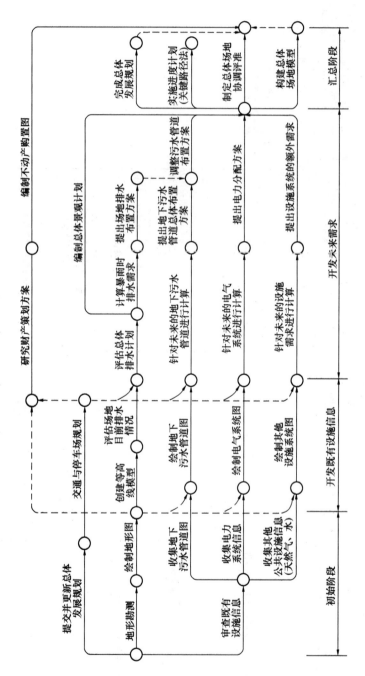

图 21.2.12　网站发展的关键路径法计划

在设计阶段，设计师和业主需要良好的沟通。业主尽管主要审查设计方案形成过程中的关键内容，但也应获取日常的信息。很多时候，业主会指定符合己方要求的特殊设备。设计师和业主双方都参与各种机构或公司的审查。

设计阶段对时间的节约或损失产生重大的影响。当业主需要同时应对多项工程项目时，最好依据设计和管理人员的数量配置资源，使得所有项目的进展都能够计算和结构化处理，而不是碰运气。

忍耐作为设计师基本能力，要求其能够承受业主修改所造成的压力，如果设计者能按时完成任务，这种压力往往不大。

因为项目需要关注并对其负责的人员很多，因此大部分时间花费在审查和行政规划上。通常情况下，这些活动都会被夸大，是因为每个个体都倾向于将其工作视为项目中最重要的部分，因此会确定和证实相应的持续时间超过应有的范围。此外，在早期安排计划的阶段，人们一般不把所规划的时间作为真正影响最终交工日期的因素，因为这似乎很遥远。在审查某一劳动管理部门项目中编制了一张网络图，该图造成审查周期的缩短并确立了一条关于责任人员的更佳线路。然而，需要审查的文件处理环节出现了令人吃惊的问题。实际结果发现，内部邮件系统是如此之缓慢，竟然占据了该项目施工前阶段 20％的时间！由于该项目十分重要，所有的文件改为由项目人员当面交接。

21.3 小结

为了通过网络图分析获得良好的逻辑化和可控性效果，应尽早开展项目管理，最好在确定项目预算时开始进行。在实际施工阶段使用关键路径法极其重要，而如果这种控制实施得太晚，将会错过许多节省时间和金钱的机会。

第 22 章

项目进度的演化

关键路径法将计划和进度分离，一旦项目的信息收集完毕，表示为网络图计划形式，并且确定出活动持续时间，那么关键路径法便可以进行计算。当实施第一次计算显示出项目的工期时，计划终止而进度开始。进而将项目工期与期望进度相比较，同时工程按进度启动。首先要比较的便是结束日期。

22.1 初步进度安排

业主依照设计师和其他好友的建议设置进度计划，但一般由个人承担所确定的计划。典型的进度计划通常有意或无意地反映出业主的需求。（通常到设计完成时，许多原本可用的时间被应用于施工前的阶段。）由于业主不熟悉项目施工所需时间的真实状况，偶尔会导致压缩工期的情况发生。

不仅对业主而言，工程项目的竣工对承包商同样至为关键。承包商必须对项目的工期有明确的把握以进行有价值的投标。这不可避免地会产生额外开销，例如增加的工资和间接费用，这些与工作的持续时间有关，而与工作蕴含的特定技术水平无关。虽然承包商的一部分间接费用可以在整个工作中分摊，但在投标书中必须包括一些数量的偶然金额以应对可能的风险或合同的延期。

22.2 施工前的分析

如果合同中只包含完工日期的话，则业主对工作的进展几乎不起控制作用。为确定更加合理的进度计划，许多业主使用施工前的进度评估结果开展工作，这些评估由业主员工、顾问或者施工经理完成。经验丰富的员工会通过施工前的研究告知业主，一份在正常情况下内容合理地合同不能满足其工期要求。

一种可选方案是确定合同工期的紧迫程度，并预先考虑延长工作时间，如每周工作 6 天或 7 天。另一种选择是要求承包商设置双班，虽然这可能会导致严重的预算超支的后果。当然，这种方法必须依据地区实际情况予以评估。一些劳动组织要求支付双班全额奖金，其余有些组织只要求正常增加一定金额。还有一些组织要求在不加班的基础上工作，无论工资有多高。另一种可选方案是由施工前进度计划研究团队确定项目阶段性的、序列化的日期，在这些序列日期节点业主可以接收工程的部分内容。通常，这种选择可以满足业主的真实需求，这些阶段划分构成了合同的一部分，而且项目中没有编入额外的成本。

当完成施工前评估之后，业主有两种基本方法。第一，业主可以声明该研究验证了要求的竣工日期有效，并包含基于实际损失且予以强制征收的违约金条款。第二，业主可以将施工前的评估结果提供给所有投标人。起初，为承包商提供的进度信息仅仅是一种叙述声明。业主未将研究结果作为合同文件的一部分。

建议的做法包含一张汇总的网络图并（或）通过计算机运算以供投标的承包商使用。这一部分可以标记为"仅有信息"，但是它却给承包商提供了一种快速评价该项目完成情况的方法。当提供了更详细的进度信息时，同样应该习惯于这种方法。包含网络图并不意味着承包商必须以特定方式开展施工。相反，它只是给出了一种建议的方法。毕竟，业主试图购买承包商的创新思维以作为一项其基本技能。

22.3　承包商施工前分析

大多数情况下，承包商投标时不对合同工期进行认真的评价，除非要求非同寻常或特别严苛。二十年前，工程师们认定的违约赔偿金通常在每天 100 美元左右。（相比之下，医院项目工期延误每月违约赔偿金 200000 美元，或者 6700 美元每日历天）

对参与竞标的公共机构承包商而言，通过附加约束条款当然不会使其做出响应，对私人承包商而言也大致如此。对合同工期框架提出质疑或附加条件的承包商投标通常遭到拒绝。因此，大多数承包商不会这么做，但他们可能会在合同授予后就合同工期保留自己的意见。有经验的承包商知道会有意外和突发情况发生，所以允许时间得到延长。承包商还期望业主对合同进行变更，这样要么业主延长工期，或者需要的话，对业主发起成功的工期索赔。此外，业主通常对违约金赔偿的金额设置得太低，他们没有意识到其损失索赔额度通常仅限于所约定的违约赔偿金。

22.4　里程碑

施工前的进度安排可用以发掘比工程完工时间更重要的信息。网络图评价可以识别关键里程碑。分析告诉业主，如果在项目的某一阶段没有发生某些事件，那么将无法满足竣工日期。因此，可以在合同有关进度部分内容中明确工程开工后的一些指定日期为里程碑。

通常情况下，合同中涉及的进度要求只有承包商承诺完成全部项目的竣工日期。虽然一般来说合同中通常包含承包商必须保证进度的规定，但当承包商延误进度时，他们总是声称他们打算增加人力，安排加班，或在项目中增加更多的分包商。通常没有明确的方法来确定承包商无法履行合同义务。

合同中要求确定里程碑的做法可以帮助业主控制工程的进度，并提供了一种明确的方式来控制承包商的绩效。然而，合同条文应有足够的灵活性以允许业主在承包商的要求下调整里程碑日期，并能够阐释调整进度计划的现实方法。这样的请求应以书面形式确立，并要求业主签名。

典型的里程碑包括基础完工、结构完工、封闭围护结构、完成建筑防水、启动临时供热、完成基本的空调系统、完成永久供热系统和完成照明系统等。也可通过区域来确定里程碑日期。因此，在医院项目中，某些地区可以由业主指定进行阶段验收。典型的初始区域包括门诊护理区和员工管理区。如果业主打算采取分期入住，应在设计阶段的早期决定，这样设施的布局将反映预期增加的入住空间。同时，可能需要通过区域控制对机械和电气系统进行管理。

22.5　约翰·多伊进度计划

图 22.5.1 显示了在汇总层面上通过约翰·多伊工程网络图建议的基本进度计划，其工期为 429 个工作日。如果最初计划的结束日期晚于预期的日期，首先检查区域就是关键路径。有两种不同的方法缩短关键路径。第一种方法，检查路径上的系列活动是否可以同时进行。例如，约翰·多伊工程中如果能将办公楼在库房完成后方施工的程序予以修改，其关键路径可以缩短 74 天。如果这么安排不可能实现，应对其他可能平行施工的区域进行研究：

1. 在基础合同中，同时进行桩承台（16-17）与基础梁（17-18）施工，而不是前后顺序进行。节省 5 天时间。

2. 在基础合同中，同时进行板下水管（19-20）和电路（20-22）施工，而不是前后顺序进行。节省 5 天时间。

3. 同时进行楼板施工（22-29）、钢结构施工和安装起重机（29-33）施工。这样就可能从建筑的另一端开始工作。节省 10 天时间。

4. 尽早开始安装壁板，从事件 33 开始而不是事件 35。节省 5 天时间。

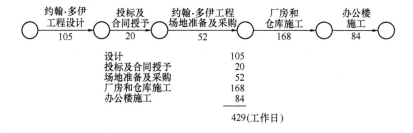

图 22.5.1　不含加快汇总层面的约翰·多伊工程进度

如果所有改变能够得以实施，将使总时间节省 25 天。厂房－仓库区域不能提供很多节省时间的机会，因为几条路径必须缩短。如第 20 章"采购"中所述，提前购买好井泵和水箱可以节省 18 天的时间。如果减少 43 天时间仍然不够的话，可以重新审查持续时间过长的关键活动。也许通过增添设备和增加劳动力可以对一些关键活动时间进行缩减。例如：

15-16　"土方开挖"从 5 天缩短到 3 天。

16-17　"浇筑桩承台混凝土"从 5 天缩短到 3 天

17-18　"基础梁施工"从 10 天缩短到 5 天

以此类推。注意不要随意缩短持续时间。有一种不良倾向是对于项目中各项活动所需时间过于乐观。一些人沉醉于他们曾经历过的最短持续时间中。而且，也很容易忽视那些不可避免地进行活动协调的时间损失。经验丰富的人员估算持续时间时都会将这个因素考虑进去。

22.6　资源

关键路径法的计算前提是假定资源无限，那就是，有足够多的人力和设备可用来实施每一项活动。这是相当合理的，并且通常可以维持关键活动的进行。虽然理论上可以让工人出来工作然后第二天裁掉他们，但没有正常的承包商希望给工人或小分包商落下这样的名声。

创建关键路径法进度计划时应考虑到这种情况，可以增加若干工作队进度箭线。图22.6.1中展示了约翰·多伊工程场地工作情况，标注了进场道路和停车场。如果这些工作是由同一承包商完成的，那么理所当然的安排其顺序施工而非平行施工。这可以通过将活动92-58变为活动92-115，然后添加一条顺序箭线115-90来完成。将进场道路安排在停车场之前施工，并且允许这两项活动使用相同的摊铺设备。这样又减少了5天的总时差。在约翰·多伊工程的基础工作（图22.6.2）中可以看到其他的例子。例如，总承包商召集水管工和电工进行板下工作。一个合理的方法是首先安排关键工作的进度。为此，关键路径法的计算必须在增加进度顺序箭线前完成。在网络图中，厂房和仓库的工作是关键工作，所以增加顺序箭线20-26后将办公楼板下水管安排在关键工作厂房和仓库板下管道施工之后进行。这样将路径26-27-28-29的时差从30天减少到6天。

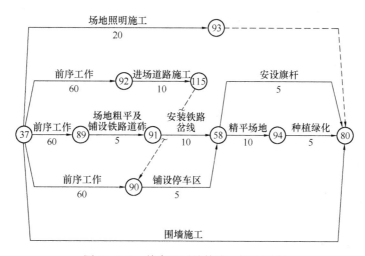

图 22.6.1　前序和后续箭线：场地工作

为了按顺序开始电路施工，不要添加箭线22-27，因为这将导致不合逻辑的顺序，致使两个装卸码头的混凝土施工被排在办公楼板下电路施工27-28之前进行。添加一个逻辑扩展将事件22一分为二。例如，22-116，其中116表示装卸码头完工并先于浇筑板混凝土进行，而且22-27将提供一种适当的工作队排序。在工作队排序时一种有效的方法是利用横道图将关键路径法的输出结果按照工序或专业进行排列，如抹灰，涂料，或混凝土施工。如果试图将整个关键路径法输出结果用横道图表示，则工作量可能非常浩大。但选择其中关键类别内容用手工处理，也不是不合理。横道图也可以由计算机生成。使用横道图中的"族"可以定义为一类活动，这样可以确定最佳排序；然后将设置顺序需要用到的进

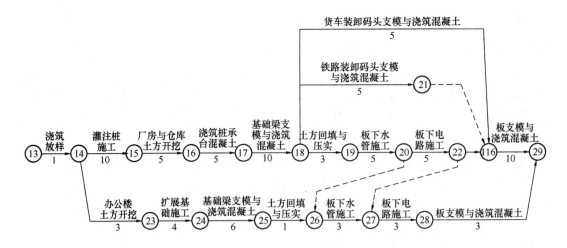

图 22.6.2　工作顺序列箭线：基础工程

度箭线添加至网络图中。

　　进度箭线可以非常有效地将关键路径法从一种纯计划变为一种可行的进度计划。但有一点需要十分注意。进度箭线是虚拟的而非真正的逻辑，并且随着项目的进展很容易出现偏差。这可能会产生一些非常不合逻辑的结果，通常这种情况是现场团队首先需要注意的。对现场工人造成的不良影响很难抹除。因此建议使用进度箭头，但是要慎重。

22.7　快捷方法

　　从标准的约翰·多伊工程网络图来看，从开始设计至围护结构封闭的最少时间为：

设计	105 个工作日
投标及合同授予	20
场地准备和采购	52
基础施工	54
封闭围护结构	36
	267

　　使用压缩的快捷方法（图 22.7.1），封闭围护结构这一里程碑需要的时间为：

开始设计	35 个工作日
结构设计	20
投标及授予钢结构施工合同	20
钢材加工及交付	90
封闭围护结构	36
	201

　　这样就节约了 66 天，或总工期的 15%。如果业主可以考虑办公楼延迟开工的话，采用快捷方法节省的时间将会是：

总时间：	429 个工作日

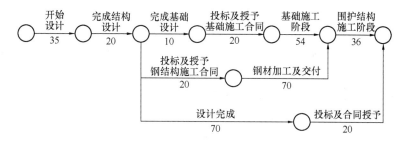

图 22.7.1　快捷方法网络图

减去快捷方法节省时间　　　　（66）

减去平行施工的办公楼时间　　（78）

净时间　　　　　　　　　285，或减少33％

22.8　责任

施工进度计划通常是承包商的责任并且被业主所关注。当只有单一的施工合同时，该承包商是所有进度问题和解决方案的关键。在某些情况下，业主也需要与几个主要承包商一起承担合同。在这种情况下，业主成为协调承包商们的桥梁。

虽然会出现明显的分歧，但只要业主采取积极的管控措施，矛盾通常就不会发生。在大多数情况下，业主都希望最好的结果。除了在非常严峻的条件下，针对由其他主要承包商造成的延误，个别承包商通常能够接受效果不佳的协调处理，尽管他们可以采取法律依据维权。认识到其责任的业主们通常会要求项目经理或施工经理承担这些责任。

通常承包商在投标时都没有项目的预先计划或进度安排。这是由于经济原因造成的，因为承包商可以在他们投标的工程上获得10％～20％的利润，而他们对工程进行规划时通常不会获利，因此就等于浪费。这在使用施工经理的方法中成了一个非常重要的优势。施工经理可以通过预施工计划来提出一个预施工进度方案，并且可以指出问题。业主或施工经理也可以使用相同的预施工研究来编制一个合理的计划，或者进行特定的施工阶段或工作区域的划分。每一项费用越高，业主为这项服务的支出也越多。当然，最终的工作计划和进度计划将会在承包商确定后有所进展。通常情况下，完成合同规定的内容即认为是该项目的完成，但设施从承包商到业主的易手过程中通常会包含一系列待办事项。这些事项可能非常琐碎，或者涉及大量的额外劳动力问题。在项目收尾阶段，待办事项的数量和难易程度将直接影响业主和承包商之间的关系。

22.9　进度与日历

通过调整网络计划得出合适的结束日期之后，需要检查计算日期的实用性。例如，在约翰·多伊工程网络图中，所有的基础工程施工都是在晚秋结束的。这是合理的，它超预期的容错空间不大。然而在实际的高层建筑项目中，管道试验预计是在11月进行。但他们推迟了几周，这样便遇到了冰冻期。原本应该1周的试验实际用了6周才完成。所以需要将计算出的日期和实际天气情况进行对比。这是您比电脑更有优势的领域。

如果发现混凝土及土方工程不适合在冬季施工该怎么办？第一，面对现实，冬季施工将会产生更多费用，尝试推迟施工直到春天进行。如果竣工日期可以接受的话，则可以在此基础上创建进度计划。如果不能延误工期，则只能考虑申请加班，雇用额外的人员等等，所以在不利天气来临前尽可能多地完成工作。

当必须处于不利天气时段进行施工时该怎么办？这个问题最好的回答是由宾夕法尼亚州荷兰籍混凝土负责人给出的。当被问到在浇筑楼板混凝土过程中下雨时该怎么办，他说："让雨尽管下吧。"如果必须在季节性的不利天气中施工时，添加项目工期以弥补工作效率降低的影响。当然，这些因素会在加拿大南部而有所不同。

不必每次都因天气因素而改变估算的工作时间，这会掩盖事实。一种实用的方法是使用天气箭线。例如，假设在约翰·多伊工程的网络图中事件 29 至事件 37 部分将在 1 月和 2 月完成。这些活动顺序施工的总时长为 36 天。在亚特兰大州中部，可以假设 60% 的工作效率；3 天工作将在 5 个日历天完成。将这一因素引入网络图中，需要添加一项持续时间为 60 天的活动"天气因素"（29-37）。在蒙大拿州，效率因素可能下降到 40%；在阿拉斯加州，效率可能会更低；在德克萨斯州，进度基本上是正常的。

德克萨斯高速交通部和宾夕法尼亚交通部发布了天气因素对高速公路项目工作效率天数的进度影响情况。表 22.9.1 显示了宾夕法尼亚交通部的进度。

宾夕法尼亚交通部每月期望的工作日　　　　　　　　　表 22.9.1

月	工作日	累计工作日	工作日转化为日历日的转化系数	累计日历日
一月	2	2	15.50	31
二月	2	4	14.00	59
三月	7	11	4.429	90
四月	12	23	2.500	120
五月	18	41	1.722	151
六月	18	59	1.667	181
七月	18	77	1.722	212
八月	18	95	1.722	243
九月	18	113	1.667	273
十月	15	128	2.067	304
十一月	5	133	6.00	334
十二月	2	135	15.50	365

22.10　意外事项

获得期望的竣工日期并非一定就是可接受的进度计划。关键路径法不是水晶球。尽管网络图中的活动和预估时间是基于经验得出的，但一个项目却很少在计算日期之前完成。恶劣的天气，艰苦的地理条件，劳动纠纷，订单变更等等，都是不可避免和不可预知的。实际竣工日期超过第一次关键路径法的结束日期是必然趋势。那么在关键路径法结尾和实际终止日期之间允许发生一些意外事项，这是合理的。

没有明确的答案显示会允许产生多少意外事项，因为这随项目的具体情况而有所不同。然而，如果需要一个项目在12个月内工程结束，则将关键路径法目标设置为大约11个月竣工等等。有些人一直不愿在项目结尾处设置意外事项。意外事项容易在活动估算时被忽略，如果这样的话，将无法从项目真实的估算时间中分离出意外事项。

另一种方法是基于现场条件或一些可预见的问题设置意外事项。然后，与天气箭线类似，可以识别指定的意外事项并仅分配至其可能影响的区域。例如，钢结构是否有摆放空间将影响钢结构安装的时间；在施工道路修好之后，进入工地困难的问题便解决了。当基础完成、设备和材料可以就位时，其存储问题就变得简单。

关于这个问题有一种较为数学化的方法是查看根据所需意外事项数量产生的并合偏离后果。假设给出的每一项“最有可能”持续时间是基于“最佳情况”即乐观持续时间与“最差情况”即悲观持续时间之间估算得出的。我们希望，“最差情况”的估计是进一步从“最可能情况”而非“最佳情况”得出的。假设这种性质只有微小的偏差，例如“最佳情况”比“最可能情况”的持续时间缩短15%，但“最差情况”的持续时间比“最可能情况”超出20%。

现在考虑一下约翰·多伊工程。如果提取一组活动集合，这样只有一条线性活动链构成了网络图，活动的持续时间在低于预估值15%和超过预估值20%之间随机选取。那么可以预计的是，这种略微偏高的倾向往往会使项目工期比普通的关键路径法的计算时间要长（图22.10.1）。

Activity ID	Activity Description	Orig Dur	Total Float	Early Start	Early Finish
0	START MILESTONE	0	0	01MAR04	
100	CLEAR SITE	3	0	01MAR04	03MAR04
1	SURVEY AND LAYOUT	2	0	04MAR04	05MAR04
2	ROUGH GRADE	2	0	08MAR04	09MAR04
3	DRILL WELL	15	0	10MAR04	30MAR04
4	INSTALL WELL PUMP	2	0	31MAR04	01APR04
5	UNDERGROUND WATER PIPING	8	0	02APR04	13APR04
8	CONNECT WATER PIPING	2	0	14APR04	15APR04
13	BUILDING LAYOUT	1	0	16APR04	16APR04
14	DRIVE AND POUR PILES	10	0	19APR04	30APR04
15	EXCAVATE PLANT	5	0	03MAY04	07MAY04
16	POUR PILE CAPS P-W	5	0	10MAY04	14MAY04
17	FORM AND POUR GRADE	10	0	17MAY04	28MAY04
18	BACKFILL AND COMPACT P-W	3	0	31MAY04	02JUN04
19	UNDERSLAB PLUMBING P-W	5	0	03JUN04	09JUN04
20	UNDERSLAB CONDUIT P-W	5	0	10JUN04	16JUN04
22	FORM AND POUR SLABS P-W	10	0	17JUN04	30JUN04
29	ERECT STRUCTURAL STEEL	10	0	01JUL04	14JUL04
30	PLUMB AND BOLT STEEL P-W	5	0	15JUL04	21JUL04
31	ERECT CRANEWAY AND	5	0	22JUL04	28JUL04
33	ERECT BAR JOISTS P-W	3	0	29JUL04	02AUG04
34	ERECT ROOF PLANKS P-W	3	0	03AUG04	05AUG04
35	ERECT SIDING P-W	10	0	06AUG04	19AUG04
300	SET ELECTRICAL LOAD	2	0	20AUG04	23AUG04
38	INSTALL POWER CONDUIT P-W	20	0	24AUG04	20SEP04
43	INSTALL BRANCH CONDUIT	15	0	21SEP04	11OCT04
49	PULL WIRE P-W	15	0	12OCT04	01NOV04
50	INSTALL PANEL INTERNALS	5	0	02NOV04	08NOV04
54	TERMINATE WIRE P-W	10	0	09NOV04	22NOV04
55	RING OUT P-W	10	0	23NOV04	06DEC04
56	ENERGIZE POWER	1	0	07DEC04	07DEC04
415	FINE GRADE	5	0	08DEC04	14DEC04
94	SEED AND PLANT	5	0	15DEC04	21DEC04
80	END OF NETWORK MILESTONE	0	0		21DEC04

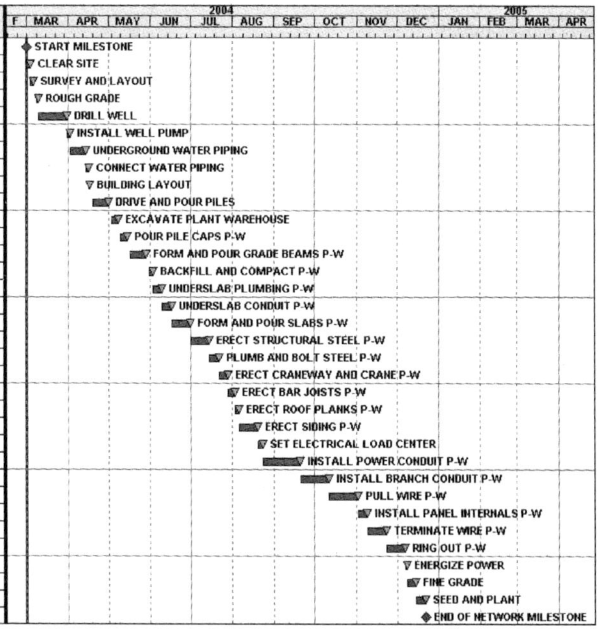

图22.10.1 单一路径线性项目的关键路径（基于约翰·多伊工程）

事实上，由于这种偏移处于“最佳情况”和“最差情况”之间，通过关键路径法计算得出工程于 2004 年 12 月 21 日完成的机会仅为 14％。同样，于 2004 年 12 月 28 日（1 周后）完成的机会为 50％，95％的机会于 2005 年 1 月 7 日完成，99％的机会于 2005 年 1 月 12 日（3 周后）完成。因此，即使是最简单的单一线性路径的逻辑网络图，对于这样一项为期 10 个月的工程，也有 5％的可能性将延期超过 12 个工作日或 17 个日历日竣工（图 22.10.2）。

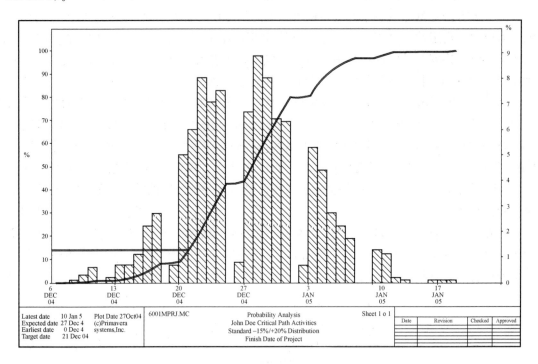

图 22.10.2　单一路径线性项目的概率

　　现在考虑一张稍微复杂一些的逻辑网络图。当网络图中具有多条路径，从统计学上看，可能关键路径的持续时间会比预期值低，而近关键路径的持续时间可能要比预期值高。在这种情况下，近关键路径可能将成为关键路径并且延长总工期，尽管最初的关键路径持续时间减少了。如果关键路径的持续时间高于预期，那么项目不能获利，且项目需要花费较长的时间；如果是小于预期，另一条路径则可能会使项目需要更长的时间。每当两条或更多的逻辑路径合并（称为并合偏离）时，这种针对项目的偏离总是要花更长的时间。近关键路径合并数量越多，偏离值则越大。

　　在约翰·多伊工程中，关键路径有 66％的机会将是 0-100-1-2- 3-8- 13-14……，33％的机会将是 0-100-1-2-3-401-6-7-8-13-14……，以及 1％的机会将是 0-100-1-2-3-402-9-11-12-13-14……（图 22.10.3）。在这种情况下，按时完工的机会由于并合偏离从 14％减少到 11％，完工日期有 50％的机会延伸到 2004 年 12 月 23 日，95％的机会延伸到 2005 年 1 月 8 日，99％的机会仍然在 2005 年 1 月 12 日完工，尽管并非所有的逻辑网络图都是宽松的（图 22.10.4）。一般情况下，逻辑网络图越复杂，近关键路径数量越多，则并合偏离导致的工期超限机会也就越大。

　　如果项目中耗时较长的超前采购事项也包括在基础的网络图中，延迟完工的机会将会

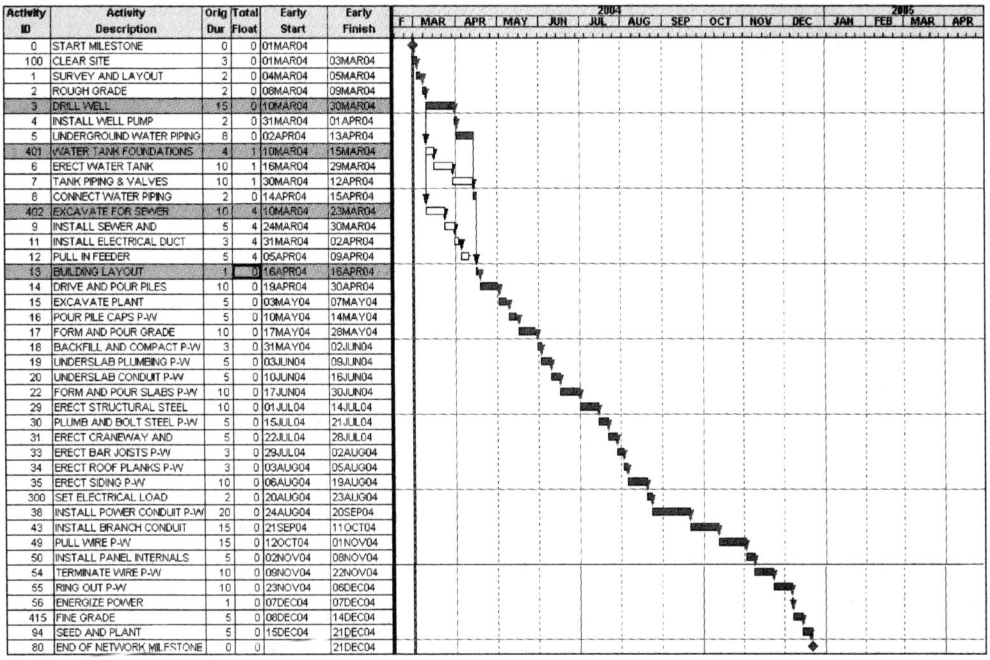

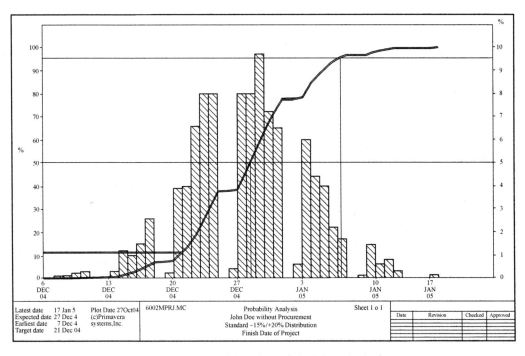

图 22.10.3　没有耗时较长采购活动的项目可替代关键路径

图 22.10.4　没有耗时较长采购活动的项目概率

变得更大。超前事项"制造和交付空调机"持续时间 90 天，应当在实际工程中对其真正予以关注。在这里，当使用默认的支架安装持续时间为 15％～20％之间时，计算出只有 8 天的总时差被迅速消耗，产生了一条潜在的新的关键路径。这在我们的分析模型中发生的可能性（17％）与实际情况相匹配，减少按时完工的机会只有 2％，只有 50％ 的机会在 2005 年 1 月 7 日完工，95％ 的机会在 2005 年 1 月 25 日完工，这个日期对于这项名义上为期 10 个月的工程而言，在计算出的竣工日期之后一个多月发生（图 20.10.5～图 20.10.7）。

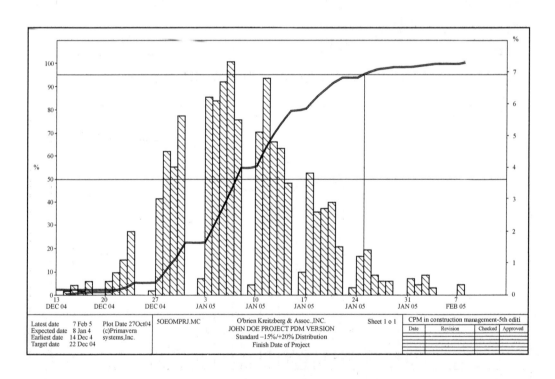

Activity ID	Activity Description	Orig Dur	Total Float	Early Start	Early Finish
0	START MILESTONE	0	0	01MAR04	
135	SUBMIT PACKAGED A/C	30	8	01MAR04	09APR04
235	APPROVE PACKAGED A/C	10	8	12APR04	23APR04
236	FAB/DEL PACKAGED A/C	90	8	26APR04	30AUG04
60	EXTERIOR MASONRY OFFICE	10	8	31AUG04	13SEP04
418	INSTALL PIPING OFFICE	10	8	14SEP04	27SEP04
64	TEST PIPING OFFICE	4	8	28SEP04	01OCT04
67	METAL STUDS OFFICE	5	8	04OCT04	08OCT04
68	DRYWALL	5	8	11OCT04	15OCT04
69	DRYWALL	10	8	18OCT04	29OCT04
70	WOOD TRIM OFFICE	10	8	01NOV04	12NOV04
71	PAINT INTERIOR OFFICE	10	8	15NOV04	26NOV04
72	FLOOR TILE OFFICE	10	8	29NOV04	10DEC04
80	END OF NETWORK MILESTONE	0	0		22DEC04

图 22.10.5　具有耗时较长采购活动的项目可替代关键路径

图 22.10.6　具有耗时较长采购活动的项目概率

在这里一般的规则是，具有较长持续时间（因而不够详细）的活动更可能发生严重超期（比如 50 天的 20％ 大于 10 天的 20％），并且更可能消耗其时差，成为可替代的关键路径，并延长项目的结束日期。如果在一个特定日期完成项目非常重要，必须允许在最后发生一定程度的意外事项。意外事项的数量会根据网络图的不同而有所差异，并且可以通过统计绩效评审技术类软件进行计算。然而，对于一个工期 12 个月的施工项目而言，其基本的原则仍然是为此留出 1 个月的时间，"依此类推"。

O'brien Kreitzberg & Assoc., Inc. John Doe project PDM version Criticality Path Report : Second critical path			Monte Carlo CPM in construction management - 5th edition			Page 4 Report date 27Oct 4 Run No. 5		

Activity status: • Completed   + Underway

Activity	Description	PCT CRIT	Predecessor Activites	Description	REL Type	PCT CRIT	Relative Free Float
0	Start milestone	100	None				
135	Submit packaged A/C	17	0	Start milestone	FS 0.0	100	0.0
235	Approve packaged A/C	17	135	Submit packaged A/C	FS 0.0	17	0.0
236	Fab/Del Packaged A/C	17	235	Approve packaged A/C	FS 0.0	17	0.0
60	Exterior masonry office	17	59	Erect Precast Roof Office	FS 0.0	0	30.3
			236	Fab/Del packaged A/C	FS 0.0	17	0.0
418	Install piping Office	9	60	Exterior masonry office	FS 0.0	17	0.0
64	Test piping office	9	418	Install piping office	FS 0.0	9	0.0
67	Metal studs office	17	64	Test piping office	FS 0.0	9	0.6
			65	Install conduit office	FS 0.0	9	0.6
68	Drywall	17	61	Exterior doors office	FS 0.0	0	14.8
			67	Metal studs office	FS 0.0	17	0.0
			420	Glaze office	FS 0.0	0	14.8
69	Drywall	17	68	Drywall	FS 0.0	17	0.0
70	Wood trim office	17	69	Drywall	FS 0.0	17	0.0
71	Paint interior office	17	70	Wood trim office	FS 0.0	17	0.0
72	Floor tile office	10	71	Paint interior office	FS 0.0	17	0.0
80	End of network milestone	100	37	Perimeter fence	FS 0.0	0	84.8
			58	Erect flagpole	FS 0.0	0	6.0
			63	Paint exterior office	FS 0.0	0	68.8
			72	floor title office	FS 0.0	10	13.5
			73	Toilet fixures office	FS 0.0	0	18.6
			78	Acoustic tiles office	FS 0.0	8	13.5
			79	Ring out	FS 0.0	0	34.5

图 22.10.7　替代关键路径的概率

22.11　进度处理

承包商可以将基本的计划转化为进度，按其意愿以此处理进度。在一个主要的医院项目中，承包商提交了一项为期 4 年的网络图计划。该计划的进度安排非常简单，将基础和结构施工进度扩展至超过 50％的可用工期，而所有的机械、电气和收尾工作集中压缩在不到一半的项目期限时间中。对于进度审查人员而言，很显然承包商试图编排一种前期容易满足的进度计划，从而使得项目管理团队不再受进度烦扰，而宣称这项复杂工程的最后部分可以在记录时间内完成。施工经理已经强制实行了大量的关键路径法规范，而不幸的是在确立中期里程碑时失败了。里程碑的缺乏允许承包商的这种混合方法（也就是缓慢启动，快速完成）在即使明显不满足规范精神要求时，也满足其书面意义。

因为拥有一个按计划的基准进度很重要，关键路径法顾问会在建议承包商接受进度计划的同时为承包商指出其明显缺点。此外也清楚地指明，如果承包商在计划的前两年进度没有超前领先于计划安排，那么他们基本不会按时完成项目。

处理进度是一把双刃剑。承包商确实在项目早期有延误，但其进度计划并不支持任何由于不可预计的条件改变而产生的延误。因此他们可能不会同意延长时间。在同一个项目中，承包商也试图将网络图中的全部活动均定义为关键活动。如果有足够的时间和精力，他无疑会按时完成，但网络图显示最终其完成的活动只有大约 80％为关键活动。从逻辑的观点看这显然是不正确的。施工经理将网络图作为遵照计划的基准进度安排，指出这似乎满足资源均衡且违反行业关于"关键性"的定义。因此，网络图并不是确定某些活动的适宜的基础，在这些活动中，可通过对特定工艺区域小规模作业队的数量加倍的方式，较容易地克服延误的影响。实际上，承包商提交的计划中希望将每项活动都确定为关键活动，因此设法避免定义项目中真正的关键活动。

由此，他失去了一种用于评估延误和分配责任的宝贵工具。另一种进度处理的方式是采用短工期进度计划，即承包商提交的进度计划要比业主要求的工期短得多。这种做法日趋频繁。这些压缩的时间通常十分显著，一项为期 3 年到 4 年的项目常常会缩短长达 1 年左右的时间。承包商声称项目投标是以短工期进度为基础进行的，并且业主任何关于支持短工期进度的失误都将成为工期索赔的合理依据。

在审查短工期进度计划时，业主应确保有足够的时间允许施工图审批和其他管理机构审查规范的要求。同时，也要适当的考虑天气问题和计划中出现的任何突发情况。在具有多个主项目的工程中，进度审查要确定主承包商比其他承包商拥有更充足的工作时间。在一般的施工合同中，主承包商有足够的时间来完成他们的工作。要求承包商提交的短工期进度计划必须经过其他主承包商或主分包商的审查并同意。

如果承包商提交的短工期进度计划声称其具有足够长的时间，一个建议的方法是无论如何也要列出事项变更清单，由此为了迎合短工期进度安排需要更改工程的结束日期。然而，如果业主认为该计划不现实的话，那么承包商的虚张声势也可能会为自己招来法律问题。

短工期进度计划也可以直接在进度说明中提出。其中声明任何比实际所需时间显著缩短的计划（即 10% 或更多）都将被视为不切实际。也可以声明将缩短的时段视为一种意外事项的进度安排，并且业主将竭力支持这项短工期进度计划而没有前述的任何特权，例如施工图审查的授权时间或审查施工图的优先权。

22.12　工作进度

在完成之前讨论的调整内容后，即可确立关键路径法进度安排。但这真的是进度安排吗？关键活动有明确的开始和完成日期，但那些拥有时差的活动呢？对于那些时差为 10 天或者更少的活动而言，关键路径法的日期是比较明确的，但安排进度时若考虑一项活动拥有 100 天的时差则是不合理的。

为使关键路径法进度安排更加明确，人们尝试了多种方法。一种方法是计算机程序按照每项活动的时差或施工工期所占比例分配每项活动的总时差。这个方法虽然没有什么错误之处，但是用处也不大。因为时差的分配是任意的，它只是由网络图信息云集而成。而且，机器在处理分配总时差时没有判断因素。显然，一些活动应该得到比其他活动更多比例的时差（如果使用时差分配的方法）。承包商通常倾向于保留所有实际未分配的时差，并且试图在接近最早开工日期时开始施工。

网络图的特征影响了其紧密性。约翰·多伊工程网络图可谓非常紧密。紧密性，或者说缺乏大量的时差，是网络图中事件或节点关联密切的结果，这就能够产生明确的进度安排，也是令人满意的。但是不要勉强为之。不要使用不现实的逻辑去创建明确的进度安排，因为其结果必将是一个不切实际的计划。

对某些事项安排进度时将超前或滞后箭线引入时差路径中，这是完全合理的。例如，在约翰·多伊工程场地工作中的三项活动于1月前期开始进行，37-91 场地粗平及铺设铁路道砟；37-90 铺设停车场；37-92 进场道路施工。虽然这三项活动在逻辑上都是在事件 37 处开始，但均不应安排在北方的 1 月进行。因为每项活动都具有超过 12 周的时差，（37-90 有 73 天；37-91 有 63 天；37-92 有 68 天），第三项活动显然可以安排在一年中更适宜的时间进行，这可通过在每项活动之前引入箭头引入超前箭线实现，如图 22.6.1 所示。

超前箭线本质上是一个增加时间的约束。如果将 12 周的时间分配给超前箭线，这三项活动的最早开始时间将会在 3 月下旬。（在许多程序中，一项活动可被分配一个"不早于"的日期以约束开始时间。同样，可以分配给活动"不迟于"的日期或锁定一项活动的开始。）

如果所有可用时差分配至超前或滞后的箭线上，在活动链中的活动将成为关键活动。在某些情况下，强令某些路径成为关键路径非常有用。例如，在高层建筑工程中，浇筑混凝土不再是关键活动，因为其进度已被加快，这样另一个路径就成为关键路径。虽然浇筑混凝土不再是整个项目完成的关键活动，但是它对于进度安排仍然十分重要。定于十一月下旬完成封顶是一场与温度的竞赛。混凝土顺利凝结了。在冬季养护之前完成最后的混凝土板浇筑活动很有必要，这可节省成千上万的费用。这些足够用于为保证进度加快施工而支付给工人的加班费。

在业主的压力下，进度管理顾问致力于应对大型污水处理厂项目承包商的进度计划，使用了各种必需的方法缩短进度工期以满足（或近似满足）项目按期完工的需要。

图 22.12.1 显示了项目中 11 次系列更新的情况，在这期间一个关键里程碑日期实际上滑移了 6 个月，但看似仅仅滑移了 2.5 个月，这是由于进度处理的缘故。此时，出于最好的愿望而使用了"进度侵占"。这也记录在月度计划更新的描述报告中。然而，活动时间的压缩与平行施工安排由进度管理顾问独立完成，因此，这并不真正是承包商计划中的

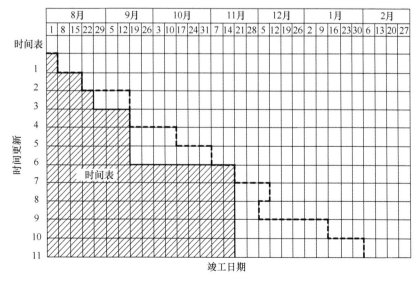

图 22.12.1 经历 11 次更新的进度滑移

一部分。

　　经验清晰地告诉我们，批准的进度计划应当只有在项目经理允许的条件下进行修改，并且应当在进度变更时通过更新报告予以书面记录。此外，应该对变更的基础进行清晰而合理的解释（例如，额外增加的设备，额外增加的工作队，或其他逻辑的原因）。

22.13　小结

　　关键路径法首先的计算结果是计划，而不是进度。通过改变活动顺序和估算时间来调整项目的完成时间，从而确定出竣工日期。考虑到适当的意外事项，该日期应在期望日期之前。应根据实际季节性的天气情况审查中间日期。在需要时可对季节性因素进行解释。在这一点上进度计划还是相当宽松的。超前和滞后箭线能够调整时差以对活动在其关键路径法日期范围内进行定位。进度顺序箭线可用来提供一种作业人员更少的进度计划。进度箭线可以提高关键路径法处理结果的效率，但若出现一个错误便可远超其取得的效果。

　　业主经常在不知情的情况下凭直觉安排整体进度。施工经理的施工前进度分析能够承担重要后果。里程碑有助于控制进度。基本的进度安排可以加快，但若要压缩大量时间则需改变基本政策，且付出巨大的努力。

译 后 记

大约在 2013 年的年中，我受到中国建筑工业出版社的邀请，对《关键路径法在工程管理中的应用》（原著第七版）这本书进行翻译。关键路径法是一种通过网络图形式表示的项目进度计划分析方法，基于关键路径法原理编制的多种软件已成为现代项目管理的重要得力工具。

尽管我本人在学校一直从事与关键路径法相关的教学和科研工作，但将这样一本集理论性、专业性、实践性等鲜明特点于一身的英文专著译成中文，其工作量和难度出乎意表。在几年的时间里，除了要完成规定的大量教学任务，又要深入开展各项教学和科学研究，同时还要推进本书的翻译工作，让我深刻体会到"惜时如金"的真谛。经常是从学校下班回家之后开始进行翻译，至次日凌晨结束。不仅如此，我还经常将本书原著随身携带，在参加各种学术会议的往返旅途及其他闲暇之余，抓紧一切可以利用的时间着手翻译书稿。

我国近代著名的翻译家、教育家严复首倡"信、达、雅"的译文标准，这也是我在本书翻译过程中始终恪守的准则。为确保忠实于原著，在翻译过程中除了不遗余力地查阅大量相关书籍、科技论文、专业词典等文献资料外，我还经常与学者们进行交流与探讨。对原著通篇内容坚持字斟句酌、反复推敲，有时为了将个别专业术语翻译为妥帖的中文内容甚至到了废寝忘食的程度。启动翻译工作一年后，由于对自己已经完成的译文质量不满意，我推翻了之前的全部成果，重新翻译，这也导致本书的译文初稿实际用了将近两年的时间才完成。在将中文译稿全部提交出版社后，又用了 8 个多月的时间进行审阅和修改，尤其是针对大量图表中涉及的缩略用语进行反复校对，力求规范、科学、统一。

天道酬勤。经历了漫长而艰辛的磨砺，浩繁的翻译工作终于迎来胜利的曙光。欣闻这本倾注了本人大量心血的译著很快就要出版，顿觉释然。正如书中提到那样，"进度安排适用于每个人"，相信本书内容不仅对于工程技术与管理人员提供可贵的借鉴，而且对于普通大众也会有所裨益。

最后特别感谢我的家人对本书翻译工作的理解和支持，同时也要感谢我的同事和其他学者在翻译过程中给予的指导和帮助。由于译者知识水平有限，译文中难免存在缺漏欠妥之处，恳请广大读者给予批评指正。

译者 王 亮

2017 年 1 月

译 者 简 介

王亮，北京建筑大学土木与交通工程学院院长助理，副教授，中国建筑学会建筑施工分会 BIM 应用专业委员会委员；主要研究领域为基于 BIM 的工程施工信息化管理，主持研发了"地铁车站暗挖施工 4D 仿真管理系统"、"地下工程施工监理仿真管理系统"等成果；先后主持和参与国家级、省部级科研项目 5 项，获得过北京市高等教育教学成果奖、中国建设教育协会优秀教育教学科研成果奖、北京建筑大学教学优秀奖等荣誉。